August Schick

Schallbewertung

Grundlagen der Lärmforschung

Mit 82 Abbildungen

Springer-Verlag
Berlin Heidelberg NewYork London
Paris Tokyo Hong Kong Barcelona 1990

Professor Dr. August Schick
Institut zur Erforschung von
Mensch-Umwelt-Beziehungen
Fachbereich 5 – Psychologie
Universität Oldenburg
Ammerländer Heerstraße 114-118
2900 Oldenburg

ISBN 978-3-540-52922-4   ISBN 978-3-642-50267-5 (eBook)
DOI 10.1007/978-3-642-50267-5

den Professoren
Rudolf Bergius und Hans Hörmann
gewidmet

Inhaltsverzeichnis

1 **Vorwort** 1

2 **Physikalische Aspekte zur Beschreibung des Schalls** 3

  2.1 Schallentstehung und -ausbreitung 3

  2.2 Das Ohr als Schallempfänger 6

  2.3 Frequenz, Amplitude, Wellenlänge, Phasenabstand 9

  2.4 Geräuscharten 12

3 **Die Entwicklung der Schallstärkenmessung** 16

  3.1 Historische Wurzeln der Dezibel-Skala 16

    3.1.1 Die Wahrnehmung von Unterschieden: Die Forschungen von Weber und Fechner 16

    3.1.2 Von Fechner zur Dezibel-Skala 20

  3.2 Von der Verhältnisschätzung und Fraktionierung zur Sone-Skala 21

4 **Die Bewertung des Schalls unter Berücksichtigung spektraler Eigenschaften** 23

  4.1 Vom Dezibel zum Phon und den bewerteten Dezibel-Skalen 23

    4.1.1 Kurven gleicher Lautstärkepegel 24

    4.1.2 Vom DIN-phon zum A-bewerteten Dezibel 29

    4.1.3 Derzeitige Bestrebungen zur Revision der Isophonkurven 35

  4.2 Lautheit und Lästigkeit als zentrale Größen der Schallbewertung 40

  4.3 Kurvenscharen zur Beurteilung von Frequenzspektren 44

    4.3.1 Geschichte der Noise Rating Curves 45

    4.3.2 Die Bewertung von Schall auf der Grundlage der Iso R 1996 46

    4.3.3 Die Bewertung von Schall auf der Grundlage der Lübcke-Kurven 48

    4.3.4 Das Verfahren von Tachibana 48

    4.3.5 Bewertung der NR-Verfahren 49

  4.4 Die Berechnung des Lautstärkepegels aus dem Geräuschspektrum nach Stevens und Zwicker 50

    4.4.1 Mark VI, Loudness Level nach Stevens gemäß Iso R 532 50

    4.4.2 Die Modifikation des Mark VI durch Robinson (1964) 52

    4.4.3 Mark VII, Perceived Level von Stevens (1972) 53

    4.4.4 Das Verfahren nach Zwicker (DIN 45 631 und Iso R 532) 54

      4.4.4.1 Zur Geschichte des Verfahrens 54

4.4.4.2   Gehörsmäßige psychoakustische Grundlagen des Verfahrens von Zwicker... 55

4.4.4.3   Das Berechnungsverfahren von Zwicker und Feldtkeller   60

4.4.4.4   Geltungsbereich der sone-Messung nach Zwicker........... 64

4.4.4.5   Erweiterung des Verfahrens durch Zwicker: Unbeeinflußte Lästigkeit.. 66

4.4.4.6   Lautheitsmeßverfahren auf der Basis binauraler Meßtechnik.. 67

4.4.4.7   Vergleich der Verfahren.. 68

4.4.5   Perceived Noise Level nach Kryter... 72

4.4.5.1   Einige historische Anmerkungen zur Entstehung des PNL   72

4.4.5.2   Zum Verfahren von Kryter.. 73

4.4.6   Vergleich der dB(A)-Bewertung mit der Lautstärke nach Zwicker, Stevens und Kryter.. 73

5   **Die Integration der bewerteten Einzelschallpegel zu einer Gesamtwirkung**   79

5.1   Fragen der Wirkungsermittlung über längere Zeiträume........................ 79

5.2   Verfahren zur Ermittlung der durchschnittlichen Belastung und Belästigung durch Schall... 81

5.2.1   Allgemeine meßtechnische Festlegungen bei Mittelungsverfahren   81

5.2.2   Die vereinfachten Mittelungsverfahren.................................... 84

5.2.3   Mittelungspegel, energieäquivalenter Dauerschallpegel.............. 85

5.2.3.1   Das Tabellenverfahren... 85

5.2.3.2   Stichprobenverfahren mit Pegelklassierung (Pegelhäufigkeitsanalyse)... 90

5.2.3.3   Zur Frage der Gültigkeit des energieäquivalenten Dauerschallpegels... 92

5.2.4   Das Taktmaximalpegel-Verfahren... 97

5.2.5   Die Berücksichtigung der Wirkzeit von Maximalpegeln.............. 102

5.2.6   Überschreitungspegel oder Summenhäufigkeitspegeln (L_N)......... 103

5.2.6.1   Der Grundgeräuschpegel, Hintergrundpegel oder das Hintergrundgeräusch (L_{90} bzw. L_{95})............................ 103

5.2.6.2   Der mittlere Schallpegel (L_{50}).................................... 104

5.2.6.3   Der Spitzenpegel oder Spitzenschallpegel (L_1)............... 104

5.2.6.4   Der Summenhäufigkeitspegel (L_{10}).............................. 104

5.3   Die Berechnung des gemeinsamen Schallpegels mehrerer Schallquellen   105

5.3.1   Die Addition von Schallpegeln... 105

5.3.2   Die Subtraktion von Schallpegeln.. 107

5.4   Beurteilungsverfahren und Beurteilungspegel.. 107

5.4.1   Die Berücksichtigung des Bezugszeitraumes............................. 109

5.4.2   Die Berücksichtigung weiterer Lästigkeitsmerkmale von Geräuschen.. 110

5.5　　Die Bewährung einzelner Mittelungsverfahren...................................... 113

5.6　　Das Problem der Schallbeurteilung über die Zeit................................. 118

　　　　5.6.1　Befunde aus Langzeitbeurteilungsexperimenten......................... 119

　　　　5.6.2　Stille und Ruhe in Schallbewertungsverfahren........................... 124

　　　　　　　　5.6.2.1　Der Vorschlag von Fleischer................................... 124

　　　　　　　　5.6.2.2　Der Vorschlag von Guski...................................... 125

　　　　　　　　5.6.2.3　Pausen als Problem bei kontinuierlich und
　　　　　　　　　　　　　diskontinuierlich wirkenden Geräuschen...................... 129

6　Vom Artikulations-Index zum Sprachverständlichkeits-Pegel　131

　　6.1　　Geräusche stören Sprecher und Hörer.. 132

　　　　　6.1.1　Der Artikulationsindex.. 133

　　　　　6.1.2　Sprachverständlichkeitspegel in Dezibel............................... 136

　　6.2　　Sprache stört durch Verständlichkeit... 139

7　Geschichtliches zur Erforschung der Schallstärke und Lärmmessung　142

　　7.1　　Die Frühzeit der Untersuchungen zur Schallstärke
　　　　　bei Wilhelm Wundt.. 142

　　　　　7.1.1　Methoden der Wundt-Schule... 142

　　　　　7.1.2　Welchen Problemen widmete sich die Wundt-Schule?............... 145

　　7.2　　Untersuchungen der Gestaltspsychologie....................................... 146

　　7.3　　Die ersten praktischen Versuche zur Lärmmessung.......................... 148

　　　　　7.3.1　Geschichtliches.. 148

　　　　　7.3.2　Die Audiometer-Methoden.. 148

　　　　　7.3.3　Lärmmessungen mit der Stimmgabel.................................... 149

　　　　　7.3.4　Die Akustimeter-Methoden... 151

8　Normeninstitute und Organisationen der Schallwirkungsforschung　153

　　8.1　　Die Physikalisch-Technische Bundesanstalt................................... 153

　　8.2　　Normen und Richtlinien in der Akustik.. 154

　　8.3　　Internationale politische Organisationen, die sich mit
　　　　　Schallwirkungsfragen beschäftigen... 156

　　8.4　　Wissenschaftliche Organisationen der Akustikforschung.................... 157

9　Geschichtliches zur Lärmbekämpfung　159

　　9.1　　Der Wandel des Begriffes Lärm... 159

　　9.2　　Lärmbekämpfung in den Vereinigten Staaten von Amerika................. 160

　　9.3　　Der Deutsche Lärmschutzverband... 162

Literaturverzeichnis   166

Personenverzeichnis   181

Stichwortverzeichnis   186

1 Vorwort

Mit diesem Buch wende ich mich sowohl an Psychologen, Sozialwissenschaftler und Juristen, aber auch Physiker und Ingenieure, die sich in die Materie einarbeiten möchten. Wie schon in *Schallwirkung aus psychologischer Sicht* (1979), gehe ich auf zahlreiche Grundsatzprobleme einer Zusammenarbeit verschiedener Fächer ein.

Meine Absicht geht dahin, vor allem die produktive Verzahnung der unterschiedlichsten Fachgebiete zu erläutern, um daraus dem Psychologen und anderen Nichtphysikern neue Studien- und Arbeitsfelder aufzuzeigen. Der Leser sollte durch das Textstudium mit wichtigen Gedankengängen, Ideen und Methoden bei der Lösung psychoakustischer Fragen soweit vertraut werden, daß er für die weitere vertiefende Erarbeitung von Methoden für die Praxis gewappnet ist; insofern bestand mein Ziel nicht in der Vollständigkeit bei der Darstellung aller Methoden; es hätte außerdem meine Arbeitskapazität überstiegen, hier sämtliche Bewertungsmethoden darzustellen. Wenn man sich mit der Akustik beschäftigt, so kann es einem ähnlich wie jenem Studierenden ergehen: "Versucht er, alles zu verstehen, so kommt er nie dazu, es zu handhaben; beschränkt er sich auf das zweite, so versteht er die Dinge nicht ganz, mit denen er umgeht" (Hund 1972, S. 11). Hund fügt hinzu: "Nun, wissenschaftliches Studium bewegt sich immer am Rande des Menschenmöglichen, und jeder muß persönlich den Kompromiß suchen, den er verantworten kann." Als Ergänzung des vorliegenden Textes empfehle ich das Buch von Jürgen Hellbrück (in Vorbereitung) sowie zwei aktuelle Darstellungen der Wirkungsforschung von Charlotte Sust (1987) und Rainer Guski (1987). Der unlängst vom Umweltbundesamt herausgegebene Materialienband *Lärmbekämpfung '88* (1989) erweist sich als eine wahre Fundgrube; er sollte Pflichtlektüre für jeden sein, der auf diesem Gebiet tätig ist.

An verschiedenen Stellen gehe ich auf Dinge ein, die zwar dem Kenner bekannt sind, nicht aber jenem, der sich erstmals mit der Akustik beschäftigen will. So fällt z.B. auch dem Psychologen der Zugang zum Normenwesen schwerer als dem Ingenieur, der vom ersten Tag seines Studiums an mit Normen zu arbeiten lernt. Insofern ist es durchaus möglich, den Text auch nur auszugsweise zu lesen, ohne daß das Verständnis darunter leidet.

So bitte ich insbesondere Physiker und Elektroakustiker um Verständnis: Bei der Darstellung der geschichtlichen Entwicklung der Schallbewertung ergibt sich häufiger das Problem, daß die allermeisten Begriffe, wie *Lautstärke, Lautheit, Schallintensität* schon durch Normen definiert und damit bedeutungsmäßig belegt sind. Andererseits verwenden wir diese Begriffe sowohl im Alltag als auch in der wissenschaftlichen Psychologie in einer weniger festgelegten Bedeutung. Will man nun aber jemand die Bedeutung der Dezibelskala erläutern, so benötigt man diese Begriffe, die ja der Alltagssprache entnommen sind, zur Erklärung des Sachverhaltes. Auch ein einleitendes Kapitel mit lauter Definitionen würde dem Anliegen dieses Textes nicht gerecht.

Eine Anmerkung sei dem Psychologen gestattet: Die psychologische Akustik kann auf eine lange Tradition in der Psychologie selbst zurückblicken. So hat sich beispielsweise der allen als Sozialpsychologe bekannte Kurt Lewin (1922) in einer Arbeit mit Fragen der Intensitätswahrnehmung von Schall auseinandergesetzt und dafür sogar ein kompliziertes Gerät gebaut. Seit dieser Zeit ist vieles erforscht und der Praxis zugeführt worden; ein sichtbarer Beweis dieses Wissensfortschritts ist der heutige Stand der Audiotechnik. Gerade deshalb darf die Psychologische Akustik auch für sich in Anspruch nehmen, jene Erklärung von Neisser (1985) in besonderer Weise beherzigt zu haben: "Eine Psychologie, die alltägliche Erfahrung nicht deuten kann, ignoriert nahezu die ganze Breite ihres eigentlichen Gegenstandes. Sie kann hoffen, eines Tages mit einer Reihe neuer, wichtiger Ideen aus dem Laboratorium aufzutauchen, aber dieses Ereignis ist unwahrscheinlich, solange sie nicht bereits mit Prinzipien arbeitet, deren Anwendbarkeit auf natürliche Situationen vorgesehen werden kann" (S. 15). Es hat seinen guten Grund, daß heute die Schallbewertungs- und Wirkungsforschung *das* Vorbild für die Bewertung anderer Umweltgegebenheiten darstellt.

Mein besonderer Dank gilt der Stiftung Volkswagenwerk, welche durch die Gewährung eines Akademiestipendiums die Fertigstellung des Textes ermöglicht hat. Danken möchte ich den Kolleginnen und Kollegen, welche mir so oft behilflich waren; stellvertretend nenne ich hier die japanischen Freunde, Professor Dr. Seiichiro Namba und Frau Professor Dr. Sonoko Kuwano aus Osaka, sowie meinen Lehrstuhlvertreter, Herrn Privatdozent Dr. Jürgen Hellbrück, die Freunde Prof. Dr. Uwe Laucken und Prof. Dr. Ulrich Mees, nicht zuletzt meinem unentbehrlichen Oldenburger Partner und Kollegen von der Abteilung Akustik, Professor Dr. Volker Mellert, und seinen Mitarbeitern, insbesondere Dr. Reinhard Weber. Herrn Dr. Joachim Chassein danke ich für die Mithilfe bei der Gestaltung des Textes, Frau Dagmar Weinreich-Brunner für die Anfertigung der reprographischen Vorlagen.

Ich widme dieses Buch Professor Rudolf Bergius und Professor Hans Hörmann - zwei Forscherpersönlichkeiten, denen ich mich menschlich und wissenschaftlich in hohem Maße verbunden fühle. Meine besondere Wertschätzung teile ich mit vielen Freunden und Kolleginnen und Kollegen aus verschiedenen Disziplinen.

Professor Rudolf Bergius hat vor genau 50 Jahren seine bis heute wegweisende Dissertation an der Universität Berlin über "Die Ablenkung von der Arbeit durch Lärm und Musik" veröffentlicht, verfaßt in der Pionierzeit der psychologischen Akustik.

Professor Hans Hörmann hat uns allzu früh verlassen. Im vergangenen Jahr hätte er seinen fünfundsechzigsten Geburtstag feiern können. Die psychologische Akustik und Lärmforschung verdankt ihm gewichtige Forschungsarbeiten und viele geniale Anregungen.

Oldenburg, im Frühjahr 1990   August Schick

2 Physikalische Aspekte zur Beschreibung des Schalls

Im folgenden Kapitel behandeln wir einige physikalische Grundlagen der Akustik; notwendigerweise muß diese Darstellung kursorisch erfolgen; für den Einstieg empfehlen wir die verschiedenen einführenden Lehrbücher der Universitätsphysik, aber auch der gymnasialen Oberstufe.

2.1 Schallentstehung und -ausbreitung

Schall ist ein physikalisches Ereignis, welches einen bestimmten Entstehungsort aufweist; wir sprechen von der *Schallquelle*. Der Schall pflanzt sich durch bestimmte Medien fort und trifft dabei auf verschiedene Körper; wir nennen diese *Empfänger* im *Schallfeld*. Bei der Fortpflanzung des Schalls in einem Medium, z.B. in einem Gasgemisch, wird Energie transportiert. Die Luft beispielsweise ist ein solches Gasgemisch. Wenn die Moleküle dieses Gasgemisches bewegt werden, dann entsteht Schall. "Ein Schwingungsfeld in der Luft besteht - wenn man von Reflektionen absieht - aus kugelförmig sich ausbreitenden Verdichtungsfronten. Kleine Hindernisse in einem solchen Feld werden umspült; die Schallintensität wird dahinter nur wenig geringer, ohne einen scharfen Schallschatten auszuprägen" (Gibson 1960, S. 110).

Die folgende Abbildung 2.1 zeigt die unterschiedlichen Verdichtungszustände der Moleküle beim Schwirren einer Mücke. Wie kommt es aber zu den unterschiedlichen Verdichtungsformen der Moleküle? Die Antwort lautet: "In der Regel entsteht eine Luftbewegung ursprünglich durch die Bewegung fester Körper, die die umgebende Luft "mitnehmen" und z.B. bei mechanischer Bewegung die angrenzenden Luftschichten zusammendrücken und damit die Luftdichte erhöhen. Diese Luftverdickung, die mit einer kurzzeitigen Erhöhung des Luftdruckes verbunden ist, versucht sich auszugleichen, indem die Luftteilchen in das benachbarte Gebiet abströmen und damit zu abwechselnder Luftverdickung und Luftverdünnung führen. Durch die Massenträgheit der in Bewegung geratenen Luft entsteht nun in etwas größerer Entfernung vom bewegten Festkörper, der den Anstoß für die Luftverdickung gegeben hat, wiederum ein erhöhter Luftdruck, der sich, genau wie die verdickte Stelle einer kriechenden Raupe immer weiter vom erregenden Körper entfernt" (Bürck 1968, S. 10).

Schall entsteht also durch *Luftdruckschwankungen*. Solche Luftdruckschwankungen treten auch auf, wenn sich das Wetter ändert; diese Schwankungen verlaufen nur nicht so

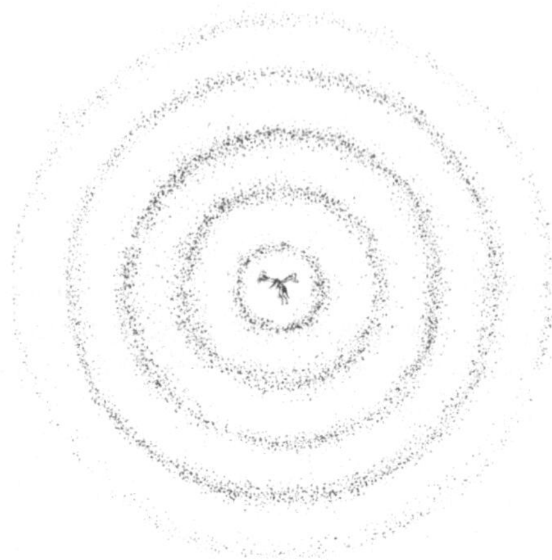

Abb. 2.1: Momentansituation einer Luftschwingung. Die Druckwellen einer schwirrenden Mücke, schematisch gezeichnet (aus: Gibson 1960, S. 110).

schnell, um vom Menschen gehört zu werden. Dazu bedarf es dann eines genügend schnellen Druckwechsels, der zwischen 20 und 20000 Hertz (Hz) pro Sekunde liegt.

Durch die Luftdruckschwankungen kommt es zu Abstrahlung von Energie nach allen Seiten im Schallfeld. "Die Schallenergie, die eine Schallquelle je Zeiteinheit abstrahlt, heißt Schalleistung P" (Brokmann, Klöcker und Weck 1981, S. 16). Diese Energie können wir in Form von Druck beschreiben; wir sprechen deshalb auch vom Schalldruck.

"Unter einem Druck (P) versteht man dabei die Kraft F, die senkrecht auf eine gegebene Fläche A einwirkt, wobei die Kraft in Newton und die Fläche in m^2 angegeben wird. In der Akustik wird der Schalldruck angegeben entweder in N/m^2 , mbar oder Pascal (Pa)" (Rieländer 1982).

Druck = Kraft F / Fläche A

1 bar = 1 kp/1 cm^2 (entspricht etwa dem normalen Luftdruck). Im Oktober 1971 empfahl die Conférence Générale des Poids et Mésures das Pascal anstatt des N/m^2.

1 Pa = N/m^2 = 0,1 kp/m^2

Der Schall hat an jedem Ort des Schallfeldes zwischen Sender und Empfänger eine je eigene *Schallenergie*. Deshalb können wir den Schall auch an jedem Punkte messen. Aus diesem Grund ist jedoch bei jeder Messung der Abstand des Meßpunktes von der Schallquelle grundlegend.

Davon zu unterscheiden ist die *Schallintensität*; das ist die Energie einer oder mehrerer Schallwellen pro Zeit - immer auf eine Fläche bezogen. Die Schallintensität ist also die durch eine Fläche pro definierter Einwirkungszeit hindurchtretende bzw. abgestrahlte Energie. Für die Schallintensität gilt als Maßeinheit das Watt/m2, das ist die durch eine Flä-

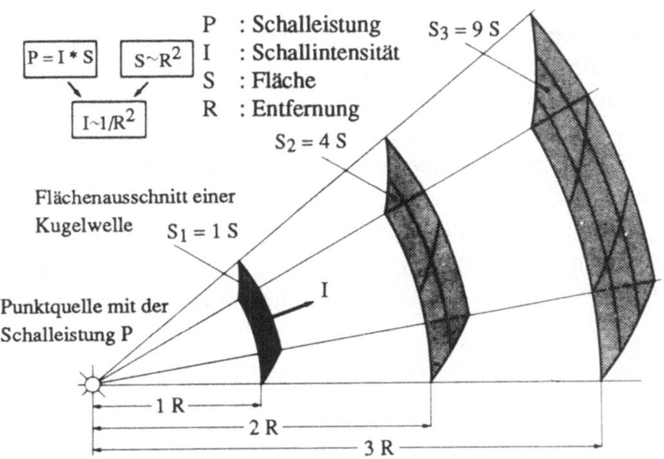

Abb. 2.2: Schallausbreitung in der Umgebung einer Punktquelle, Werkzeugmaschinenlabor der Rwth Aachen (aus: Brokmann, Klöcker und Weck 1981, S. 16).

che von 1 m² je Sekunde hindurchtretende Energie: W = N/m² pro s. Die Abbildung 2.2 veranschaulicht nochmals diesen Zusammenhang.

Die Beziehungen zwischen Schalleistung, Schallintensität und Lautheit läßt sich mit Moll (1988, S. 6) folgendermaßen hörbar machen: Man gehe mit seinem Kofferradio, welches gleichmäßig laute Musik sendet, durch die einzelnen Räume seiner Wohnung; man wird dabei feststellen, daß eine Musik im Bad am lautesten-, im gedämpften Wohnzimmer dagegen am leisesten klingt. Man erkennt: obwohl die Schalleistung konstant geblieben ist, fällt allein schon durch die unterschiedliche Größe der Wände die Absorption des Schalls verschieden aus: Große Flächen schlucken mehr Schall als kleine oder anders: die Schalleistung verteilt sich auf eine größere Fläche; dadurch kommt es automatisch zu einer Intensitätsverringerung.

Für das Verständnis vieler Arbeiten sollten wir auch die Unterscheidung nach verschiedenen geläufigen *Medien* treffen, durch die der Schall erzeugt und weitergeleitet wird: "Je nach Beschaffenheit des Mediums unterscheidet man zwischen *Luftschall* (gasförmige Stoffe), *Körperschall* (feste Stoffe) und *Flüssigkeitsschall* (flüssige Stoffe)" (Brokmann, Klöcker und Weck 1981, S. 15).

Für das Verständnis der Schallintensität sind die Bedingungen der Schallausbreitung von großer Wichtigkeit, da zwischen Schallquelle und Empfänger am Schall selbst Änderungen stattfinden.

Hierbei unterscheiden wir den *Direktschall* vom *Reflexionsschall*; der Direktschall erreicht einen Empfänger ungehindert, direkt, während beim Reflexionsschall der Schall auf ein Hindernis trifft, dort reflektiert und zum Hörer weitergeleitet wird. Auf welche Weise entstehen die beiden Schallarten? Wie kann man sie erzeugen?

Wenn sich Schall ungehindert in einem Medium fortpflanzen kann, d.h. wenn er auf keine Hindernisse stößt und sich eben weiterbewegen kann, dann sprechen wir vom *Freien Schallfeld, Freifeld* oder *Direktschallfeld*. Ein solches Freies Schallfeld wird am vollkommensten im *schalltoten Raum* erzeugt, wiewohl sich dann bei Hörexperimenten sogar noch der menschliche Kopf oder ein Mikrophon als ein störendes Hindernis erweisen kann. Im Alltag herrschen solche Bedingungen nur näherungsweise, etwa in einer schneebedeckten Fläche, die sonst aber völlig unbewachsen ist. Man spricht in all diesen Fällen von *Freifeldbedingungen*.

Wird jedoch der Schall oftmals gebrochen und reflektiert, so sprechen wir vom *Diffusen Schallfeld* oder im Idealfall vom *statistischen Schallfeld*; *statistisch* soll hier heißen: die Wahrscheinlichkeit, daß der Schall im Schallfeld an jedem Ort auftritt, ist gleich groß.

Die Unterscheidung zwischen diffusen und freien Schallfeldern spielt in einigen Meßvorschriften eine wichtige Rolle; wir werden darauf zurückkommen, wenn wir weiter unten das Verfahren zur Berechnung der Lautstärkepegel nach Zwicker darstellen.

Idealerweise werden diffuse Schallfelder in *Nachhallräumen* erzeugt. Die meisten geschlossenen Räume liefern in gewissem Maße diffuse Schallfelder. Daraus ergibt sich beispielsweise für den Bau großer Konzertsäle das schwierige Problem, einerseits den Schall so zu streuen, daß er den hintersten Platz gut erreicht und andererseits dort klar und wohlgemischt vernommen wird.

In der Regel *absobiert* und *reflektiert* jede Oberfläche, auf die Schall auftritt, wenigstens einen Teil der Schallenergie; vor allem wirken die Oberflächen in den einzelnen Frequenzbereichen recht unterschiedlich; dadurch verändert sich jedes Geräusch in seinen spektralen Eigenschaften und wird damit automatisch auch hörmäßig anders. Man kann dies an sich selbst erleben, wenn man seine eigene Stimme nicht wiedererkennt, wenn man sie plötzlich per Kopfhörer angeboten bekommt.

2.2　　Das Ohr als Schallempfänger

Prüft man nun einmal, wie intensiv die Schallintensität sein muß, um einen Schall "gerade noch" zu hören - wir sprechen von der Hörschwelle - so finden wir folgende Beträge: 10^{-12} W/m^2 oder 0,00002 Pa oder 20 µPa Schalldruck. Entsprechend finden wir für die Schmerzgrenze (das ist die Grenze, bei der wir Schall im Ohr als Schmerz empfinden) 1 W/m^2 oder 20 Pa (20 Millionen µPa) Schalldruck. Der Schallintensitätsunterschied zwischen Hörschwelle und Schmerzschwelle beträgt also 12 Zehnerpotenzen. Die Tabelle 2.1 wiederholt diesen Sachverhalt sehr anschaulich, indem sie Messungen des Schalldrucks bei Hörexperimenten mit einigen bekannten Geräuschen anführt.

Eine Skala, welche 12 und mehr Zehnerpotenzen erfassen soll, erwies sich bald als sehr unhandlich und unanschaulich. Aus diesem Grunde schuf man die Bel- bzw. Dezi-

Tabelle 2.1: Menschlicher Hörbereich (nach Berg 1980). Das Laubesrauschen hat danach eine zehnfache Schallintensität der Hörschwelle (aus: Klautke und Werner 1982, S. 3).

	Intensitätsverhältnis	
Düsenmotor	10000000000000	$=10^{13}$
Niethammer	1000000000000	$=10^{12}$
Bohrhammer	100000000000	$=10^{11}$
Papiermaschine	10000000000	$=10^{10}$
Webereisaal	1000000000	$=10^{9}$
Blechwerkstatt	100000000	$=10^{8}$
Straßenverkehr	10000000	$=10^{7}$
Normal. Gespräch	1000000	$=10^{6}$
Leise Radiomusik	100000	$=10^{5}$
Leises Gespräch	10000	$=10^{4}$
Flüstern	1000	$=10^{3}$
Ruhige Stadtwohnung	100	$=10^{2}$
Laubesrauschen	10	$=10^{1}$
Hörschwelle	1	$=10^{0}$

bel-Skala; hierbei handelt es sich um eine Verhältnisskala, d.h. eine Skala der Intensitätsverhältnisse, auf der Basis der Intensität der Hörschwelle.

Handelt es sich beim Empfänger um einen Menschen, so können wir beim Empfänger verschiedene Orte ausmachen, an denen wir die Schallintensität messen können, wie beispielsweise: noch an der Schallquelle selbst, vor dem Ohr, im äußeren Gehörgang, am Trommelfell. Für die physikalische Messung des Schalldrucks bzw. der Schallintensität am gesunden Ohr stellt das Trommelfell die letzte Station dar; will man hier messen, so benötigt man dazu sogenannte Sondenmikrophone. Allerdings zeigt sich beim Experimentieren mit hohen Tönen, insbesondere Sinustönen und sinusähnlichen Tönen, daß selbst in diesem winzigen Gehörkanal von kaum 2 cm^3 Volumen noch Reflexionen stattfinden, so daß die gemessene Schallintensität im Gehörkanal je nach Ort des Mikrophons recht unterschiedlich ausfallen kann; damit erweist sich eine Messung zwar als *ortsgenau* (genau am jeweils gemessenen Ort), aber nicht als *repräsentativ* für den ganzen Hörkanal (über Sondenmikrofon-Meßtechnik informiert verschiedentlich Blauert 1974).

Da jedoch solche Messungen sehr aufwendig und medizinisch nicht unproblematisch sind, einigte man sich auf folgende Meßprozedur: Man gibt den Schalldruck im ungestörten ebenen Schallfeld für jene Stelle an, an der sich bei einem Hörversuch der Kopf des Hörers befindet (vgl. dazu insbesondere die grundlegenden Ausführungen von Zwicker 1982, S. 2-4).

Die Rechfertigung dieser vereinfachten Vorgehensweise nennt Zwicker (1982, S. 2 f.): "Zwischen dem Schalldruck am Trommelfell und dem Schalldruck in der ungestörten Welle besteht ein fester, nur von der Frequenz abhängiger Zusammenhang. Dieser Zusammenhang ist sowohl für das ebene Schallfeld als auch für das diffuse Schallfeld ausgemessen worden, so daß sich in vielen Fällen die Messung des Schalldrucks am Umfeld erübrigt. Angegeben wird der Schalldruck in der ungestörten ebenen Welle oder aber im diffusen Schallfeld."

Da in normalen Räumen weder ein freies noch ein diffuses Schallfeld unter physikalisch kontrollierbaren Bedingungen zu erzeugen ist und weil eben selten reflexionsarme Räume bzw. Hallräume zur Verfügung stehen (genormte Räume sind teuer), arbeitet man in der psychologischen Akustik häufig mit Kopfhörern. Kopfhörer bieten zunächst die Möglichkeit, daß jedermann unter den gleichen Bedingungen hören kann. Dafür jedoch muß am Kopfhörer vorher noch geprüft werden, welche Übertragungseigenschaften der Kopfhörer besitzt; anschließend muß man diese Übertragungseigenschaften mit den Übertragungseigenschaften in einem freien Schallfeld vergleichbar machen.

Prüfung der Übertragungseigenschaften eines Kopfhörers: "Damit bei der Versuchsperson frequenzunabhängig die gleiche Lautstärkeempfindung wie im ebenen Schallfeld hervorgerufen wird, muß dem Kopfhörer ein entsprechender Entzerrer vorgeschaltet werden. Der Schalldruck eines Tones wird dann frequenzunabhängig durch die Spannung am Eingang des Entzerrers definiert und der Schalldruckpegel durch den Logarithmus dieser Spannung. Die Übertragungsart mit Kopfhörer ist zwar nicht ganz so exakt wie das mit sehr guten Lautsprechern im echoarmen Raum erzeugte ebene Schallfeld, sie ist jedoch sehr ökonomisch. Da die erreichte Genauigkeit für die meisten Untersuchungen ausreicht, werden Kopfhörer häufig benutzt" (Zwicker 1982, S. 3).

Zum Verständnis des von Zwicker Erwähnten sollten wir uns folgendes vergegenwärtigen: Während sich das Ohr hinsichtlich der Lautstärke als frequenzabhängig erweist, sollte ein Kopfhörer und ein Lautsprecher gerade frequenzunabhängig arbeiten, das bedeutet: Wenn wir am Schallgenerator beispielsweise einen Schallpegel von 70 dB einstellen und von 16 - 16.000 Hz alle Frequenzen durchlaufen, so müßte am Kopfhörer idealiter das Ergebnis der Abbildung 2.3 herauskommen. Elektrotechnisch formuliert: Bei gleicher Wechselspannung am Verstärkerausgang sollte bei jeder Frequenz idealiter ein gleicher Schallpegel am Kopfhörer gemessen werden.

Die Wirklichkeit sieht jedoch anders aus und weicht vom Ideal ab: Meist ist der Kopfhörer in den oberen Frequenzbereichen nicht mehr so übertragungsfähig, so daß sich eher ein Kurvenverlauf wie in Abbildung 2.3 ergibt.

Bei der Prüfung der *Übertragungseigenschaften eines Kopfhörers* bedient man sich eines *akustischen Kupplers*. Ein Kuppler stellt eine Art Modell des Ohres dar, an dem man bestimmte Messungen eichen kann, ohne jedesmal einen Hörer zu befragen. Ein einfacher Kuppler besteht aus einem Raum von 2 bzw. 6 cm³, in dessen eine Seite ein Schall eingeleitet werden kann; auf der anderen Seite kann ein Kopfhörer oder ein Hörgerät befestigt werden, um diese dann zu beschallen und deren Übertragungseigenschaften zu messen.

Es gibt heute verschiedene Kuppler: Einfache Kuppler, welche nur das Ohrvolumen näherungsweise nachbilden und differenziertere Kuppler, welche die Ohrform ebenso modellieren *(Zwislocki-Kuppler)*.
Anpassung der Übertragungseigenschaften eines Kopfhörers mit den Übertragungseigenschaften in einem freien Schallfeld. Man kann dem Mangel der fehlenden Übertragung eines Kopfhörers im höheren Frequenzbereich durch die von Zwicker angesprochene *Entzerrung* abhelfen. Diese Maßnahme erfolgt im Vorgang des *Lautstärkeabgleichs*. Die

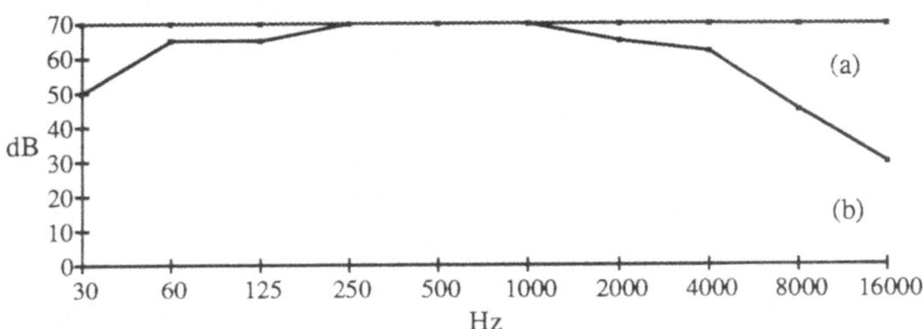

Abb. 2.3: Schema eines (a) idealen und (b) üblichen Kopfhörers; beim idealen Kopfhörer wird ein Ton mit 70 dB Schallpegel auch vom Kopfhörer mit 70 dB übertragen.

Vorgehensweise selbst, wie man bei einem Kopfhörer das Freifeldübertragungsmaß bestimmen kann, wird in der DIN 45 619 *Köpfhörer* beschrieben:

Methode nach Blatt 1: Bestimmung des Freifeldübertragungsmaßes durch Lautstärkevergleich mit einer *fortschreitenden Welle*: Hierbei setzt man einen Hörer ins freie Schallfeld und gibt ihm den Kopfhörer in die Hand; man bietet dann einen Ton im freien Schallfeld an und läßt anschließend den Kopfhörer aufsetzen und bietet dort denselben Ton an; der Hörer muß solange beide Töne abgleichen, bis sie gleich sind; auf diese Weise ermittelt man die dem freien Schallfeld äquivalenten Werte des Kopfhörers.

Methode nach Blatt 2: Bestimmung des Freifeldübertragungsmaßes durch Lautstärkevergleich mit einem *Bezugskopfhörer*.

2.3   Frequenz, Amplitude, Wellenlänge, Phasenabstand

Der Schalldruckverlauf an einem Ort läßt sich als sinusförmige Schallschwingung durch die Parameter *Frequenz* und *Amplitude* charakterisieren (vgl. Abbildung 2.4).

Frequenz und Amplitude sind die wichtigsten Bedingungen für die Tonhöhe und Lautheit. Die Frequenz einer Schallwelle wird in Hz gemessen. Ein Hz entspricht einer Periode pro Sekunde (englisch: cycle per second, abgekürzt: cps oder c/s); auch im angelsächsischen Sprachbereich ist heute das Hz verbindlich vorgeschrieben.

Die Lehre vom Schall wird in der Physik als ein Teilgebiet der Schwingungslehre behandelt. Eine geläufige Klassifikation des Schalls berücksichtigt die Unterscheidung nach Frequenzbereichen: *Infraschall*: definiert als Schall unter 16 Hz, der unteren Hörschwelle, *Hörschall*: "Schall im Frequenzbereich des menschlichen Hörens (Hörbereich etwa 16 Hz bis 16 kHz)" (DIN 1320), *Ultraschall*: definiert als Schall oberhalb von 16.000 Hz, *Hyperschall*: Schall mit Frequenzen über 10^9 kHz.

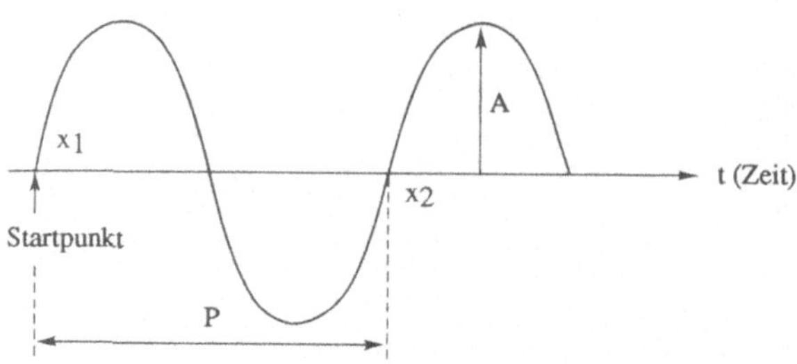

Abb. 2.4: Schema einer Schallwelle; es bedeuten: A = Amplitudenstärke, P = Periode (aus: Schick 1979, S. 15).

Der Abbildung 2.5 kann man zusätzlich entnehmen, in welchen Frequenzbereichen beispielsweise das Hören von Musik und Sprache angesiedelt ist.

Neben der Anzahl der Schwingungen pro Sekunde ist für die Beschreibung einer Schallwelle die Kenntnis der *Wellenlänge* wichtig. Mit der Wellenlänge, und dem dafür zugedachten griech. Buchstaben lambda, kennzeichnen wir den räumlichen Abstand zweier Punkte gleicher Phase im Raum (x_1 und x_2).

Wellenlänge = Schallgeschwindigkeit / Frequenz

Da die *Schallgeschwindigkeit* in der Luft (bei 20 C° Lufttemperatur) mit ca. 344 m/s angenommen wird, kann man diese Größe in die Gleichung einsetzen und erhält dann beispielsweise folgende Wellenlängen für:

17,2 m bei 20 Hz; 0,344 m bei 1000 Hz und 0,034 m bei 10 kHz.

Die Kenntnis der Wellenlänge erweist sich in der Bekämpfung von Schall als außerordentlich wichtig; denn wenn ein Gegenstand Schall wirksam abhalten soll, so muß er größer als dessen Wellenlänge sein.

Dazu einige wenige Zusatzerläuterungen: Wenn sich einer sich fortpflanzenden Schallwelle ein Hindernis in den Weg stellt, so kann - je nach Beschaffenheit des Hindernisses - Unterschiedliches erfolgen:
- die Welle wird *reflektiert* oder
- sie wird vom Hindernis *gedämpft* oder
- sie wird um das Hindernis *gebeugt*, falls die Wellenlänge sehr groß im Verhältnis zum Format des Hindernisses ist;
- durch die Beugung, welche vor allem niederfrequente Schalle betrifft, kommt es zur *Weiterleitung* des Schalls; dies ist ein Grund dafür, warum tieffrequenter Schall so schwer zu bekämpfen ist. Beispiel: Wenn ein 20 Hz-Ton eine Wellenlänge von 17,2 m hat, dann bleibt ein Schirm von 1 m Durchmesser wirkungslos. Aus dieser Tatsache resultieren viele Probleme der Lärmbekämpfung, z.B. an Straßen und Brücken, wo für die Aufschüttung von Dämmen kein Platz existiert.

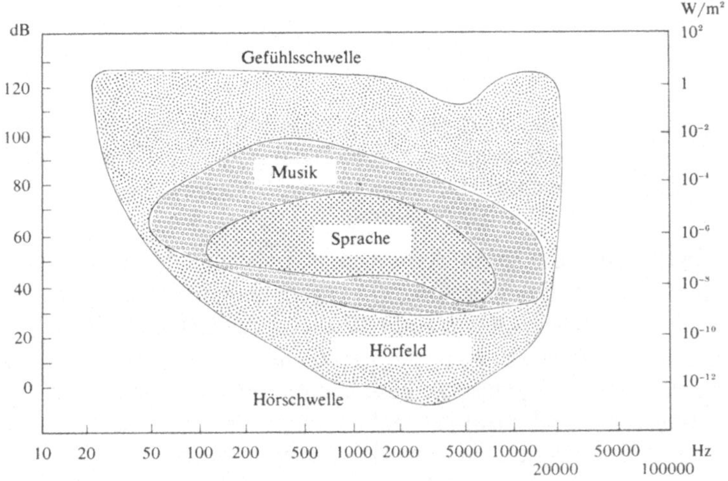

Abb. 2.5: Das menschliche Hörfeld (eine Vorlage der Firma Bilson).

Interferenz von Schallwellen: Haben wir es mit mehr als einer Schallwelle zu tun, so wird für die physikalische Analyse eine dritte Größe bedeutsam, nämlich der gegenseitige Phasenabstand, weil sich die verschiedenen Wellen gegenseitig beeinflussen; wir sprechen in der Physik von der Interferenz der Schallwellen. "Beim Zusammentreffen von Schallwellen gleicher Frequenz und damit gleicher Wellenlänge, die in ihrem Phasenverlauf einen Gangunterschied haben, tritt Interferenz ein. Diese kann je nach Größe des Wellengangunterschiedes zur Verstärkung oder zur Abschwächung der Schallenergie führen" (Schuschke 1976, S. 14 f.). Die Interferenz kann die Lautstärke und sogar die Tonhöhe beeinflussen (Stevens und Warshofsky 1970, S. 14 ff.); wie schon erwähnt, ergeben sich Interferenzphänomene vor allem beim Experimentieren mit Sinustönen; deshalb erscheint hierbei besondere Sorgfalt geboten. Schuschke merkt hier an, daß das Interferenzprinzip bei manchen Schalldämpfern verwendet wird, indem man direkte und reflektierte Schallwellen interferieren läßt.

Ein anderer Effekt, der auf dem gleichen Prinzip beruht, ergibt sich aus der Addition des direkten mit dem reflektierten Schalls der identischen Schallquelle; die Physik spricht dann von *stehenden Wellen*; solche Erscheinungen können gelegentlich in geschlossenen Räumen bei Lautsprecherdarbietungen aus entgegengesetzten Richtungen auftreten; sie können je nach Lautstärke durchaus zu einer plötzlichen Überlastung des Gehörs führen.

2.4   Geräuscharten

Auf der Grundlage der genannten drei physikalischen Grundgrößen können wir alle Formen von Schall beschreiben und erzeugen. Einige typische Formen, welche uns aus dem Alltag geläufig sind, seien genannt: *Ton, Klang, Geräusch, Knall.*

Ton

Die mathematisch einfachste Form stellt sich uns als eine Schallwelle mit einer bestimmten Frequenz und Amplitudenstärke (Sinuston) dar. Auf dieser Basis vermögen wir schon sehr vielfältige Untersuchungen zur Wirkung des Schalls anzustellen, denn wir können über den ganzen Hörbereich und darüberhinaus Frequenzen und Amplitudenstärken systematisch variieren und auf diese Weise erkunden, welche Frequenzspektren zu welchen biologischen und sozio-psychologischen Wirkungen führt. Vor allem in der Audiologie und in der physiologischen Akustik sind Schallereignisse dieser Art zum Untersuchungsgegenstand geworden. Am reinsten sind Töne noch durch Stimmgabeln zu erzeugen; auch manche Vogelstimme klingt sinusmäßig; der Umstand, daß Töne im Alltag nie rein sind, offenbart sich besonders beim Spielen von Instrumenten: hier hören wir dann Töne, aber eben keine reinen Sinustöne, sondern Töne, die wir physikalisch als Klänge bezeichnen, wiewohl wir erlebnismäßig nicht den Eindruck eines musikalischen Klanges haben.

Klang

Den Sinustönen folgt auf nächster Stufe die Untersuchung von Klängen. Das bedeutet: Wir können alle hörbaren Frequenzen miteinander kombinieren und können somit die Wirkung dieser Klänge studieren. Wie schon ausgeführt, ist es vor allem die Musikwissenschaft, welche sich auf dieser Basis mit der Wirkung musikalischer Klänge als Elemente der Musik beschäftigt; auf diese Weise erfahren wir mehr über die besondere Wirkung einzelner Instrumente, die sich ja gerade dadurch unterscheiden, daß ihre Töne bzw. Klänge eine eigene *Obertonstruktur* besitzen; wir sprechen dann von der *Klangfarbe.*

Zwicker und Feldtkeller (1967, S. 5) weisen auf einen wichtigen Sachverhalt hin, der sowohl den Musikpsychologen als auch den Lärmforscher interessiert: Während die Lautheit und Tonhöhe jeweils eine Wahrnehmungsdimension verkörpern, handelt es sich bei der Klangfarbe um ein Phänomen mit den verschiedenartigsten Dimensionen, weil sich physikalisch ein Klang aus unterschiedlichsten Teiltönen zusammensetzt.
Wichtig erscheint uns hier der Hinweis, daß wir es in der Lärmforschung und Schallwirkungsanalyse selten mit Sinustönen, sondern mit Klängen und Geräuschen zu tun haben; wir finden deshalb nicht einfach eine Einzelschwingung vor, sondern ein Gemisch solcher Einzelschwingungen. Das Insgesamt dieser Einzelschwingungen bezeichnen wir als *Geräuschspektren.* Wir gehen also davon aus, daß in der Akustik die Begriffe *Ton* und *Klang* unterschiedliche Bedeutung haben; genauer wäre die Unterscheidung *Sinuston* (*reiner Ton*), *Ton* und *Klang.*

Geräusch

Gehen wir nun einen Schritt weiter, so können wir unterschiedlichste Frequenzen miteinander kombinieren und erhalten damit etwas, was die Akustiker Geräusch oder Rauschen

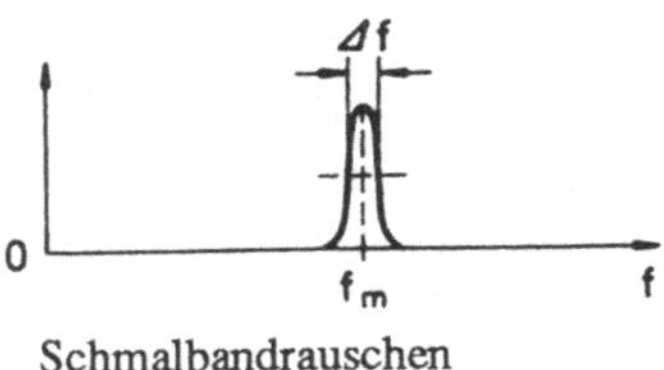

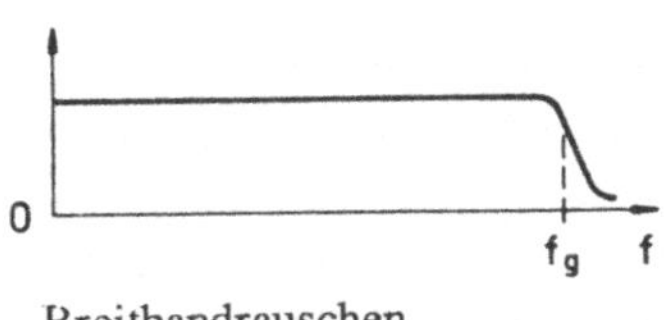

Abb. 2.6: Breitbandrauschen und Schmalbandrauschen (aus: Rieländer (1980, S. 271 f.).

nennen. Hierbei handelt es sich um ein "aperiodisches, ungeordnetes *Schallereignis* mit völlig regellosem Schwingungsverlauf" (Franke 1978, S. 65). Geräusch in dieser Definition zeichnet sich dadurch aus, daß wir ihm keine Tonhöhe zuschreiben können. In der Akustik haben sich im Laufe von Jahrzehnten verschiedene Typen von Rauschen durchgesetzt (vgl. dazu die DIN 5483, Teil 1).

Weißes Rauschen: Ein gleichmäßiges, über sämtliche Frequenzen mit gleichem Schalldruck gehendes Geräusch; es handelt sich um ein Geräusch ohne Tonhöhe und ohne Rhythmus. Aus diesem Geräusch, das sich über den ganzen Hörbereich erstreckt und dessen Schallpegel zu hohen Frequenzen hin ansteigen, kann man dann wieder verschiedene Frequenzzonen bilden; wir sprechen dann von Frequenzbändern. Diese Frequenzbänder können schmal oder breit sein; entsprechend heißen sie *Schmal-* und *Breitbandrauschen* (Beispiele: eine Terz wäre ein Schmalband, während eine Oktav schon als Breitband bezeichnet würde).

Rosa Rauschen (pink noise): Ein Geräusch wie das Weiße Rauschen; aber bei dieser Form von Rauschen bleibt der Geräuschpegel von Oktavband zu Oktavband konstant. Verkehrsgeräusche zeigen oftmals eine solche Gestalt.

Knall

Wenn man einmal eine Schallwelle betrachtet, dann erkennt man auch, daß jede Schallwelle in bezug auf die Amplitude eine eigene *An- und Abstiegsgeschwindigkeit* vorweist. Eine wichtige Schallart, die einen extrem raschen An- und Abstieg verzeichnet, ist der Knall, den etwa ein Gewehrschuß auslöst. Zur Terminologie: In der Schwingungsphysik heißt die *Anstiegsdauer* eines Impulses neuerdings *erste Übergangsdauer eines Impulses* und *Abfalldauer* entsprechend *letzte Übergangsdauer eines Impulses* (DIN 5483 Teil 1).

Ordnungsgesichtspunkte für Alltagsgeräusche

Die bisherigen Definitionen haben gezeigt, daß man Schallwirkungsforschung durchaus schon auf der Grundlage weniger Parameter betreiben kann. In der Alltagswirklichkeit jedoch bevorzugen wir es, den Schall nach den Erzeugern zu ordnen, wie: Autos (Personen- und Lastkraftwagen, Bus), Krafträder (Motorräder, Mopeds), Flugzeuge, Schiffe, Schienenfahrzeuge (Eisen- u. Straßenbahnen), Industrie- und Gewerbebetriebe, Baustellen, Maschinen, Personen, Tiere.

Eine umfassende Analyse würde wohl Tausende unterschiedlichster Schallquellen in unserer Kultur erbringen. Um diese Vielfalt noch weiter zu ordnen, haben Akustiker einige Aspekte des Schalls zum Zwecke einer *Systematik* der Meßverfahren als wichtig hinzugebracht; diese werden wir kurz erläutern, weil sie in der Schallwirkungsforschung als allgemeine Kategorien überall Verwendung findet.

Die Vorschläge zur Systematisierung von Schallereignissen kommen vor allem aus der Schallwirkungsforschung und der akustischen Meßtechnik; hier erfuhr man, welche allgemeinen Besonderheiten von Geräuschen als außerordentlich störend empfunden werden; und in der Meßtechnik mußte man sich oft festlegen, mit welchen Grundformen von Signalen und Geräuschen man arbeiten wollte, z.B. bei der Prüfung von Dämmeigenschaften eines schallschluckenden Materials.

Die ANSI S1.13-1971 unterscheidet zwischen zwei Gruppen (Zur Beachtung: Der engl. Ausdruck "noise" hat nicht jene strikte Bedeutung wie der deutsche Begriff "Lärm"; d.h. auch amerikanische Physiker sprechen von "noise", wo man im Deutschen nur vom "Schall" sprechen würden, vgl. ebenso ISO 2204):

Stationärer Schall, *Kontinuierlicher* Schall oder *Dauerschall* (steady noise). Hierbei handelt es sich um einen Schalldruckpegel, der im wesentlichen konstant bleibt. Dabei ist wiederum zu unterscheiden zwischen:

Schall *ohne* heraushörbare Töne. Meist handelt es sich hier um sehr breitbandige Geräusche, wie: Geräusche einer Stadt aus der Ferne, Wasserfall, Regen, Geräusche einer Entlüftung.

Schall *mit* heraushörbaren Tönen, wie beispielsweise: Kreissäge, Transformator, Motor eines Düsenflugzeuges.

Veränderlicher oder *diskontinuierlicher* Schall (non-steady noise); das ist ein Schall, der während der Beobachtungszeit wesentlich seinen Schalldruckpegel verändert. Hierbei kann man nochmals verschiedene Erscheinungsweisen unterscheiden:

Fluktuierend (fluctuating), mit folgenden Kennzeichen: Ein Schall, dessen Schalldruckpegel sich deutlich verändert, der aber vom Hintergrundgeräusch (ambient noise) deutlich unterschieden ist; der Schall darf 1 mal in der Beobachtungszeit den Wert des Umgebungsgeräusches erreichen.

Intermittierend (intermittent): Ein Schall, dessen Schalldruckpegel den Pegel des Hintergrundgeräusches 2 mal oder mehr während der Beobachtungszeit erreicht. Die Zeitperiode, währenddessen der Pegel des Schalls sich von jenem Hintergrundgeräusch unterscheiden sollte, beträgt mindestens 1 Sekunde oder mehr; d.h. der Schallpegel ist mehr als 1 s vom Umgebungsgeräusch abgehoben.
Beispiele: Vorbeiflug eines Flugzeuges, Vorbeifahrt eines Autos oder eines Zuges.

Impulshaltiger Schall (impulsive): Ein Schall, dessen Schalldruckpegel den Pegel des Hintergrundgeräusches 2 oder mehrere Male erreicht. Die Zeitperiode, währenddessen der Pegel des Schalls sich von jenem des Hintergrundgeräusches unterscheiden sollte, beträgt weniger als 1 Sekunde.
Beim Impulsschall sind nochmals 2 Unterscheidungen gebräuchlich: Solcher Schall, der *eines* oder *mehrere Teilgeräusche* enthält, die voneinander noch zu unterscheiden sind (isolated bursts).
Beispiele: Pistolenschüsse, Türen-Zuschlagen, Vorschlaghammer.

Jener Schall, bei dem die Teilgeräusche so schnell aufeinander folgen, daß sie als *Quasi-Dauergeräusch* wahrgenommen werden (quasi-steady noise).
Beispiele: das Feuern eines Maschinengewehres, ein pneumatisch betriebener Hammer.

Bei einer Schallmessung können wir uns auf die Messung des Schalls einer einzigen definierten Schallquelle (sources) beschränken; da im Alltag jedoch meist verschiedene Schallquellen gleichzeitig wirksam sind, können wir diesen kombinierten Schall erfassen (ambient environments). Beide Schallarten können sowohl innerhalb von Räumen, als auch im Freien gemessen werden.

3 Die Entwicklung der Schallstärkenmessung

Vorbemerkung: Schallereignisse besitzen immer eine spektrale Struktur; diese spektralen Anteile weisen meistens unterschiedliche Schallstärkegrade vor. Hieraus ergibt sich die Frage, wie man diese unterschiedlichen Schallstärkegrade der einzelnen Frequenzen bzw. Frequenzbänder zu einem einzigen Wert integriert. Dieser Frage notwendig vorgeordnet ist das Problem, wie differenziert die Einzelfrequenzen innerhalb eines Gesamtspektrums zu betrachten sind.

Gleichzeitig sind wir uns jedoch darüber im klaren, daß wir physikalisch jederzeit die Gesamtenergie eines Schalls über einen definierten Zeitraum messen können; messen können wir natürlich seit Helmholtz' Entdeckung des Frequenzanalysators die Energieanteile einer Frequenz an der Gesamtenergie. Dazu braucht man keinen Hörer. In der Schallwahrnehmungs- und Wirkungsforschung geht es aber immer um die Aufnahme von Schall durch Personen; auch hier geht es um dieselben Fragen, wie oben für eine Physik; aber die Antworten darauf können nur in Experimenten mit Personen gegeben werden; in solchen Experimenten werden die Eindrücke, Gedanken, Wahrnehmungen, Empfindungen und Verhaltensweisen erfaßt. Davon soll im folgenden Teil immer wieder die Rede sein.

3.1 Historische Wurzeln der Dezibel-Skala

3.1.1 Die Wahrnehmung von Unterschieden: Die Forschungen von Weber und Fechner

Jedes Urteil über die Gleichheit der Lautheit zweier Schallreize schließt logischerweise die Fähigkeit ein, Unterschiede wahrnehmen zu können. Die Lehrbücher der Psychophysik sprechen hier von der Prüfung von *Empfindungsunterschieden*. Die ersten maßgebenden Arbeiten dazu stammen aus der Feder des Anatomen und Physiologen Ernst Heinrich *Weber* (1795-1878) aus Leipzig; er arbeitete insbesondere auf dem Gebiet des Tastsinns: "Weber (1834, 1846) stellte durch einige Versuche (Gewichtsvergleich, Gewichtheben, Längenvergleiche usw.) fest, daß die Unterschiedsempfindungen - also der ebenmerkliche Unterschied zwischen zwei Empfindungen - weniger von der Differenz der beiden Reize abhängig ist, als vielmehr von dem Verhältnis dieser Reizdifferenz zur Bezugsgröße (Standardreiz). Genauer: Weber stellte fest, daß das Verhältnis vom eben merklichen Reizunterschied zur Bezugsreizgröße eine konstante Zahl ist, die man als Weber'sche Konstante bezeichnet" (Hajos 1973, S. 155).

$$K = \frac{\delta S}{S_i} = \frac{S_j - S_i}{S_i} \qquad \begin{array}{l} \delta S = \text{Reizunterschied } (S_j - S_i) \\ S_i = \text{Bezugsreiz} \end{array}$$

K = für die betreffende Sinnesleistung empirisch gefundene Konstante.

Berechnung der Weberschen Konstanten am Beispiel: Angenommen, wir lassen bei einem rheinischen Gausängerfest 20 etwa gleichgroße Männerchöre von der Loreley herunter singen: wie viele Chöre müssen wir noch dazustellen, damit wir den Eindruck einer eben merklichen Lautstärkenzunahme haben? Die empirisch gefundene Antwort lautet: 2 Chöre. Damit beträgt die Weber-Konstante für Lautstärke:

mit $S_i = 20$ (Bezugsreiz), $S_j = 22$ (neuer Vergleichsreiz): K = (22 - 10)/20 = 0,1.

Man ahnt hier vielleicht schon die Tragweite dieser Weber-Konstanten bei der Anwendung auf die Gestaltung unserer Umgebung im weitesten Sinn. Noch ein geschichtlicher Hinweis Fechners zum Weber'schen Gesetz: "In betreff des Historischen habe ich schon bemerkt, daß E. H. Weber zwar nicht der erste ist, der das Gesetz überhaupt ausgesprochen und bewährt hat, aber doch der erste, der es in einer gewissen Allgemeinheit ausgesprochen, bewährt und aus einem Gesichtspunkte vom allgemeinem Interesse dargestellt hat. Er stützt sich dabei auf Versuche über eben merkliche Unterschiede von Gewichten, Linien, Tonhöhen, was, wie man bemerken kann, Beispiele für die drei Hauptseiten der Empfindung, Intensität, Extension, Höhe sind, die überhaupt in Frage kommen können, wodurch sich um so mehr rechtfertigt, daß wir das Gesetz nach seinem Namen bezeichnen" (Fechner, 1907, 1. Teil, S. 135 f.).

Wie sieht nun das Bild der Unterschiedsempfindlichkeit im normalen menschlichen Hörbereich aus? Die Abbildung 3.1 zeigt, daß in einzelnen Frequenzbereichen die Fähigkeit, Unterschiede wahrzunehmen, sehr unterschiedlich ausgeprägt ist.

Wir wollen uns nun weiter dem Ansatz von Fechner zuwenden: Webers Pioniertat bestand darin, entdeckt zu haben, unter welchen physikalischen Bedingungen ein eben merklicher Empfindungsunterschied auftritt. Damit war es möglich, die Unterschiedsempfindlichkeit eines Sinnesbereiches zu ermitteln.

Das weiterführende Anliegen Fechners lautete, eine mathematisch eindeutige Funktionsgleichung für das Verhältnis von Reizgrößen und absoluten Empfindungs- bzw. Wahrnehmungsintensitäten zu ermitteln, so daß man auf Anhieb angeben konnte, welche Reizstärke zu welcher Empfindungsintensität führt. Welche Probleme tun sich bei einem solchen Vorhaben auf?

Erstes Problem: Während wir Reizstärken physikalisch relativ problemlos erfassen können, erhebt sich die Frage: Wie können wir Empfindungsstärken messen? Wie können die Einheiten definiert werden, um daraus eine Skala zu bilden? Gibt es ein Maßprinzip der Empfindung?

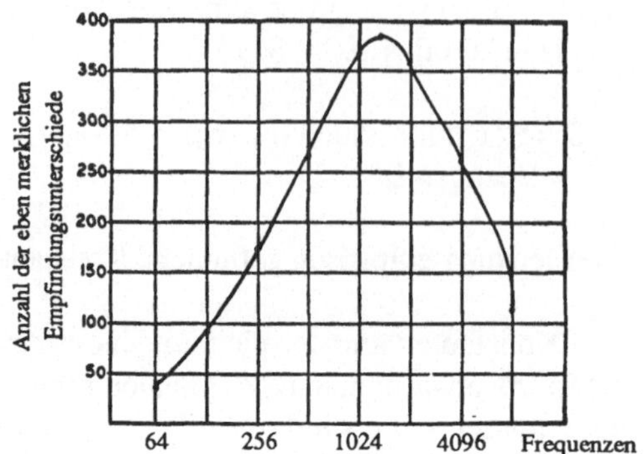

Abb. 3.1: Die Anzahl der eben merklichen Empfindungsunterschiede für Lautheit zwischen unterer Hörschwelle und der Schmerzschwelle (aus: Seashore 1967, p. 85).

Fechners Lösung: Als Empfindungseinheiten wählte er den eben merklichen Empfindungsunterschied im Sinne von Weber. Es scheint ja durchaus einleuchtend, jene Empfindungen als einer einzigen Einheit zugehörig-, als *ein*-heitlich, zu betrachten, welche sich als "gleich" bzw. "nicht voneinander unterschieden" präsentiert.
Zweites Problem: Welchen Abstand sollen die Einheiten voneinander haben?
Fechners Lösung: Die Einheiten werden als *gleich*-abständig (äquidistant) betrachtet.
Drittes Problem: Wo liegt der Ursprung, der Nullpunkt, der Skala?
Fechners Antwort: Bei der absoluten Reizschwelle bzw. der ersten absoluten Reizempfindung.

   Welche Befunde ergaben sich nun auf der Grundlage dieser Lösungsversuche? Um Fechners psychophysische Maßformel zu verstehen, wird man sich dessen Verfahren zur Gewinnung einer Skala vergegenwärtigen:
- Man wählt einen Ton einer bestimmten Frequenzlage und ermittelt durch Variation des Schalldruckes die absolute Hörschwelle. Diese absolute Hörschwelle bedeutet auf der Empfindungsskala den Nullpunkt.
- Dann steigert man den Schalldruck solange, bis ein Hörer den Eindruck hat, daß sich die Lautstärke des Schalls geändert hat; damit haben wir einen eben merklichen Empfindungsunterschied erzeugt und somit eine erste Empfindungseinheit gewonnen. Auf unserer physikalischen Skala können wir ablesen, welche Energie bzw. welcher Energiezuwachs notwendig war, um eine neue Empfindung hervorzurufen.
- Nun steigern wir den Schalldruck wieder solange, bis der Hörer die Lautstärke als von Empfindungsstärke 1 *unterschieden* erlebt; wir definieren diesen neuen Bereich als Empfindungsstärke 2 und lesen aus der physikalischen Skala wieder den dazugehörenden Schalldruck ab.

Auf diese Weise erhält man eine Zuordnung der so ermittelten Empfindungsstärkeeinheiten zu physikalischen Größen. Fechner hätte damit für alle Bereiche die Beziehungen zwischen Reiz und Empfindungsstärke ermitteln können. Aber er hatte Glück, konnte er doch auf die Vorarbeiten von Weber zurückweisen; damit hatte er schon die Empfindungseinheiten und die absoluten Schwellen.

Die Erstellung einer Empfindungsstärkenskala soll an einem Beispiel gezeigt werden. Dabei wir die Formel für die Weber-Konstante nach dem neuen Vergleichsreiz S_j aufgelöst:

$$S_j = S_i + k * S_i = S_i (1+k), \text{ mit } S_i = \text{Bezugsreiz und } k = \text{Weber-Konstante}$$

und in dieser Form für die Berechnung verwendet.

Angenommen, die Weber-Konstante für die Lautstärke betrage $k = 0{,}1$ und die absolute Schwelle (Empfindungseinheit $E = 0$) liege bei 40 Einheiten einer physikalischen Schalldruckskala, dann berechnen sich die zu den einzelnen Empfindungsgrößen gehörenden Schalldrücke SD folgendermaßen:

Nullte Stufe der Empfindungseinheit $E = 0$: $SD(0) = 40$
Erste Stufe $E = 1$: $SD(1) = SD(0) * (1+k) = 40 * 1{,}1 = 44$
Zweite Stufe $E = 2$: $SD(2) = SD(1) * (1+k) = 44 * 1{,}1 = 48{,}4$

Führt man diese Rechnung weiter, dann erhält man die weiteren Werte der Tabelle 3.1. Ihr ist zu entnehmen, daß die Schalldruckwerte rascher ansteigen als die Werte auf der Empfindungsskala. In logarithmischer Schreibweise der Schalldruckeinheiten erhalten wir die Werte in Spalte log SD, die jetzt gleichmäßig mit der Empfindungsstärke ansteigen.

Die Entdeckung Fechners, daß mit gleichmäßig stetigem Anstieg der Empfindungsstärke die physikalische Reizstärke logarithmisch stetig fortschreitet, bedeutet die Grundlage für eine allgemeine Aussage über das Verhältnis von Reiz und dessen Empfindungsstärke bzw. Wahrnehmungsstärke. Unter Berücksichtigung der Weber-Konstante formulierte Fechner dann folgende Funktionsgleichung:

Empfindungsstärke = K * log Reizstärke.

Tabelle 3.1: Beziehung zwischen Empfindungsstufen (E) und Schalldruckeinheiten (SD) und log. Schreibweise (log SD).

E	SD	log SD	E	SD	log SD
0	40	1,60	5	64,42	1,80
1	44	1,64	6	70,68	1,84
2	48,4	1,68	7	77,94	1,89
3	53,24	1,72	8	85,74	1,93
4	58,56	1,76	9	94,34	1,97

3.1.2   Von Fechner zur Dezibel-Skala

Die Tabelle 2.1 des vorangegangenen Kapitels zeigt, wie unterschiedlich die Schallintensitätsverhältnisse im hörbaren Bereich sind, sodaß sich eine bloße Intensitätsverhältnisskala kaum mehr zur Übersicht eignet. Als Lösung bietet sich nach den obigen Darlegungen eine logarithmische Skala an.

Wie aber kann man nun diese Skala so weiterentwickeln, daß man damit auch die Empfindung der Schallstärke erfassen kann? Geht man ähnlich wie Fechner vor, so kommen wir zu folgenden Schritten:
- Wir setzen die Schallintensität an der unteren Hörschwelle bei 1000 Hz als Nullpunkt unserer neuen Skala.
- Wir bilden jeweils das Verhältnis zweier Schallintensitäten (in der Physik wird das Verhältnis zweier Intensitäten als *Bel* definiert) und betrachten die Schallintensität an der unterene Hörschwelle immer als konstante Bezugsintensität solcher Verhältnisbildungen:

$$\text{bel} = \frac{\text{Schallintensität } \textit{über} \text{ der Hörschwelle (p)}}{\text{Schallintensität } \textit{an} \text{ der Hörschwelle (p}_o)}$$

Nun bildet man den Logarithmus des Intensitätsverhältnisses und erhält somit den endgültigen Bel-Wert. Um auf der Bel-Skala feiner differenzieren zu können, wurde diese Skala durch die Bildung von Zehntel-Einheiten zu einer sogenannten Dezibel-Skala umgewandelt. Eine ausführlichere Darlegung findet man bei Schick (1979).

"Man definiert, daß ein Schallereignis, das zehnmal so stark wie ein anderes ist, um 10 Dezibel stärker ist und daß der Schallpegel bei einem Anwachsen der Intensität um das Zehnfache um weitere 10 Dezibel steigt. Somit ist ein Schallereignis, das die 1000-fache Intensität eines anderen besitzt, um 30 Dezibel, ein Schallereignis, das die 100 000-fache Intensität besitzt, um 50 dB stärker" (Stevens und Warshofsky, 1970, S. 22). Wenn das Bezugsschallereignis bzw. der Bezugsschalldruck P_o = 20 µPa beträgt, das ist etwa eine mittlere Hörschwelle bei 1000 Hz, dann versieht man die dB-Angabe mit dem Zusatz SPL (engl. *Sound Pressure Level*, abgekürzt SPL). Im allgemeinen bezeichnet man diese dB-Skala in der Akustik als Schalldruckpegel, abgekürzt Schallpegel. Damit liegt der Nullpunkt dieser Skala definitionsgemäß an der Hörschwelle; die *Schmerzschwelle* liegt dann bei etwa 130 dB. Die Dezibel-Skala ist ihrem Gegenstand nach eine physikalische Skala, welche jedoch teilweise schon Gesetzen des menschlichen Hörens Rechnung trägt; man wird hier vor allem auf das einschlägige Vorbild Fechners hinweisen.

Auf der Basis der Dezibel-Skala erfolgten die ersten grundlegenden Beschreibungen des Hörvermögens unter dem Gesichtspunkt der absoluten Schwelle und Unterschiedsschwellen. Dies gilt auch für die Ermittlung der "gleich lauten" Bereiche durch Fletcher und Munson in den USA (1933) sowie Robinson und Dadson für eine britische Stichprobe (1956).

Für die Beurteilung der wahrgenommenen Lautheit erwies sich die Dezibel-Skala schon sehr früh jedoch als unzureichend; auf diesbezüglich mißlungene eigene Versuche weisen Fletcher und Munson selbst in ihrer Arbeit aus dem Jahre 1933 (p. 82) hin.

3.2 Von der Verhältnisschätzung und Fraktionierung zur Sone-Skala

Wir kommen am Ende dieses Kapitels auf eine weitere bedeutsame Fortentwicklung unseres Problembereiches zu sprechen: Die hier beschriebenen Forschungsergebnisse wurden in der Mehrzahl von psychologisch interessierten Physikern, Elektroakustikern, Physiologen bzw. Audiologen und Psychologen erbracht. Besonders das Laboratorium der Bell Telephone Company (New York) und das Psycho-Akustische Laboratorium der Havard-Universität in Cambridge (Massachusetts) boten den besten Akustikern aus der ganzen Welt hervorragende Forschungsmöglichkeiten an; am letztgenannten Institut profilierte sich vor allem der Psychologe S. S. Stevens. Sein Hauptanliegen ging dahin, für die Beurteilung der Lautheit von Schall eine Methode anzubieten, bei der ein Beurteiler unabhängig vom physikalischen Schall meßbare Urteile abgeben kann.

Stevens wollte vor allem die Dezibel-Skala ablösen, weil sie wahrnehmungsmäßig-psychologisch das Axiom der Gleichabständigkeit nicht erfüllte: 30 dB heißt nicht einfach "halb so laut wie 60 dB". Für den Einsatz in Forschung und Praxis stellt dieser Sachverhalt gewiß ein ausgesprochenes Erschwernis dar. Doch wo sollte der archimedische Punkt zu suchen sein, von dem aus ein solches Vorhaben ein Gelingen versprechen konnte?

Die Antwort Stevens': Wir verzichten darauf, als Untersucher für unseren Hörer eine Skala zur Schallbewertung zu konstruieren, sondern bitten ihn um Mitarbeit bei folgender Versuchsführung: Wir beschallen ihn mit einem lauten Ton und geben dessen Lautheit den Betrag 100; daraufhin bieten wir weitere Töne unterschiedlicher Schallintensität in zufälliger Folge an und lassen den Hörer jeden Ton nach dessen Lautheit in Zahlenform beurteilen. Diese von Stevens (1956) so beschriebene Versuchsanordnung bezeichnete er als eine Form von *direkter Skalierung* bzw. Schätzung der Beziehung zwischen Lautheit und Schallintensität. Stevens nannte diese spezielle Beurteilungsform die Methode der Größenschätzung (Method of Magnitude Estimation, abgekürzt: ME).

Neben der *Methode der Größenschätzung* verwandte Stevens noch zwei weitere Formen einer direkten Skalierung: Die *Methode der Bisektion* oder *Äquisektion* und die *Methode der Verhältnisschätzung* und *Fraktionierung*. Welche Verfahrensvorschriften enthalten diese Methoden? Welche Vorzüge und Nachteile sind damit jeweils verbunden?

Die Kritik Stevens' an der Dezibelskala verdeutlicht dessen zentrales Anliegen: Eine Lautheitsskala sollte sich durch ein hohes Skalenniveau, möglichst jenes einer Verhältnisskala, ausweisen. Diesem Anspruch gedachte Stevens vor allem durch die beiden Methoden der Größenschätzung sowie der Verhältnisschätzung und Fraktionierung zu genügen.

Methoden der Verhältnisschätzung und Fraktionierung
Bei dieser Methode beurteilt ein Beobachter nicht mehr den Ausprägungsgrad eines Merkmals, sondern das Verhältnis z. B. der Lautheit eines Schallereignisses im Verhältnis zu einem Vergleichsschall; als Beurteilungskategorien stehen dabei zur Verfügung "lauter bzw. leiser als", "gleich laut wie" oder "halb so laut wie" (Fraktionierung). Da die

Darbietung der Vergleichsreize analog zum schon erwähnten Konstanzverfahren erfolgt, spricht Stevens hier von der "Method of Constant Stimuli".

Trotz der Vorzüge wird man hier damit rechnen, daß Umfang, Intensität und Reihenfolge der dargebotenen Vergleichsreize auf die Verhältnisbeurteilung Einfluß zu nehmen vermögen; ein bekanntes Bespiel hierfür ist die Erscheinung, daß bei Aufeinanderfolge zweier physikalisch gleicher Schallereignisse das zweite im allgemeinen als lauter beurteilt wird.

Analog zum Herstellungsverfahren läßt man einen Hörer selbst einen Schallreiz so verändern, bis er einem Standardschall gegenüber als "gleich laut", "lauter bzw. leiser", "halb so laut" erlebt wird (Method of Adjustment, abgekürzt: adj.).

Stevens und dessen Mitarbeiter untersuchten das Problem der Lautheitsmessung mit den dargestellten Methoden in zahlreichen Experimenten. In einer Darstellung aus dem Jahre 1955 gab Stevens einen Überblick darüber; wir werden die Auswertungsschritte an einem Beispiel erläutern (Stevens 1955): Ausgangspunkt sind die Ergebnisse von Experimenten, bei denen Hörer mit einem Ton von ausgewählter konstanter Frequenz (Standardton) und variablen Intensitätsstufen beschallt wurden. Sie mußten dann beurteilen, wann sie einen Vergleichston als "halb so laut" wahrnahmen. Die Ergebnisse aller dieser und weiterer Arbeiten hat Sader (1966) weiter ausgewertet, zusammengefaßt und kritisch gewürdigt bzw. verworfen. Ausführlichere Darlegungen der Stevens'schen Methoden findet man bei Hellbrück (1990).

Innerhalb der Intensitätsbereiche der Standardreize errechnete Stevens über alle Arbeiten hinweg den jeweiligen Median. Für die Ergebnisse läßt sich hinsichtlich der Beziehung zwischen Lautheit und physikalischer Schallintensität folgende Funktion anpassen:

Lautheit = k * $I^{0.3}$

Die Lautheitsurteile können folglich als Potenzfunktion der physikalischen Intensität aufgefaßt werden.

Wenn wir so beispielsweise bei einem 1000 Hz-Ton verfahren, dann erhalten wir den Median von 10 Dezibel; d. h. bei 1000 Hertz bedeuten 10 Dezibel Schallintensitätszuwachs eine Verdoppelung der wahrgenommenen Lautheit. Die Methode von Stevens wurde auch Gegenstand einer Standardisierung durch die International Standards Organization: Danach erhielt der Ton mit 1000 Hertz und 40 Dezibel die Skalenstufe 1 der sone-Skala. Die sone-Skala bekam in den Normen den Namen *Skala der Lautheit*.

Trägt man die Lautheit in sone logarithmisch gegen die Schallintensität in dB auf, so ergibt sich in dieser doppellogarithmischen Darstellung eine Gerade, deren Steigung der Größe des Exponenten entspricht.

4 Die Bewertung des Schalls unter Berücksichtigung spektraler Eigenschaften

4.1 Vom Dezibel zum Phon und den bewerteten Dezibel-Skalen

Wenn wir ein Geräusch mit der dB-Skala messen, so messen wir immer die Schallintensität, bezogen auf die Intensität *an* der Hörschwelle bei 1000 Hz. Diese Vorgehensweise ist bei vielen physikalischen Fragestellungen sinnvoll. Wenn wir mit den dB-Skalen die Hörschwelle über den ganzen Bereich ermitteln, so erhalten wir die Werte der Abbildung 4.1.

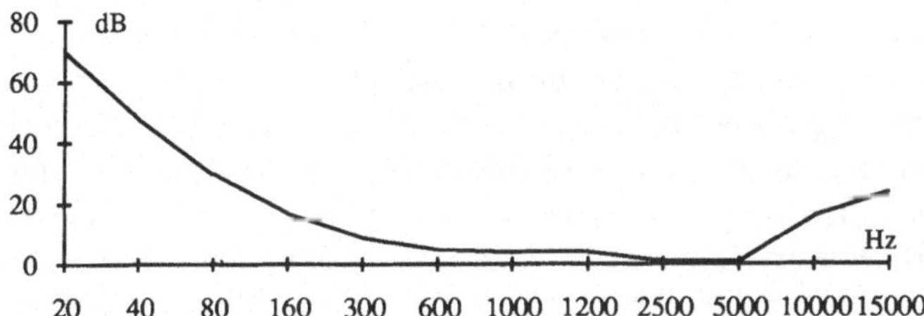

Abb. 4.1: Verlauf der Hörschwelle gesunder Hörer.

Dieses Kurvenbild zeigt deutlich, daß bei tiefen und sehr hohen Frequenzen die Schallintensität an der Schwelle um ein Beträchtliches über der von 1000 Hz liegen muß, um das Erlebnis des "gerade schon gehörten" Tones zu vermitteln. Dies wiederum bedeutet: Für die Wahrnehmung eines Tones ist es sehr wichtig, welche Frequenz er besitzt, und deshalb ist diese unterschiedliche Gewichtung bei einer an der menschlichen Wahrnehmung orientierten Schallmessung unbedingt mit einzubeziehen. Würde man diese sog. Frequenzabhängigkeit des Ohres unberücksichtigt lassen, dann würde beispielsweise ein 20 Hz-Ton von 80 dB in einer Insgesamt-Schallpegelberechnung gleich stark wie ein 1000 Hz-Ton von 80 dB berücksichtigt, obwohl der 20 Hz-Ton nur gerade eben hörbar ist.

Angesichts dieses Umstandes liegt die Frage nahe: Gibt es ein Meßverfahren, welches die empfindungsmäßige oder wahrnehmungsmäßige Gleichwertigkeit der einzelnen Frequenzen herstellt? Beim Nachdenken über eine Antwort war klar, daß die Gleichwertigkeit auf der Basis des *Höreindrucks* herzustellen sei; klar war auch, daß die *wahrgenommene Lautheit* eines Geräusches oder Tones den Inhalt des Höreindrucks bilden soll. Die Phonkurven sind das Ergebnis dieser Untersuchungen.

4.1.1   Kurven gleicher Lautstärkepegel

An der Entwicklung der Phon-Kurven waren insbesondere zwei Forschergruppen maßgeblich beteiligt:
(a) Die amerikanische Gruppe um Fletcher und seine Mitarbeiter Coye, Laird und Munson.
(b) Die deutsche Gruppe um den Schwingungsphysiker und, wie es damals noch hieß, Schwachstromtheoretiker Heinrich Barkhausen an der Technischen Hochschule Dresden.

Die beiden Gruppen arbeiteten nicht unabhängig, sondern standen in intensivem Gedankenaustausch. Und so verwundert es auch nicht, wenn in beiden Ländern etwa gleichzeitig der erste Schallpegelmesser konstruiert wurde. Barkhausen hat auch sehr früh die japanische Akustik beeinflußt; beim ihm arbeiteten einflußreiche japanische Schüler; er selbst hielt sich in Japan zu vielen Vorlesungen und Vorträgen im ganzen Lande auf (Barkhausen 1981). 1926 stellte Barkhausen den ersten deutschen Schallpegelmesser vor, gebaut bei Siemens (vgl. dazu Reichardt 1981). Er schrieb damals: "Ich weiß nicht, ob Ihnen schon aufgefallen ist, daß wir für die Lautstärke irgendwelcher Schallquellen noch gar kein zahlenmäßiges Maß haben. Wir müssen uns mit allgemeinen Redensarten wie 'laut' oder 'leise' begnügen... Es ist zweifellos, daß die große Entwicklung der Beleuchtungstechnik der Erfindung des Photometers und der Festsetzung eines zahlenmäßigen Maßes, der 'Hefner-Kerze', mit zu verdanken hat... Ich möchte Ihnen heute einen Apparat vorstellen, der beim Schall das gleiche leistet, wie das Photometer beim Licht."
Barkhausen leitete seine Patentschrift mit folgenden Worten ein: "Die Erfindung betrifft eine Einrichtung zum schnellen Messen der Lautstärke von Tönen und Geräuschen beliebiger Art, insbesondere des Luftschalls, wie er beispielsweise durch laufende Maschinen erzeugt wird. Sie beruht auf der Erkenntnis, daß alle objektiven Meßverfahren, die die physikalische Schallstärke, d. h. die Größe der Luftdruckschwankungen oder der Luftbewegungen, messen, für die Praxis unbrauchbar sind, weil das Ergebnis nicht eindeutig mit dem im Zusammenhang steht, was mit dem menschlichen Ohr subjektiv als Lautstärke empfunden wird; es ist infolge dessen praktisch allein von Bedeutung die Messung der physiologischen Schallstärke, und zwar so, wie sie unmittelbar mit dem Ohr aufgenommen wird" (1927, S. 1 f.).
Wie läßt sich die wahrnehmungsmäßige Gleichwertigkeit in der Lautstärke über den ganzen Hörfrequenzbereich herstellen? Bei der Beantwortung dieser Frage konnten die Akustiker, wie schon bei der Ermittlung der absoluten Schwellen, auf eine Methode der Psychophysik zurückgreifen.

Man bietet einer Person einen Standardreiz (mit konstanter Frequenz, konstanter Amplitude und konstanter Dauer) z.B. 1000 Hz und 40 dB bei 0,5 s Zeitdauer und gleichzeitig einen Vergleichsreiz, z.B. 3000 Hz bei 0,5 s Zeitdauer. Die Versuchsperson bekommt nun die Aufgabe, die Amplitude solange zu verändern, bis sie Standard- und Vergleichsreiz als "gleich laut" erlebt. Wenn wir diese Prozedur über den ganzen wahrnehmbaren Frequenzbereich von 0 bis 120 dB vornehmen, erhalten wir eine Karte, die eine Übersicht darüber enthält, welche dB-Werte wir über den ganzen hörbaren Frequenzbereich als "gleichlaut" erleben. Wenn wir nun noch alle gleichlauten Töne miteinander verbinden, so erhalten wir die Kurven gleicher Lautstärke oder in der Sprache des DIN die *Kurven gleicher Lautstärkepegel* (normal equal-loudness relation bzw. contour); neuerdings wurden diese umbenannt in *Pegellautstärken*. Wir verwenden beide Bezeichnungen.

Bei der Prüfung dieser Pegellautstärken, wie sie etwa 1956 durch Robinson und Dadson publiziert worden sind, war der Standardreiz 1000 Hz; die Amplitude wurde von 0 auf 120 dB in Schritten von 10 dB variiert. Die unterste Linie der Abbildung 4.2 zeigt die absolute Hörschwelle an; Barkhausen (1927, S. 2) nannte diese Schwelle die *Schwellenwertseinheit*, das ist "diejenige Lautstärke, die ein normaler Mensch in einem völlig ruhigen Raume gerade eben noch wahrnehmen kann."

Die Normalkurven gleicher Lautstärkepegel gewähren uns einen ersten Einblick in die Ordnung von Lautstärken; wir wissen jetzt, welche physikalischen Eigenschaften des Schalls mit denselben Lautstärken verknüpft sind. Die Lautstärke eines Tones oder eines beliebigen Geräusches geben wir durch den Pegel (gemessen in dB) eines gleichlauten 1000 Hz-Tones an und ersetzen dabei die Einheit dB durch die Einheit phon; ein Ton, welcher gleich laut ist wie ein Ton von 1000 Hz und 50 dB, ordnen wir deshalb 50 Phon Lautstärkepegel zu. Phon- und Dezibel-Skala entsprechen sich nur bei 1000 Hz. Bei 100 Hz beispielsweise werden die Phon-Einheiten auf der dB-Skala enger als bei 1000 Hz; allerdings sind ab etwa 90 Phon die Einheiten wieder gleich groß wie die Dezibel-Einheiten bei 1000 Hz, d.h. mit ansteigendem dB-Wert werden die Phon-Kurven immer flacher; dies gilt vor allem für Frequenzen unter 1000 Hz. Dies bedeutet hörmäßig für die Lautstärkenwahrnehmung: Während ein 20 Hz-Ton bei 20 dB hörmäßig gegenüber einem gleich intensiven 1000 Hz-Ton als unbedeutend (20 Phon) verbleibt, kann dies für einen 20 Hz-Ton mit 120 dB nicht mehr gelten: er entspricht einem 1000 Hz-Ton von 90 Phon. Wenn man nochmals gegenüberstellen will:
- ein Ton von 20 Hz und 80 dB ist gleichlaut wie ein Ton von 1000 Hz und 20 dB, obwohl sie 60 dB auseinanderliegen
- ein Ton von 20 Hz und 120 dB ist gleichlaut wie ein Ton von 1000 Hz und 90 dB, d. h. bei diesem Lautstärkepegeln beträgt die Differenz nur noch 30 dB.

Will man die Werte der Abbildung 4.2 genau ermitteln , so verwendet man dabei folgende Funktionsgleichung:

$y(f,x) = a(f) + b(f)*x + c(f)*x^2$, wobei bedeuten:
y: Lautstärkepegel in phon eines Sinustones der Frequenz f und des Schalldruckpegels x in dB
x: Schalldruckpegel eines Sinustones der Frequenz f
a, b, c: Funktionen der Frequenz f.

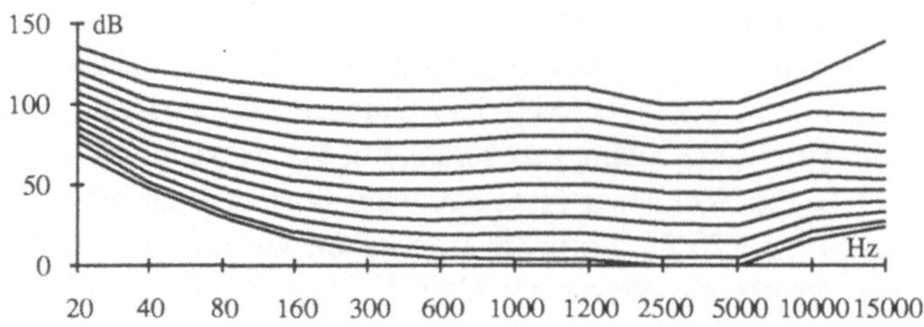

Abb. 4.2: Kurven gleicher Lautstärkepegel aufgrund der Untersuchung von Robinson and Dadson 1956.

Bei dieser Gleichung handelt es sich um ein Polynom 2. Grades, wobei a, b und c Koeffizienten mit folgender Bedeutung darstellen:

a = Lageparameter, b = Steigung der linearen Komponenten,
c = Krümmung der quadratischen Komponenten.

Diese Koeffizienten sind von der Frequenz abhängig; da sie in der Iso R 226 in Tabelle A-1 festgehalten sind, kann man jederzeit über Interpolation für jeden dB-Wert den entsprechenden Phon-Wert berechnen.

Rechenbeispiel: Gegeben: 200 Hz mit 40 dB, gesucht: der entsprechende Phonwert.
Lösung: Wir setzen die Werte in die Gleichung ein und entnehmen a, b und c der Tabelle A-1 der Iso R 226:
phon = -14,7 + 1,404 * 40 + (-0,00242) * 402 = -14,7 + 56,16 - 3,872 = -38,028 phon.

Für die Bewertung und vor allem den Vergleich der Lautstärken verschiedener Geräusche bedeutet die Kenntnis der Normalkurven gleicher Lautstärkepegel einen bedeutsamen Beitrag. Denn damit wird es möglich, das Verhältnis von Schallfrequenz und Schallintensität über den gesamten Hörbereich zu berechnen.
Anmerkung zur Verwendung des Phon: Sowohl beim Dezibel- als auch beim Phon-Maß unterschieden sich anfänglich Deutschland und die Vereinigten Staaten von Amerika; deshalb ist in älteren deutschen Arbeiten gelegentlich noch vom *Barkhausen-Phon* die Rede.

Definitionen und Meßvorschriften zum Phon
Die DIN 45 630 trifft zur Ermittlung des Lautstärkepegels phon folgende weitere Festlegungen: Sowohl der Sinuston von 1000 Hz als auch der Vergleichston müssen als ebene fortschreitende Schallwelle genau von vorne auf den Beobachter treffen. Bei der Ermittlung des Lautstärkepegels eines Schalls gibt es 2 verschiedene Verfahren, die in der Tabelle 4.1 dargestellt sind.
Verfahrensweise I: Der direkte Vergleich des Schalls mit dem gemessenen Schall der Phon-Kurve (Standardschall); dazu braucht man einen gesunden Hörer. Für den direkten Vergleich bemerkt die DIN 45 630, Blatt 1, in einer Anmerkung: "Gegenüber der Iso-Empfehlung, die keine Meßbedingungen angibt, ist zu beachten: Nach DIN 1318 muß mit beiden Ohren abgehört werden, der Normalschall und der zu messende Schall sollen ab-

wechselnd jeweils gleich lange (0,5 bis 1 s lang) ertönen. Man erhält dabei den *Standard-lautstärkepegel*, wenn der Pegel des Standardschalles während der Messung verändert wird, den *Objektlautstärkepegel*, wenn der Pegel des zu messenden Schalles verändert wird. Als *Lautstärkepegel* gilt das arithmetische Mittel aus Standard - und Objektlautstär-kepegel *(interpolierter Lautstärkepegel)."*

Tabelle 4.1: Die Ermittlung des Lautstärkepegels nach der DIN 45 630, Blatt 1.

I. Verfahren	II. Verfahren	Ergebnis
Vergleichsschall bleibt konstant	man variiert den Standardschall solange, bis er gleichlaut wie der Vergleichsschall ist	Standardlaut-stärkepegel
oder:		
man variiert den Vergleichsschall solange, bis er gleich laut wie der Standardschall ist	Standardschall bleibt konstant	Objektlaut-stärkepegel

Man kann demnach den Vergleich von Standard- und Vergleichsschall grundsätzlich auf 2 verschiedene Arten messen, wie die Tabelle 4.1 zeigt; bei Barkhausens Phon-Bestim-mung wurde dem Hörer das Standardgeräusch und das Beurteilungsgeräusch noch gleichzeitig angeboten (Gummlich 1988).
Eine weitere andere Vorgehensweise zur Berechnung des Lautstärkepegels aus dem Ge räuschspektrum haben Stevens und Zwicker vorgeschlagen (DIN 45 631); darauf werden wir weiter unten ausführlich eingehen.

Warum hat sich die Phon-Skala in der praktischen Lärmmessung nicht durchgesetzt? Wenn man sich einmal beide Varianten des I. Verfahrens im Felde vorstellt, so wird man bald erkennen, wie schwierig deren Anwendung war; deshalb blieb nichts anderes übrig, als den Schall auf einem Tonband aufzunehmen und ihn anschließend im Labor zu be-werten. Dieser technische Aufwand, verbunden mit der Bereitschaft von Personen zum Vergleichen, war dann auch ein Grund, daß die Phon-Skala immer seltener angewendet wurde. Neumann hat vor 10 Jahren die Gründe nochmals zusammengefaßt: "Phon-Meß-geräte müßten also nach obiger Definition des Phon einen Schalldruckpegelmesser für einen 1000-Hertz-Ton und einen Generator enthalten. Eine Gruppe normal hörender Menschen müßte den 1000-Hz-Ton so laut einstellen, wie sie das zu messende Geräusch empfinden (das zu diesem Zweck abschaltbar sein müßte) und der gemittelte Wert aller Pegel, welche die Testpersonen eingestellt haben, wäre der Lautstärkepegel des zu mes-senden Schallereignisses in Phon. Das ist nicht praktikabel. Solche Phon-Meßgeräte gibt es nicht, sie entsprechen auch keiner Norm" (Neumann 1975, S. 43).

Die Methoden von Stevens und Zwicker sind technisch noch aufwendiger, oder besser: sie waren aufwendig, denn in den letzten Jahren ist auch die Meßtechnik soweit fortgeschritten, daß es möglich erscheint, ohne Vergrößerung der Schallpegelmesser diese Verfahren anzuwenden. Aus diesem Grunde rücken die Verfahren wiederum mehr in den Blickpunkt der Aufmerksamkeit; besonders der Psychologe und mit Wirkungsforschung Befaßte wird für dieses Verfahren Interesse zeigen, weil es beansprucht, höradäquater zu sein. Bevor wir fortfahren, möchten wir nachfolgend nochmals in der Tabelle 4.2 übersichtsartig die Entstehung der Kurven gleicher Lautstärkepegel zusammenfassen.

Tabelle 4.2: Übersicht über die Entstehung der Kurven gleicher Lautstärkepegel

---

Kingsburry 1927 (für Kopfhörer)
Sivian and White 1933
Fletcher and Munson 1933 Grundlage der (binaural, Freifeld) A -Bewertung
Churcher and King 1937
Robinson and Dadson 1956
DIN 45 630 Blatt 2 Grundlagen der Schallmessung. Normalkurven gleicher
Lautstärkepegel
ÖNORM S 5003 Teil 2 Grundlagen der Schallmessung - Normalkurven
gleicher Lautstärkepegel
ISO R 226-1961
ISO R 454-1975 Relations between sound pressure levels of narrow
bands of noise in a diffuse field for equal loudness

Wir nehmen die Beschreibung der Phon-Kurven zum Anlaß, auf folgende Fakten hinzuweisen:

(1) Die Phon-Kurven sind nicht mehr ein nur physikalisches Maß, sondern ein Maß, in dem physikalische Parameter mit Ergebnissen von Höruntersuchungen integriert sind; oder anders: Physikalische Größen werden mit Hilfe nicht-physikalischer Daten bewertet. Das Phon-Maß stellt deshalb auch den entscheidenden Schritt zur Konstruktion weiterer Verfahren zur "Lärmmessung" dar. Dabei halten wir jedoch fest: Phon-Kurven sind reine *Laut*stärkekurven; verwendet man sie als Bewertungskurven in Situationen, wenn der Schall *stört* und *lästig* ist, so sind sie nicht unmittelbar ein Maß für die Lästigkeit; daß jedoch die Lautstärke die Störung und die Lästigkeit von Geräuschen von hochgradiger Bedeutung ist, erscheint ebenso einleuchtend. Wir wollen damit ausdrücken, daß der Eindruck der Lautheit definitionsgemäß nicht mit jenem der Lästigkeit identisch ist.

(2) Da die Ermittlung der Kurven gleicher Lautstärkepegel mit Wahrnehmungsuntersuchungen verbunden ist, bedeutet dies: Eine Kritik an diesem Verfahren macht meist auch eine Auseinandersetzung mit jenen psychophysischen Wahrnehmungsexperimenten sowie deren theoretischer Formulierungen erforderlich, welche den Bewertungsverfahren selbst zugrunde liegen. Denkt man beispielsweise an den Grundsatz der Methodenabhängigkeit von Phänomenen, so wird man begründet vermuten, daß je nach Versuchspersonen-Stichprobe, Instruktionen, Darbietungsmethoden (auf- und absteigende Verfahren, Konstanzverfahren, Herstellungsmethoden) und anderen experimentellen Anordnungen

oft unterschiedliche Ergebnisse zu erwarten sind. Hier ist der Psychologe mit seinem ganzen experimentellen Wissen gefordert.

(3) In der Psychologie machen sich immer wieder Richtungen gegen *Laborexperimente* stark, weil sie diesen Experimenten grundsätzlich die *Allgemeingültigkeit* und *Validität* absprechen. So bezeichnet Kaminski (1988) die Laborsituation "als eine durch mancherlei 'Künstlichkeiten' ausgezeichnete Untermenge von Lebensumständen". Da diese Ökologische Psychologie die Forderung nach Untersuchungen unter natürlichen Bedingungen berechtigterweise auf ihr Banner geschrieben hat, liegt eine solche Kritik auf der Hand. Auch die Schallwirkungsforschung empfing von dieser neuen Sicht viele produktive Anregungen. Dieser Skepsis sollte jedoch ebenso auch zum Bedenken gegeben werden: Wenn man Labordaten gegenüber so kritisch ist, dann darf man nicht, falls man konsequent sein möchte, ungeprüft Arbeiten, in denen auf der Grundlage von *Dezibel*, *Phon* oder *db(A)*, aber auch nicht einmal *sone*, gemessen wurde, als aussagekräftig heranziehen, denn sie entstammen Laborexperimenten. Leider sind sich manche Autoren dieser Tatsache nicht immer bewußt.

4.1.2 Vom DIN-phon zum A-bewerteten Dezibel

Die vollständige Berücksichtigung der Isophone des gesamten Hörfeldes bereitete in den dreißiger Jahren erhebliche technische Probleme. Die Frage lautete in dieser Situation: Gibt es irgendwelche Lösungen zwischen der technisch nicht realisierbaren Utopie und dem technisch noch Möglichen? Die Antwort der Akustiker, vor allem jener aus Deutschland, lautete: wir müssen folgende 3 unterschiedliche Isophonkurven auswählen, welche für einzelne Phon-Bereiche einigermaßen repräsentativ sind (DIN 5042 aus 1942):

Kurve 3: eher leise Geräusche bis zu 30 Phon
Kurve 2: normallaute Geräusche zwischen 30 und 60 Phon
Kurve 1: sehr laute Geräusche zwischen 60 und 130 Phon

Die Lautstärke, welche mit einem DIN-Lautstärkemesser erfaßt wird, heißt DIN-Lautstärke; dieser DIN-Lautstärkemesser berücksichtigte die Kurven 1 bis 3.

In der DIN 5045 (1959) wurden diesen drei Bereichen 3 Isophon-Kurven zugeordnet; Dezibel-Werte, welche mithilfe dieser Kurven bewertet werden, heißen DIN-Phon.

Din-phon (1): über 60 phon;

Din-phon (2): 30 bis 60 phon;

Din-phon (3): unter 30 phon.

Bevor wir weiter auf das DIN-Phon eingehen, werden wir zum weiteren Verständnis vorher noch auf eine technische Prozedur eingehen: Die Bewertungskurven werden in der Lärmmessung in Form *akustischer Filter* in die Meßgeräte eingebaut, die folgendermaßen wirken können: Ein Filter kann so eingestellt werden, daß es die Schallenergie der Töne mit bestimmter Frequenz abschwächt. Wenn wir die dB-Messung mit Phon bewerten wollen, so müssen wir z.B. bei 60 Hz um 40 dB dämpfen, um dort den Meßwert 10 Phon wie bei 1000 Hz zu bekommen. Mithilfe einer solchen Technik ist es dann auch möglich, den Schall zu dämpfen bzw. zu "verstärken" - ein Prozeß, in dem gewissermassen der menschliche Bewertungsprozeß nachgebildet wird.

Wie verlief die weitere Entwicklung? In anderen Ländern, insbesondere in den USA, wurden ebenso wie in den deutschsprachigen Ländern unterschiedliche Filter verwendet; die Filter wurden hier mit A, B und C benannt. Dabei glichen sich folgende Bewertungskurven, bis auf geringfügige Unterschiede:

DIN-phon(2) entspricht dem dB(A),

DIN-phon(1) entspricht dem dB(B).

Die Bundesrepublik Deutschland entschied sich 1968, im Regelfall Geräusche nach dem dB(A) zu messen. Die ehemalige DIN-phon (3)-Kurve fand keine Berücksichtigung mehr; wie die Abbildung 4.3 zeigt, wertet sie die dB-Werte von Geräuschen noch mehr als die A-Bewertung ab; der gelegentlich getroffene Hinweis, daß die DIN-phon (3)-Kurve mit der C-Bewertung konform sei, stimmt deshalb nicht, da gerade diese beiden Kurven am weitesten auseinanderliegen.

Die heutige A-Bewertung entspricht in etwa der 40 phon-Kurve. Wir erwähnten schon weiter oben einmal den Namen Free (1930/31), der in der Stadt New York erstmals unter Anleitung von Fletcher mithilfe eines solchen A-Filters Verkehrsgeräusche erfaßte und bewertete.

Die Notwendigkeit zur Internationalisierung von Bewertungsnormen führte dazu, daß sich zwischenzeitlich alle Länder auf die A-,B- und C-Bewertungen geeinigt haben. Die Abbildung 4.3 verdeutlicht nochmals die Gestalt der verschiedenen Bewertungskurven.

Im Frequenzbereich zwischen 1000 und 20 000 Hz bewerten Filter A und B ähnlich, während unter 1000 Hz das Filter A strenger abwertet; am wenigsten wertet unter 1000 Hz Filter C ab, welches dann ab 1000 Hz mit A und B konform verfährt.

Dieser kurze Vergleich weist darauf hin, daß man in der Praxis immer auch die spektrale Zusammensetzung sowie die eindrucksmäßige Lautheit eines Geräusches abschätzen sollte, um die passende Bewertungskurve anzuwenden. Bei Messungen in Betrieben sowie in anderen Situationen erlangen diese Bewertungen große Bedeutung. In der Regel ist man jedoch bei der Verwendung der einzelnen Filter nicht frei. Man sollte sich aber über die Konsequenzen des verwendeten Filters im Klaren sein.

In den Anfangsjahren der Lärmmessung mußte man wissen, wie groß die Schwankungsbreite (der Lautstärkepegel und des Frequenzspektrums) von Geräuschen sein kann, um von Anfang an das passende Filter zu wählen. Insbesondere in den Bereichsgrenzen gab es keine eindeutigen Anweisungen zur Anwendung von Bewertungsfiltern. "Trotz dieser offensichtlichen Schwächen erwies sich das Gerät in den meisten Fällen als sehr nützlich. Die Erfahrungen - auch aus dem internationalen Bereich - machten deutlich, daß - nicht zuletzt im Hinblick auf die in Kauf zu nehmenden Ungenauigkeiten - auf eine Umschaltung der Bewertungskurven verzichtet werden konnte und es ausreichte, mit einer einzigen Kurve zu messen. Entsprechend einigte man sich 1967 in der ISO darauf, künftig weltweit nur noch mit der A-Bewertung zu messen. ... Ferner einigte man sich darauf, wegen der Abweichung der Meßergebnisse vom Lautstärkepegel die Geräte nicht mehr als Lautstärkemesser, sondern künftig nur noch als Schallpegelmesser zu bezeichnen" (Gummlich 1988, S. 4 f.). Meurers (1989) meinte in einem Rückblick, daß die Schallminderung bei tiefen Frequenzen damals erhebliche Probleme aufwarf; dies habe

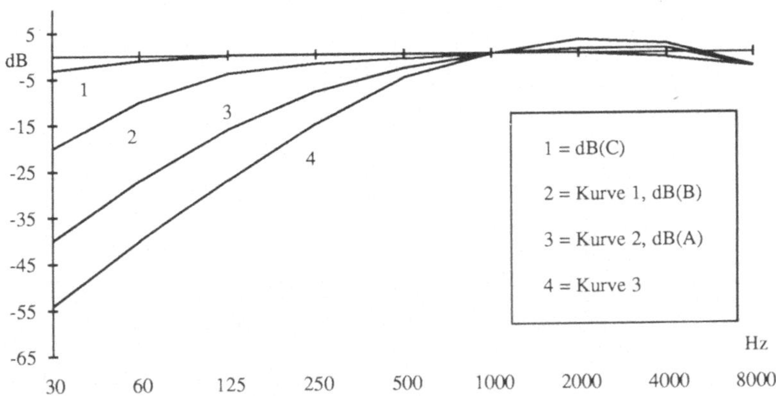

Abb. 4.3: Zusammenschau von DIN-phon-Kurven (DIN 5042) und A-B-C-bewerteten Kurven.

die Annahme der A-Bewertung durch die Fachausschüsse, die vorwiegend mit Industrievertretern besetzt waren, durchaus begünstigt.

Am gebräuchlichsten ist derzeit die dB(A)-Bewertung, die bei mittleren und hohen Pegeln die tiefen Frequenzanteile für die Messung zu stark abschwächt; die C-Bewertung wird auch heute noch in verschiedenen Ländern zur Bewertung von Lärm am Arbeitsplatz sowie von Fluglärm, insbesondere von Düsenmaschinen, verwendet, weil hier eine beträchtliche Schallenergie bei Frequenzen unter 100 Hz auftritt; diesem Umstand trägt die C-Bewertung dadurch Rechnung, daß die Schallenergie nicht weggefiltert wird. Insofern kommt die C-Bewertung dem unbewerteten dB sehr nahe.

Die Abbildung 4.4 (aus Rieländer 1980, Fig. 74, S. 96) belegt sehr anschaulich die hohen Energieanteile im unteren Frequenzbereich und die zusätzlichen Anteile von Düsenflugzeugen auch im oberen Frequenzbereich. Im Rahmen der Behandlung der Tieffluglärmproblematik wird dieses Problem wieder aktuell, weil sich die Tieffluggeräusche bis in den Infra- und Ultraschallbereich hinein erstrecken.

Auch in der Bauakustik erwies sich die A-Bewertung von Anfang an als problematisch, weil sie tieffrequenten Schallanteilen, welche in Räumen auftreten, nur ungenügend Rechnung trägt, obwohl gerade tieffrequente Geräusche sehr stören (Meurers 1989).

Die Bedeutung tieffrequenter Geräusche (hier bis 200 Hz) für die Wohnsituation erläutert Persson (1987) folgendermaßen: Sie stammen von verschiedenen Geräten und werden normalerweise durch höherfrequente Geräusche verdeckt; werden nun aber diese selbst absorbiert, so sind plötzlich diese tieffrequenten Geräusche hörbar und stören beachtlich; so können in gut nach Außen isolierten Wohnungen plötzlich Heizungen oder Lüfter stören. Durch die A-Bewertung wird die Lautheit heruntergerechnet; es entsteht der Eindruck, als ob diese Geräusche nicht stören. Eine Analyse der Lärmbeschwerdefälle über ganz Schweden ergab jedoch, daß 72% aller Beschwerden tieffrequent ausgeprägte Schallquellen, wie mechanische Lüfter, schwere Lastwagen und Heizpumpen, betrafen. In eigenen Untersuchungen konnte er dann selbst zeigen (p. 9), daß die

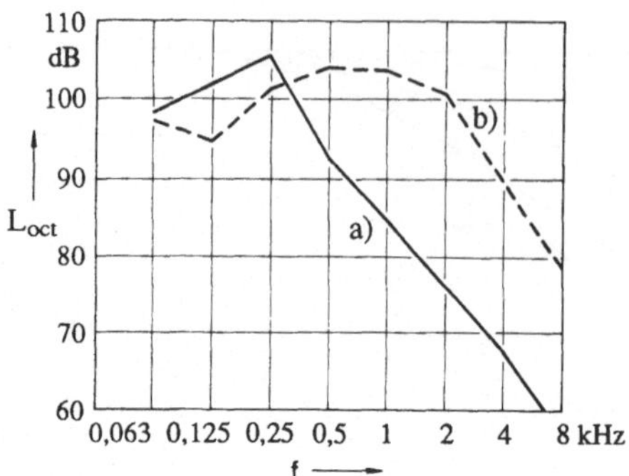

Abb. 4.4: Kontinuierliche Spektren einer Propellermaschine (a) und einer Strahltriebmaschine (b) bei 230 bzw. 460 m Meßabstand (aus: Rieländer 1980, Fig. 74, S. 96).

A-Bewertung die Lästigkeit von Breitbandgeräuschen bei etwa 65 dB lin. mit 3 dB unterschätzt, bei 70 db lin. um etwa 6 dB.

Wolff-Zurkuhlen (1972, S. 112) beschreibt ähnliche Fälle im Rahmen der Anwendung der VDI 2058 sowie der TA Lärm: "Wenn der Betroffene im Bett liegt und seinen Kopf ganz fest in die Kissen drückt, dann empfindet er das Geräusch sogar noch stärker als vorher! Dasselbe kann auch eintreten, wenn etwa der Ölbrenner oder die Umwälzpumpe der Zentralheizung zu hören sind; wohlgemerkt, bei Schallpegeln im Zimmer bis herab zu etwa 35 dB(A)." Er hält für diesen Fall deshalb die B-Bewertung für wirkungsadäquater.

Die A-Bewertung bezieht sich auf den Hauptbereich des hörbaren Schalls zwischen Infra- und Ultraschall. Daß es jedoch auch zahlreiche Personen gibt, welche auch im Ultraschallbereich noch hören, vergißt man leicht und übersieht damit auch die möglichen Folgen einer hörmäßigen Überlastung. Auch die A-Bewertung verfährt in dieser beschränkten Weise. Herbertz (1984, 1986) legt dar, daß es völlig unrichtig wäre, einfach die Kurven der A-Bewertung aus dem Hauptbereich in den Ultraschallbereich zu extrapolieren. Vielmehr muß eine Bewertung schon ab etwa 10 kHz wesentlich von der A-Bewertung abweichen, wenn sie hörmäßig richtig sein soll.
Die Abbildung 4.5 (Herbertz 1984, S. 683) zeigt, wie im Ultraschallbereich der Schalldruckpegel der Hörschwelle zwar gewaltig ansteigt, veranschaulicht aber auch, wie nahe die Lautstärke von 80 Phon an der Hörschwellenkurve liegt. Allerdings wird man hier nicht mehr von einem *Hören* im üblichen Sinn sprechen, sondern vom *Fühlen* eines Tones, wobei die Knochenleitung eine maßgebende Funktion übernimmt. In diesem Bereich sind die Lautstärken auch nicht mehr so fein zu differenzieren; vielmehr hört man in diesem Bereich einen Ton oder eben auch nicht.

Herbertz schlägt deshalb für diesen Bereich eine zusätzliche *U-Bewertung* vor, die in Verbindung mit der A-Bewertung als *AU-Bewertung* genannt werden soll. Die internationale Diskussion darüber ist derzeit noch im Gang; sowohl die Internationale Elektro-

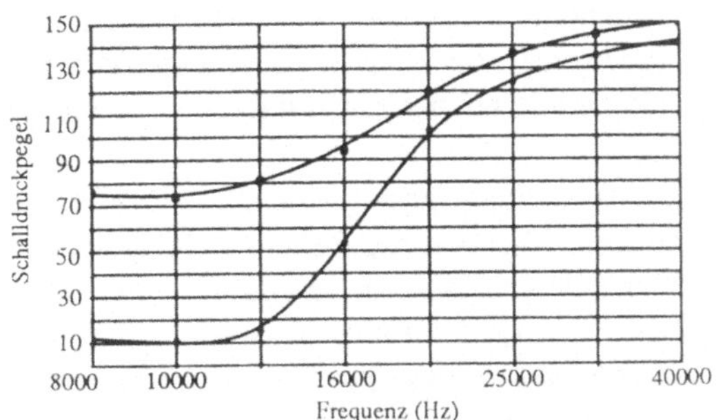

Abb. 4.5: Mediane für Hörschwelle (*) und Lautstärke von 80 phon (o) (aus: Herbertz 1984, Abb. 1, S. 683).

technische Kommission (IEC 651) als auch das Technical Committee 43 der ISO beschäftigen sich derzeit noch mit diesem Problem und werden mit ziemlicher Sicherheit diese zusätzliche Bewertung einführen. In vielen Bereichen, insbesondere im Arbeitsleben, wird dies zu einer anderen Sicht der Schallbelastung führen.

Einige Anmerkungen zur *D-Bewertung*, die ja wesentlich jünger als die anderen Bewertungskurven ist: Die *D-Bewertung* ist äquivalent zum *Perceived Noise decibels* (PNdB) von Kryter; sie stellt die inverse Form der 40-noy-Kurve von Kryter dar (hierzu weiter unten mehr). Diese Bewertung wurde vor allem eingeführt, um die Lästigkeit von Fluglärm, insbesondere der Triebwerke, adäquat zu erfassen. Geschichtlich und auch inhaltlich unterscheidet sich die D-Bewertung von den A-, B- und C-Bewertungen; in der D-Bewertung wird nicht mehr nur die Lautstärke, sondern die Lästigkeit, bewertet; insofern dürfte man dieses Bewertungsverfahren eigentlich nicht erwähnen, wenn man Verfahren beschreibt, bei denen nur die Lautstärke *ausschließlich* thematisch ist.

1972 machte Stevens den Vorschlag (Croome 1976, p. 65), eine *E-Bewertung* (Mark VII) einzuführen; diese Bewertung unterschied sich von den anderen dadurch, daß der Bezugston nicht mehr 1000 Hz, sondern 3150 Hz beträgt. Stevens wollte damit dem Umstand Rechnung tragen, daß das Ohr in dieser Frequenzregion am empfindlichsten ist. Diese Bewertung führt dann zu annähernd gleichen Bewertungen wie das "Perceived Level Decibel" (PLdB) oder der Loudness Level (LL) von Stevens, welche der D-Bewertung wiederum sehr nahe kommt. Wir werden auf das PLdB bzw. LL nochmals eingehen, wenn wir das Verfahren von Stevens (Mark VI) darstellen werden.

Vergleicht man die Phon-Skala und die bewerteten Dezibel-Skalen miteinander, so wird man hinter beiden Arten die gleichen Grundgedanken erkennen können; nur deren Umsetzung in praktikable Meßanordnungen erwies sich als unterschiedlich umständlich. Sowohl die Phon-Skala, als auch die bewerteten Dezibel-Skalen stellen Beispiele für eine Integration psychologischer Befunde in physikalische Meßverfahren dar. Gerade der Physiker und Ingenieur wird sich dessen immer bewußt sein, denn da sich das Wissen über psychologische Gesetze immer auch ändern kann, wird es notwendig, die Zuverlässigkeit solcher Meßverfahren zu überprüfen und die Meßverfahren auf der Grundlage neuen psychologischen Wissens zu verfeinern. Der Verweis auf DIN-Vorschriften (als einer Art unanfechtbarer Autorität) erweist sich in diesem Argumentationszusammenhang als nicht stichhaltig, da gerade auch diese immer wieder auf ihre Adäquatheit hin einer Überprüfung bedürfen.

Ebenso richtet sich die Empfehlung einer diesbezüglich differenzierten Argumentation den Sozialwissenschaftlern: Wenn diese behaupten, "gemessen werden mit dem Schallpegel ausschließlich die Auswirkungen des Schalls auf ein technisch-physikalisches Meßgerät" (IST 1986, S. 2), so stimmt dies in gleicher Weise nicht ganz. Hier hilft nur der Vorschlag *anderer valider Bewertungskriterien der Belästigung* durch Schallereignisse und entsprechender Meßtechniken.

Abschlußbemerkung: Die Physik mißt Schall; will man erfahren, wie Schall auf den Menschen wirkt, so muß man Experimente veranstalten, in denen Menschen ihre Wahrnehmungen, Eindrücke, Urteile in sprachlicher Form mitteilen müssen, oder bei denen sie sprachlich angewiesen werden, objektive nicht-sprachliche Aufgaben zu erledigen. Die oben dargestellte A-Kurve verkörpert das Ergebnis eines solchen psychophysischen Experimentes. Die Ergebnisse dieser Experimente sind als sog. A-Bewertungsfilter in die Schallpegelmesser eingebaut. Dieses Filter ersetzt sozusagen den urteilenden Menschen; es stellt so etwas wie eine durchschnittlich urteilende Versuchsperson dar, die man in dieses Meßgerät "hineinkomponiert" hat. Leider, vielleicht auch Gott sei Dank zugleich, verhält sich eine Person im tatsächlichen Experiment jedoch ideenreicher, intelligenter und vielgestaltiger; davon sprechen ganze Bände Psychologie. Personen verstehen dieselbe Aufgabenanweisung verschieden, gehen unterschiedlich an einen akustischen Versuch heran, bringen grundverschiedene Einstellungen und Motivlagen mit. Damit wird die Physik als Wissenschaft nicht fertig - nicht einmal dann, wenn sie sichergestellt hat, daß selbst im Ohr unterschiedlicher Hörer noch der gleiche Schall ankommt. Dann sind biologische und psychologische Theorien gefordert.

Unsere Darstellung mag vielleicht schon gezeigt haben, wie sehr das Ringen um die richtige Bewertung des Schalls zu verschiedenen Lösungen geführt hat. Man kann sich natürlich fragen, welche Gründe eigentlich ausschlaggebend waren, die A-Bewertung beizubehalten. Dazu schreibt Hans Gummlich: "Das Hinnehmen der Anzeigedifferenz gegenüber dem Lautstärkepegel wurde durch Befunde erleichtert, die sich aus zahlreichen Hörvergleichsuntersuchungen in den Sechziger Jahren ergeben hatten (z.B. Lübcke, Mittag und Port 1964: Untersuchung mit vielen Beispielen von Verbrennungsmotor- und Gasturbinengeräuschen ergab eine Differenz von 16 ± 2 dB). Sie zeigten nämlich, daß die A-Pegel-Anzeige vom Lautstärkepegel für übliche Geräusche um den relativ konstanten Betrag von etwa 15 dB abweicht. Man konnte demnach davon ausgehen, daß der A-Schallpegel zwar nicht den Lautstärkepegel angibt, ihm aber proportional ist. Damit war der Schritt zur weltweiten Vereinheitlichung relativ einfach herstell- und handhabbarer Schallpegelmeßgeräte vollzogen. Er ermöglichte überhaupt erst eine so umfassende internationale Verständigung über Fragen der Lärmbekämpfung, wie sie uns heute selbstverständlich ist" (1988, S. 5).

In seiner "Vergleichenden Analyse von Lärmbewertungsverfahren" legt Schaefer (1978) dar, daß allein auf der Grundlage des dB(A) nahezu 100 Modifikationen von Bewertungsverfahren zum Vorschlag kamen - alle in der Absicht, dem Hörerleben von Personen besser Rechnung zu tragen. Wir werden auf die Probleme der Verfahren, welche auf der dB(A)-Bewertung aufbauen, immer wieder vergleichend eingehen, wenn wir die Alternativen dazu erörtern werden (insbesondere im Abschnitt über Zwickers Verfahren).

4.1.3 Derzeitige Bestrebungen zur Revision der Isophonkurven

Wir haben dargelegt, daß die Isophon-Kurven im Laufe der letzten 50 Jahre wiederholten Änderungen unterzogen wurden. Es wurde immer wieder an der Richtigkeit der Kurven gezweifelt. Die Darlegungen über *absolute Hörschwellen* in unserem Schallwirkungsbuch (Schick 1979, S. 38-58) dürfen jedoch ausreichend Belege dafür bieten, warum die Hoffnung auf eine eindeutig absolute Gestalt einer Funktionsgleichung für eine Hörschwelle eine Illusion bleiben muß: Eine hundertprozentige Bedingungskontrolle ist weder physikalisch und biologisch, noch psychologisch möglich. Der Phantasie über Einflußgrößen sind keine Grenzen gesetzt. Wir haben auch erörtert, daß man natürlich über die Kontrolle aller denkbaren Einflüsse eine Standardisierung von Untersuchungen auf hohem Niveau erreichen kann und muß. In der Bestimmung der Isophonkurven sind vor allem bei der *physikalischen* Schalldarbietung Fortschritte erzielt worden. Deshalb erscheint es durchaus geboten, an verschiedenen Orten der Welt Replikationsstudien durchzuführen.

Die Kurven gleicher Lautstärke boten sich von Anfang an als Gegenstand kontroverser Auffassungen an; lange Zeit unterschied sich deshalb das amerikanische Phon vom Phon in anderen Ländern, so daß man besonders in früheren Arbeiten darauf zu achten hat, um welches Phon-Maß es sich handelt. Neue Kurven gleicher Lautstärke sind 1956 von den Engländern Robinson and Dadson (1956) veröffentlicht worden und fanden dann in die internationale Norm Iso R 226 (1961) Eingang; diese Phonkurven sind an einer englischen Stichprobe gewonnen; infolge umfänglicher Interpolationen erscheinen uns die Werte sehr idealisiert.

Während sich die Bundesrepublik Deutschland anfänglich dieser Norm nicht anschloß (so steht noch in der ersten Ausgabe "One Member Body opposed the approval of the Draft: Germany"), erklärte sie später ihr Einverständnis. Zur Zeit jedoch befindet sich ein internationales Projekt in Bearbeitung, bei dem die Kurven neu bestimmt werden sollen; die Bundesrepublik hat die Iso R 226 endgültig gekündigt; dies wurde 1985 von der Working Group 1 des Technical Committee der Iso so beschlossen. Einen Teil dieses Projekts haben die Akustiker der Universität Oldenburg übernommen. Über einige Ergebnisse dieser Forschungsarbeiten werden wir hier berichten.

Die Kritik an den Normalkurven gleicher Lautstärkepegel nährt sich aus verschiedenen Untersuchungen: Killion (1978) konnte zeigen, daß die Schwellenwerte und damit die Isophonwerte der Iso R 226 (fußend auf den Daten des British National Physical Laboratory durch Robinson and Dadson) bei 100 Hz etwa 6 dB tiefer liegen, wie die Gegenüberstellung in Abbildung 4.6 (Killion 1978, fig. 3, p. 1502) zeigt.

Killion (Killion 1978, fig. 2, p. 1502) schlug deshalb folgende Korrektur der Iso R 226 vor (Abbildung 4.7).

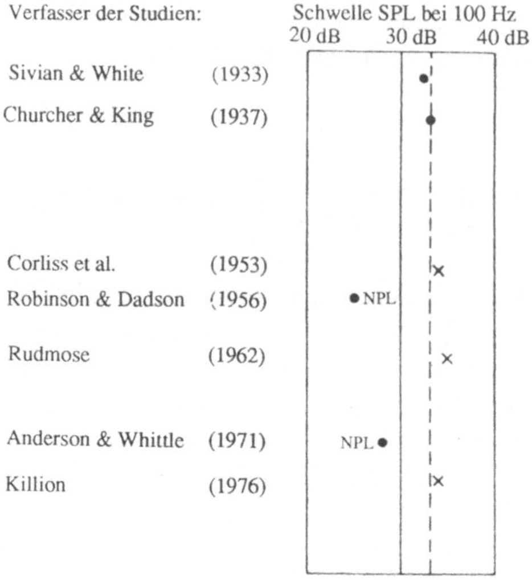

Verfasser der Studien:		Schwelle SPL bei 100 Hz
		20 dB 30 dB 40 dB
Sivian & White	(1933)	●
Churcher & King	(1937)	●
Corliss et al.	(1953)	×
Robinson & Dadson	(1956)	● NPL
Rudmose	(1962)	×
Anderson & Whittle	(1971)	NPL ●
Killion	(1976)	×

Abb. 4.6: Hörschwelle bei 100 Hz, Freifelddarbietung (Mᴀꜰ) in einem Ringversuch; es bedeuten:
● = binaural, x = monaural (aus: Killion 1978, fig. 3, p. 1502).

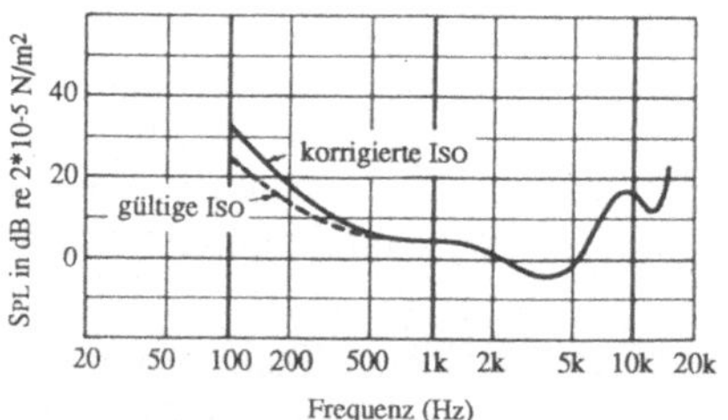

Abb. 4.7: Binaural ermittelte minimale Hörfläche nach ISO R 226-1961, 0° Schallrichtung, mit
Korrektur im tieffrequenten Bereich (aus: Killion 1978, fig. 2, p. 1502).

Drei Jahre später veröffentlichte Berger (1981) neue Daten für den Frequenzbereich zwischen 50 und 1000 Hz; dieser Vorschlag beruhte einmal auf einer eigenen Replikationsstudie, als auch einer Sekundäranalyse von 12 anderen Arbeiten seit Sivian and White aus dem Jahre 1933. Die Abbildung 4.8 zeigt Bergers Vorschlag (1981, fig. 2, p. 1641).

Wie sicher dürfen wir uns nun sein, daß Kritiker der Iso R 226 im Recht sind, d.h. einen wissenschaftsrationalen Weg gewählt haben? Dieser Frage sollten wir uns hier wenigstens kurz unsere Aufmerksamkeit widmen, bevor wir dann weiterfahren: Nimmt man nämlich einmal den Frequenzbereich über 1000 Hz vor, so ergeben sich auch hier erheb-

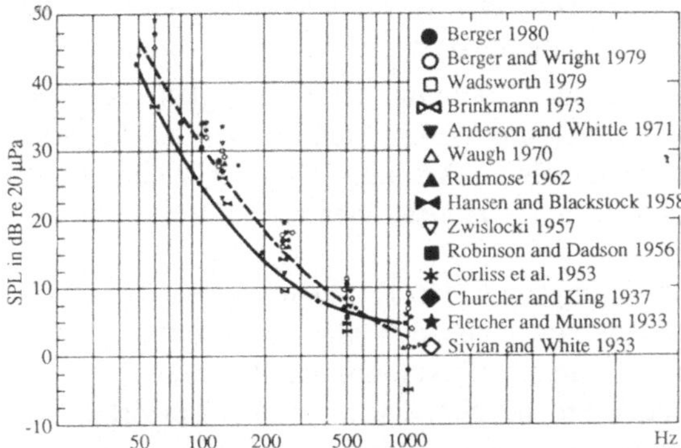

Abb. 4.8: Minimale Hörfläche-Werte (MAF) aus 14 Studien; die durchgezogene Kurve entspricht der ISO 226 - Kurve; die gestrichelte Linie entspricht einem Polynom 2. Grades (aus: Berger 1981, fig. 2, p. 1641).

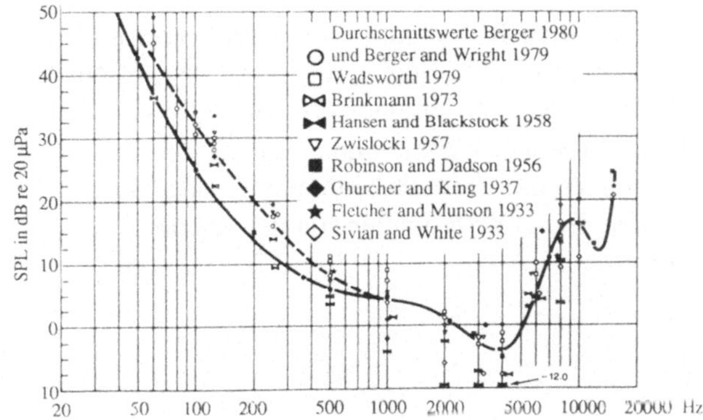

Abb. 4.9: MAF-Werte aus 9 Studien; die durchgezogene Kurve stammt aus der ISO R 226, die gestrichelte Kurve ist eine Kurve zweiter Ordnung aus der vorangegangenen Abbildung (aus: Berger 1981, fig. 3, p. 1642).

liche Streuungen zwischen den Studien, wie die Abbildung 4.9 zeigt (Berger 1981, fig. 3, p. 1642).

Hier liegen plötzlich die Werte von Hansen and Balckstock (1958) von der Wright Patterson Air Force Base Ohio (USA) deutlich unter der ISO R 226. Unseres Erachtens bedarf dieses Ergebnis ebenso einer Erklärung, auch wenn die ISO-Werte mit dem Mittel aller Studien zusammenfallen.

Dem könnte man entgegnen: Durch die infolge des technischen Fortschritts einmal unterstellte größere Genauigkeit der physikalischen Messung bei Berger erhielten die so gefundenen Werte eine größere Validität. Ein Vergleich einzelner Kurven an dieser vielleicht hochvaliden Berger-Kurve läßt die ISO R 226 als ebenso valide bestätigen. Allerdings wird man dagegen zu bedenken geben: Die Probleme der exakten Schalldarbietung über 1000 Hz war 1956 nicht mehr so problematisch wie im tiefen Frequenzbereich.

Ein wichtiger Beitrag zur Erhöhung der Genauigkeit bei der Isophonenmessung kommt aus der Arbeitsgruppe um Volker Mellert von der Universität Oldenburg; 1987 veröffentlichte diese Gruppe (Betke, Schulte-Fortkamp, Weber und Remmers 1987) Daten einer Vorstudie mit wenigen Personen, aber mit dafür sehr entwickelten physikalischen Meßanordnungen.

Sie gingen von den Forderungen der Iso R 226 aus: "Danach soll ein sinusförmiger Ton den Hörer als eine fortschreitende ebene Welle frontal treffen ... Weiter ist eine frei fortschreitende Welle nur in einem reflexionsarmen Raum zu verwirklichen, der, bezogen auf die zu untersuchenden Frequenzen, eine hinreichend niedrige Grenzfrequenz hat." Da die Physikalische Akustik der Universität Oldenburg einen schalltoten Raum mit 50 Hz Grenzfrequenz besitzt, ist es hier möglich, bis zu diesem Wert Isophone unter vorgeschriebenen Bedingungen zu ermitteln. Die Verfasser meinen, da sich eine ebene Wellenfront, wie sie Iso R 226 fordere, nur im Fernfeld einer Kugelwelle verwirklichen läßt, wäre zu prüfen, ob nicht überhaupt Diffusfeldbedingungen die angemessenere Forderung wäre.

Die Abbildung 4.10 zeigt (Betke, Schulte-Fortkamp, Weber und Remmers 1987, Bild 2) die Überprüfung der ebenen Welle-Bedingung; es ist ersichtlich, daß die Abweichungen der tatsächlichen Wellenfront von der einen ebenen Welle vernachlässigbar gering ist.

Abschließend weisen wir hier noch einmal darauf hin, daß man bei jeder Ermittlung der Isophon-Werte, mögen die Versuchsbedingungen noch so gut kontrolliert sein, damit rechnen muß, daß auch diese Werte immer von der Art der Aufgabendarbietung und -gestaltung abhängen werden.

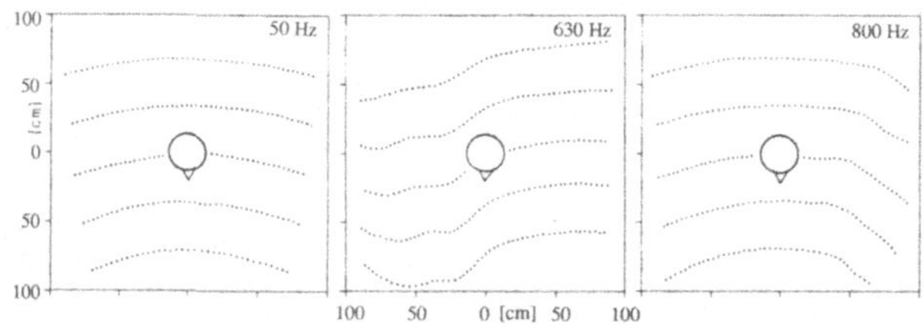

Abb. 4.10: Linien gleichen Schalldruckverlaufs am Ort der Versuchsperson im ungestörten Schallfeld. Der Linienabstand ist 0.5 dB; die größten Abweichungen von der idealen Kugelwelle wurden bei 630 Hz gemessen (aus: Bethke, Schulte-Fortkamp, Weber und Remmers 1987, Bild 2).

Weil die Untersuchung der Isophone bei so tiefen Frequenzen erhebliche gesundheitliche Folgen bei den Untersuchungsteilnehmern, wie beispielsweise Übelkeit, Kopfweh und Schwindelgefühle, hervorrufen, erfordern derartige Experimente viel Zeit und einige Vorkehrungen, insbesondere beim Experimentieren mit höheren Schallpegeln. Zu welchen Ergebnissen gelangten die Oldenburger Akustiker?

Während Killion (1978) und Berger (1981) sich vor allem dem Problem der Ermittlung von absoluten Schwellen gewidmet haben, ermittelte die Oldenburger Gruppe überschwellige Isophone. Dabei fand sie im Frequenzbereich 315 und 400 Hz einen deutlich höheren Intensitätswert des Vergleichsreizes bei der Angleichung an den Standardreiz (hier: 70 dB), was indirekt einen höheren Schwellenwert vermuten läßt. Sie verweisen auf ein Experiment von Fastl und Zwicker (1987); zwischenzeitlich hat nun auch die japanische Gruppe um Sone von der Tohoku Universität in Sendai Daten veröffentlicht (Kumagai, Suzuki, Sawai, Kono, Sone, Miura and Kado 1987; Suzuki, Suzuki, Kono, Sone, Kumagai, Miura and Kado 1989). Mit einer beinahe identischen Versuchsanordnung, wie bei den Oldenburger Versuchen, ergab sich für die Lage der Hörschwelle weithin Übereinstimmung mit den Daten von Iso R 226; beim überschwelligen Hören mit 70 Phon Standardlautstärke lagen die Isophonwerte bis 1000 Hz wie bei Fletcher and Munson, während sich die Werte bei über 1000 Hz eher den Werten von Robinson und Dadson gleichen.

Die von der Mellert-Gruppe zunächst vermutete Schwellenanhebung ließ sich nicht bestätigen. Bestätigen ließ sich aber der beträchtlich erhöhte Wert der überschwelligen Isophone bis etwa 1000 Hz. Dies scheint ein durchgängiges Ergebnis der Experimente mit akustisch verbesserten Versuchsanordnungen, wie die Abbildung 4.11 deutlich zeigt.

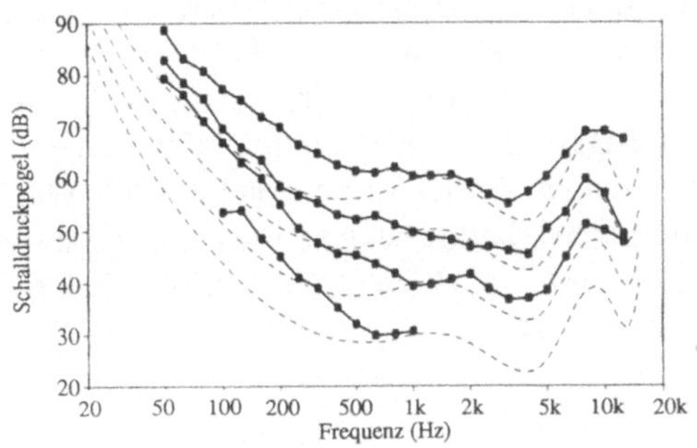

Abb. 4.11: Ergebnis der Lautstärkenvergleiche; der Referenzton war bei allen Messungen 1000 Hz und 30 bis 60 dB SPL; gestrichelt: Phon-Kurven nach ISO R 226 (aus: Betke 1990, im Druck).

Isophonkurven auf Impulsbasis

Die klassischen Isophonkurven wurden anhand kontinuierlicher Töne ermittelt: Ein Ton steigt an, erreicht eine Lautstärke und klingt nach einer Zeit wieder ab. Hierbei erhebt sich die Frage, ob sich die ursprünglichen Kurven gleicher Lautstärke auch dann ergeben, wenn man beispielsweise die Anstiegsgeschwindigkeit des Vergleichsgeräusches ändert. Dies ist eine Frage, welche derzeit vor allem in der japanischen Psychoakustik Beachtung erfährt (vgl. dazu Maeda 1987, sowie die dort zitierten Arbeiten). Wie eine Untersuchung von Tachibana, Ishizaki and Yoshihisa (1987) zeigt, eignet sich die A-Bewertung, ein Konstruktum aus der Phon-Messung, für stark wechselnde Geräusche nicht mehr.

Vielleicht fragt nicht nur der Psychologe nach dem Sinn und dem Ziel der Revision der Phon-Kurven. Man kann ja auch die Meinung vertreten, die interindividuellen Schwankungen seien bei jedem Verfahren so groß, daß sich die Daten aller Verfahren letztendlich doch wieder überdecken. Wie soll man einen solchen Forschungsaufwand rechtfertigen? Darauf kann man antworten: Da die Phon-Kurven in der psychoakustischen Meßtechnik von *fundamentaler* Bedeutung sind, weil sich viele Meßverfahren darauf beziehen, so muß auch hier eine Messung so genau wie nur möglich sein; dieser Grundsatz gilt für jedes Meßverfahren.

Eine Anmerkung zur Begriffsverwendung: In den vorausgegangenen Darlegungen haben wir die Entwicklung bis zu den bewerteten Schalldruckpegeln dargestellt. Dabei wollten wir zeigen, daß zu deren Ermittlung immer psychophysische Experimente mit Personen stattfinden; hierbei steht das Hören der *Lautheit* eines Geräusches immer im Mittelpunkt; die Hörerscheinung Lautheit ist den Psychologen aus der Geschichte der experimentellen Psychologie sehr vertraut; er findet diesen Begriff in sehr *unterschiedlichen* Operationalisierungen verwendet. Dagegen zeigen sich Physiker und Ingenieure wesentlich strikter im Gebrauch dieses Begriffes: Seit Stevens und Zwicker ihr Verfahren zur Schallbewertung als *Lautstärkepegel* unter Mitverwendung der Stevens'schen *Skala der Lautheit* im Englischen als *Lautheits-Berechnungsverfahren (Loudness)* veröffentirt die Lautheit wie eine physiklicht haben, ist auch der Begriff der *Lautheit* durch eine internationale Norm belegt. Danach wird die Lautheit wie eine physikalische Meßgröße mit der Maßeinheit sone behandelt. Aus diesem Grunde wird auch hin und wieder schon vorgeschlagen, jene Lautheit, welche *nicht* nach Zwicker bzw. Stevens ermittelt wurde, anders zu benennen; auf diesem Hintergrund wird verständlich, warum wir gelegentlich selbst beispielsweise den Begriff der *Absolutlautleit* oder *Kategoriallautheit* - in Abhebung von der *Vergleichslautheit* (Zwicker) verwenden (vgl. Weber 1990). Der Nicht-Physiker, der sich dieses Sachverhaltes bewußt ist, kann in Gesprächen mit Physikern und Elektroakustikern viel unnötige Mißverständnisse verhindern, wenn er sich dieser Begriffsdifferenzierung bewußt ist.

4.2   Lautheit und Lästigkeit als zentrale Größen der Schallbewertung

Geschichtliche Vorbemerkungen.

Die Idee zur Konstruktion von Kurven gleicher Lautstärke wirkte für die Schallbewertung in verschiedendsten Richtungen sehr beflügelnd: Man experimentierte nicht mehr nur mit reinen Tönen (Sinus), sondern arbeitete mit Schmalbandrauschen, vornehmlich Terz- und Oktavrauschen; außerdem wurden die Geräuschdarbietungen variiert, beispielsweise nach Freifeld - Kopfhörer, sowie Frontalfeld - diffusem Feld. Kryter hat in seiner Monographie (1970, p. 249) die Ergebnisse dieser Untersuchungen einander gegenübergestellt; sie sind in der Abbildung 4.12 festgehalten.
Ein wichtiges Ergebnis derartiger Untersuchungen lautet: Bei breitbandigen Geräuschen nimmt die wahrgenommene Lautheit zu, obwohl der A-Pegel gleich bleibt.

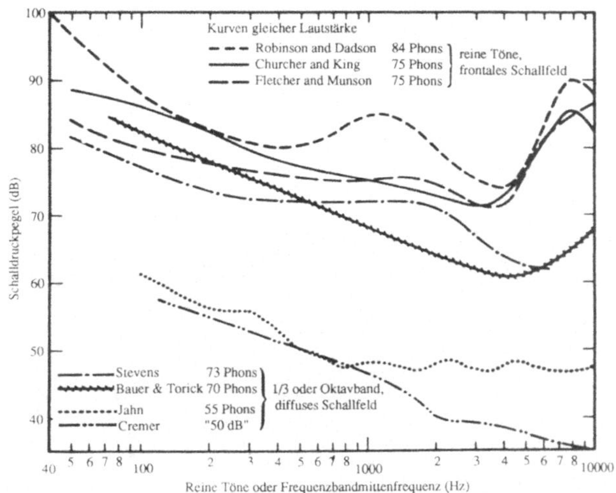

Abb. 4.12: Vergleich von Kurven gleicher Lautstärke für Sinustöne und Bandgeräusche (aus: Kryter 1970, p. 249).

In verschiedenen Untersuchungen ergaben sich Meßwertunterschiede von ca. 15 dB (Gummlich 1988) zwischen Phon- und dB(A)-Werten. Die Zunahme der Lautheit bei gleichem dB(A)-Pegel läßt sich nicht allein mit der zu starken Frequenzbewertung der Geräusche durch die A-Kurve erklären. Hinzukommt die Tatsache, daß die Bildung der Gesamtlautheit nicht integral über den gesamten Frequenzbereich erfolgt, so wie etwa ein Schallpegelmesser den Pegel mißt. Das Gehör faßt vielmehr die Schallintensität schmaler Frequenzbänder zusammen und bildet aus den Teillautheiten in einem komplizierten Prozeß die Gesamtlautheit. Die Ideen zu jenen Verfahren, welche der Lautheit verschiedener Frequenzbänder Rechnung tragen, stammen von Stanley Smith Stevens und Eberhard Zwicker.

Weiterhin ersetzte man den Begriff der zu beurteilenden Lautstärke durch Begriffe, wie den der *Lästigkeit* (annoyance), der *Lautheit* und der *Perceived Noisiness* (PN); das noy wurde als eine neue Maßeinheit durch Kryter eingeführt; einen entscheidenden Anstoß dazu boten die neuen Düsenflugzeuge mit ihren hohen Schallintensitäten bei hohen Frequenzen. Ein vorläufiges Ende fanden diese Bemühungen dann in den ISO-*Lärmbewertungskurven*, *Noise Rating Curves* (NRC) oder *Noise Rating Numbers* (NR).

Lautheit und Lästigkeit: Begriffliche Übereinstimmungen und Unterschiede
Für die Schallbewertung spielen die beiden Begriffe eine große Rolle, weil sich aus deren Bedeutung einzelne Bewertungsverfahren herleiten. Aus diesem Grunde wird man mit Kryter (p. 272 ff.) die Frage zu stellen haben, welche Befunde eher dafür-, und solche, welche eher dagegen sprechen, die beiden Begriffe einander gleichzusetzen.
(1) *Für die Gleichbedeutung von Lautheit und Lästigkeit:* Reese, Kryter und Stevens veröffentlichten 1944 einen Forschungsbericht, in dem sie die Lästigkeit von Geräuschen

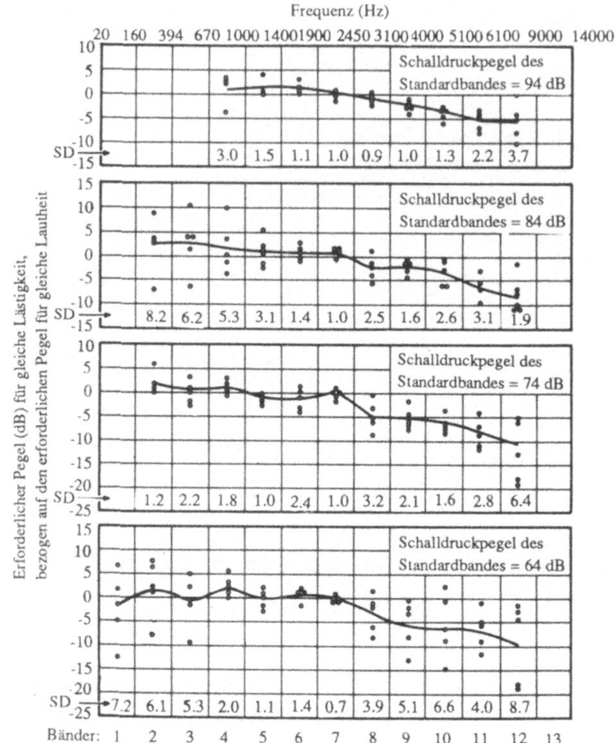

Abb. 4.13: Kurven gleicher Lästigkeit für Geräuschbänder. Band 7 diente als Vergleichsband. Die Kreise bedeuten die einzelnen Beurteiler (aus: Kryter 1970, p. 273).

aus unterschiedlichen Bandbereichen untersucht hatten. Kryter (p. 273) veröffentlichte daraus den Befund der Abbildung 4.13.

Wenn man die Werte von Reese, Kryter und Stevens (1944) betrachtet, so erkennt man beispielsweise im obersten Viertel: Das Band 7 (1900 - 2450 Hz) hat einen Wert von 94 dB; dieses Band wird auf seine Lautheit hin beurteilt; anschließend werden die anderen Bänder auf ihre Lästigkeit hin verglichen. Die Abweichungen davon sind in der Abbildung 4.13 festgehalten; danach braucht ein Geräuschband über 3000 Hz nicht soviel dB, um als gleich lästig erlebt zu werden, wie wenn es nach der Lautheit beurteilt würde. Ähnliche Befunde ergeben sich aus der nachfolgenden Abbildung 4.14 (Kryter 1970, p. 274), bei der Kryter und Pearsons (1963) Loudness und Noisiness verglichen haben.

(2) Welche Tatsachen sprechen *gegen die bedeutungsmäßige Gleichsetzung von Loudness und Perceived Noisiness*? Dazu schreibt Kryter: "Die Tatsache, daß die Lautheit anscheinend durch die Dauer und die komplexen spektralen Eigenschaften eines Geräusches nicht beeinflußt wird, scheint sie als geeignete Eigenschaft für die Bewertung der Un-

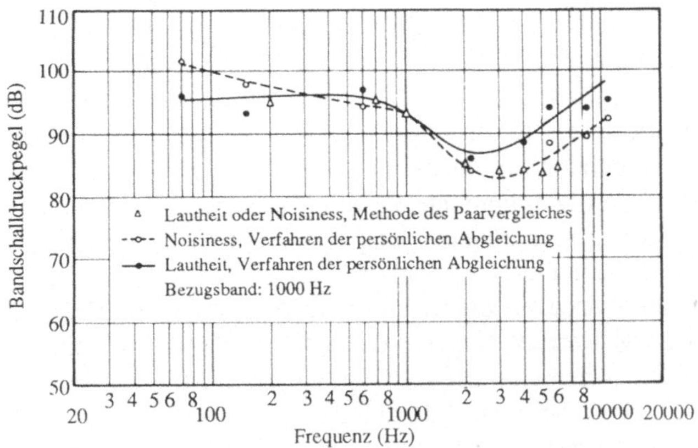

Abb. 4.14: Urteile gleicher Lautheit und Noisiness (aus: Kryter 1970, p. 274).

erwünschtheit von Umweltgeräuschen auszuschließen" (S. 272). Wahrscheinlich wird das Bedenken Kryters verständlicher, wenn man die von ihm zitierten Befunde von Kerrick, Nagel und Bennett (1969), Abbildung 4.15, heranzieht: Danach besteht zwar zwischen Noisiness und Loudness große Übereinstimmung, nicht jedoch zwischen Noisiness und Acceptability.

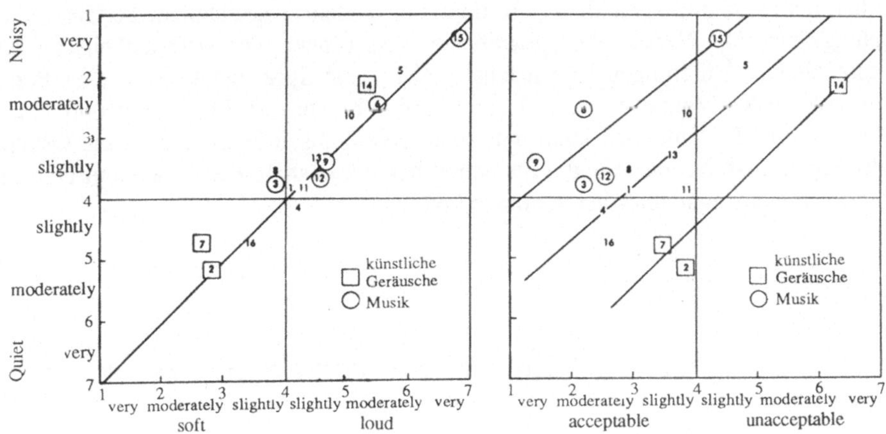

Abb. 4.15: Linke Hälfte: Korrelation der Urteilskategorien (1) Quiet-noisy (noisiness) und (2) Soft-loud. Rechte Hälfte: Korrelation der Urteilskategorien (1) Quiet-noisy (noisiness) und (2) Acceptable-unacceptable. Es bedeuten: (1) Überflug einer DC8, (2) Oktavband mit 1000 Hz Mittenfrequenz, (3) Jazzstück von Bernstein, (4) Vorbeifahrt eines Motorrades, (5) Helikopterflug (+ 20 dB), (6) Volksmusik, (7) synthetisches Breitbandrauschen, (8) Autovorbeifahrt, (9) Volkslied (10) Überflug einer Boing 20, (11) Helikopter (12) Vivaldi (13) Vorbeifahrt eines Lastwagens (14) Tongemisch (15) Volksmusik (+ 20 dB), (16) Regen (aus: Kryter 1970, p. 276).

Wenn "unacceptability of environmental noises" das wichtige Kriterium darstellt, und wenn dann dieses Kriterium nicht mehr mit Noisiness korreliert, so gerät natürlich die Idee Kryters in Gefahr. Kryter (p. 277) relativiert den Befund von Kerrick, Nagel und Bennett (1969) dahingehend, daß er feststellt, daß das Akzeptanz-Kriterium zuwenig zwischen den Geräuschen differenziere - im Gegensatz zur Noisiness; dies ist ein durchaus ernstzunehmendes Argument.

Kryter spricht in diesem Zusammenhang von "kognitiven Kategorien von Geräuschen" (Beispiele solcher Kategorien könnten beispielsweise Musik, Verkehrsgeräusche, künstliche Geräusche) sein; er meint, innerhalb dieser einzelnen Kategorien komme es bei der Beurteilung der Annoyance auf die spektrale Struktur sowie die Dauer der Geräusche an. Gerade die Arbeit von Kerrick, Nagel und Bennett (1969) zeige, daß innerhalb verschiedener Geräusch-Kategorien eine Differenzierung vor allem nach Acceptability stattfinde, wie die rechte Seite der Abbildung 4.15 belegt.

Eine Anmerkung zu Kryters Ansatz: Bei genauerem Hinsehen wird man erkennen, daß das hypothetische Konstrukt Annoyance aus einer Vielzahl von psycho-physischen Einzeluntersuchungen abgeleitet ist. Da aber in diesen die erlebte Lästigkeit von zentraler Bedeutung ist, so gelten die eher abwertenden Einwände gegen andere Eigenschaftsbezeichnungen der Lärmwirkung bei Kryter auch für den Begriff der Lästigkeit. Hier ist Kryter inkonsequent. Wenn Kryter meint, "Experimente, bei denen einzelne unbestimmte Adjektive ohne nähere Anweisung als Grundlagen für die Meßskalen von Geräuschen verwendet werden, insbesondere, wenn eine Anzahl von Adjektiven als unzusammenhängende Urteilskategorien verwendet werden, haben vielleicht mehr Bezug zu Fragen der Semantik, als daß sie der Erhellung der Eigenschaftsaufklärung der wahrgenommenen Lautheit dienen" (p. 275), dann kann hinzugefügt werden: Solange Versuchspersonen sprachlich instruiert und sprachlich gefordert sind, gelten grundsätzlich die Gesetze der Bedeutungslehre zum Verständnis sprachlicher Äusserungen; der Wirklichkeitscharakter aller sprachlicher Äußerungen ist zunächst gleich; jede Sprachanalyse ist eine Bedeutungsanalyse; jedes Verstehen von Gesprochenem beruht auf Bedeutung und Bedeutungsverständnis. Bedeutungen kann man nicht physikalisch bestimmen. Eine Ordnung verbaler Eigenschaftsbezeichnungen für Schall bereitet deshalb bei genauerem Hinsehen mehr Probleme, als man zunächst vermuten könnte.

4.3   Kurvenscharen zur Beurteilung von Frequenzspektren

Die Kurvenscharen zur Beurteilung von Frequenzanalysen (Noise Rating Curves (N-Curves, NR-Curves, NRC) stellen Schallbewertungsverfahren dar, bei welchen die einzelnen Frequenzanteile in ihrer Gefährlichkeit für das Gehör oder andere Funktionen mitberücksichtigt werden. Beispiel einer solchen frequenzbezogenen Grenzwertbestimmung ist die N 85, welche für die Beurteilung von Arbeitsplätzen bedeutungsvoll ist. Dazu schreibt Brusis: "Solche Kurven der "kritischen Intensität" beruhen auf experimentellen Hörermüdungsuntersuchungen und stellen den frequenzbezogenen Grenzwert dar, bei dem bei einer Gruppe von Versuchspersonen noch keine erhebliche TTS (Zeitweilige Hörschwellenanhebung, gleichbedeutend mit zeitweiligem Hörverlust) eintritt" (S. 25).

Neben der N 85 enthält die ISO R 1996 - 1971 (E) im Anhang ebenfalls solche NR-Kurven. Die NR-Kurven wurden vor allem in den USA verwendet; im deutschen Sprachraum waren es Ernst Lübcke und der ehemalige Barkhausen-Mitarbeiter Cremer, welche ein vereinfachtes Verfahren zur Beurteilung unter frequenzanalytischem Gesichtspunkt vorgeschlagen haben.

Vorbemerkung zur weiteren Darstellung: Die Anfänge der Schallbewertung galten dem Bemühen, zunächst *Einzelschallereignisse* angemessen zu bewerten; von diesem Ziel war beispielsweise noch Kryters Perceived Noisiness Level (mit der Einheit "noy") getragen. Später wagte man sich an die Beschreibung eines Ingesamt-Effektes über einen *ganzen Tag* heran; das *Composite Noise Rating (CNR)* stellt den ersten Versuch in den USA dar. Wir werden in unserer Darstellung beim CNR beginnen; dann gehen wir auf das Verfahren zur Berechnung der Lautstärkepegel von Stevens und Zwicker ein, um anschliessend das verwandte PNL mit der Einheit noy von Kryter zu behandeln.

4.3.1 Geschichte der Noise Rating Curves

Nach Schultz (1972, p. 25-28) beginnt die Geschichte der Kriterien-Kurven mit der Arbeit von Beranek, Reynolds und Wilson (1953) über Möglichkeiten der Lärmprognose von Belüftungssystemen. Die Grundidee lautete, die Sprachverständlichkeit in Gebäuden zu garantieren. Aus diesem Grunde nannten sich die ersten Kurven SC-Criteria (Speech Communication Criteria); diese SC-Kurven waren zu großen Teilen den heutigen NR-Kurven gleich.

Im selben Jahr publizierte das Büro Bolt, Beranck and Newman eine geänderte Version der SC-Criteria-Kurven. In dieser Arbeit zeichneten W.A. Rosenblith und K.N. Stevens als mitverantwortliche Autoren.

Eine kurze historische Anmerkung: Beranek war damals Physikdozent in Harvard; er arbeitete seit dem zweiten Weltkrieg mit Stevens zusammen; die US-Luftwaffe hatte ihnen den Auftrag erteilt, Flugzeuge leiser zu machen, weil man viele Falschlandungen von Piloten auf den übergroßen Lärm in Flugzeugen zurückführte (Stevens 1974). Da diese Autoren gleichzeitig an einem *Composite Noise Rating for Community Noise (CNR)* arbeiteten, lag es nahe, Ideen der *Speech Interference Level* (SIL) - Forschung mit solchen des CNR miteinander zu verbinden. In einer ersten Empfehlung dienten die SC-Kurven als Ergänzung des SIL. 1956 bekam Beranek den Auftrag, die Wirkungen des Fluglärms im Zusammenhang mit Lärm in Büros auf die Sprachverständlichkeit zu untersuchen.

Schultz (1972, p. 27) zitiert aus Beranek (1956) folgendes: "Auf einem großen Luftwaffenstützpunkt wurde eine Untersuchung mit dem Ziel durchgeführt, die höchstmöglichen Lärmpegel, die das Büropersonal noch als erträglich betrachtete, festzustellen, und das Verhalten der Angestellten in lauten Büros zu erkunden. 190 Personen, die an 17 verschiedenen Orten des Stützpunktes beschäftigt waren, wurde ein Fragebogen mit 15 Bewertungsskalen, vorgelegt. Mit Hilfe der Bewertungsskalen sollten die Angestellten beispielsweise die Lautheit ihrer Umgebung und die Auswirkung des Lärms auf die Unterhaltung oder beim Telefonieren bewerten."

"Die durch die Bewertungsskalen ermittelten Ergebnisse wurden mit verschiedenen physikalischen Werten des Lärms verglichen. Es ergab sich eine hohe Korrelation zwischen wahrgenommener Lautheit (d. h. die Bewertung der Umgebung durch die Angestellten, nicht zu verwechseln mit der von Kryter später eingeführten Bewertung) und dem Wert, der als 'Sprach-Interferenz-Pegel' (SIL) bezeichnet wird ... Noch höher war die Korrelation zwischen den Werten für Lautheit und einem berechneten Wert des Lautheitspegels (Stevens' Mark I). Mehr als zwei Drittel der Befragten gaben an, daß die sprachliche Kommunikation einen wesentlichen Teil ihrer Beschäftigung darstelle, und daß die intensiveren Geräusche in den Büros die Kommunikation stören. Diese Korrelationen liefern eine Grundlage, um Kriterien für den gerade noch hinnehmbaren Lärm im Sinne von SIL und für den Lautheitspegel festzulegen" (p. 27).

Auf der Grundlage dieser Befunde modifizierte Beranek nochmals die SC-Kurven. 1957 wurde diese Flughafenstudie um Befragungen in universitären Arbeitsräumen, einer Aluminiumfabrik sowie in anderen Betriebstypen ergänzt. Diese Ergebnisse führten zu einer Differenzierung der Empfehlungen hinsichtlich der Noise Criteria-Kurven: Es wurde zwischen großen *Versammlungsräumen* und *Arbeitsräumen* unterschieden. Diese Befragungen hatten nämlich deutlich gezeigt, daß die Akzeptanz eines Arbeitsraumes nur in Verbindung des Lautheitsurteils (hier Mark I von Stevens) mit der beurteilten Sprachverständlichkeit vorhergesagt werden kann.

Ein vorläufiges Ende fand diese Entwicklung dann, als Beranek diese integrierten Bewertungsverfahren als *Noise Criterion* (NC) und *Noise Criterion Alternate* (NCA), ein weniger streng bewertendes Verfahren, vorstellte.

NC = LL Mark I - SIL = 22 dB, sowie: NCA = LL Mark I - SIL = 30 dB

1960 erfolgte eine geringfügige Anpassung der NC-Kurven an neu festgelegte Frequenzbereiche.

4.3.2 Die Bewertung von Schall auf der Grundlage der ISO R 1996

Dieses Meßverfahren eignet sich besonders für die Bewertung kontinuierlichen Dauerschalls, etwa dem Geräusch einer Autobahn aus der Ferne. Das Verfahren ist in der DIN 45 401 sowie ISO R 1996 - 1971 beschrieben.

(1) Ein Geräusch wird in Oktavbänder zerlegt, wobei folgende Mitten gewählt wurden:

31,5; 63 (bzw. 62,5); 125; 250; 500; 1000; 2000; 4000; 8000 Hz.

Erläuterungen: (a) Eine Oktave ist durch das Verhältnis 1:2 seiner Grundfrequenz definiert. Beispielsweise besitzt eine Grundfrequenz von 62,5 Hz eine Oktave von 125 Hz

(2) Das Oktavpegeldiagramm mit seinen 8 bzw. 9 Einzelwerten wird in das Diagramm mit den Geräuschbeurteilungskurven (ISO Lärm-Bewertungskurven, sog. NR-Kurven, vgl. Abbildungen 4.16 und 4.17) eingezeichnet.

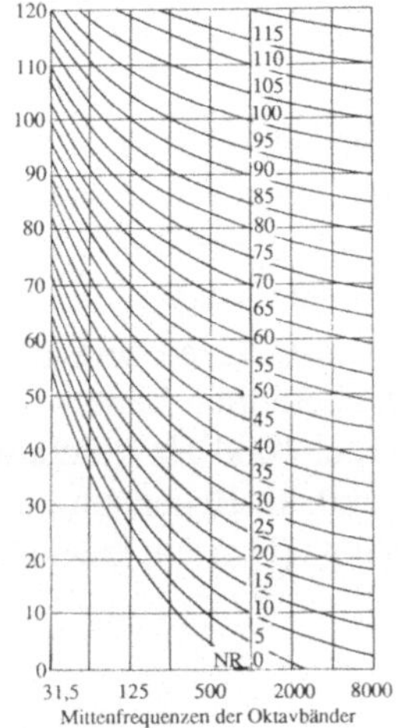

Abb. 4.16: Iso -Lärmbewertungskurven (Iso R 1996).

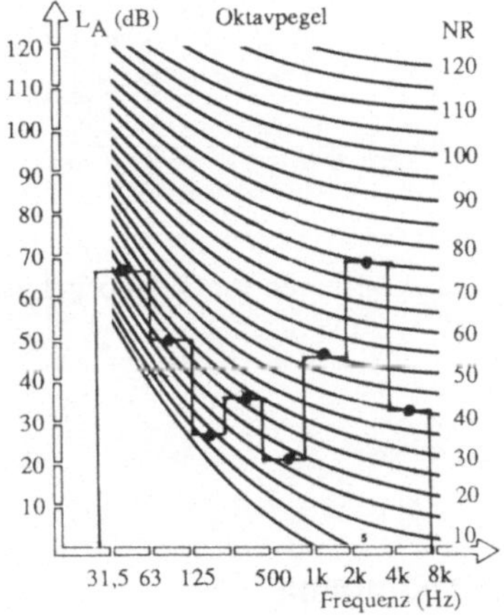

Abb. 4.17: Beispiel einer Geräuschbeurteilung auf der Basis von Oktavpegeln (NR = 75) (aus: Bruehl und Kjaer 1984, S. 34).

Die NR-Kurven beschreiben "Grenzkurven für Störgeräusche, die im Frequenzband keiner Oktave überschritten werden sollen" (Martin, in Rieländer 1980, S. 241).

Wie werden die Werte der Abbildung 4.17 interpretiert? Man stellt fest, welcher Wert den höchsten NR-Wert vorweist; im Beispiel der Abbildung 4.17 beträgt er 75 NR. Hätten wir uns beispielsweise für einen Grenzwert von NR = 70 entschieden, dann würde im Beispiel der Schall unzulässig überschritten.

4.3.3 Die Bewertung von Schall auf der Grundlage der Lübcke-Kurven

Welcher Unterschied besteht zwischen den NR- und den Lübcke-Kurven?

(a) "Während etwa die Noise Rating Curves eine vom Pegel abhängige Krümmung auf-weisen, verlaufen die Lübcke-Kurven alle parallel zueinander" (Hansen, in Rieländer 1980, S. 205 f.), wie die Abbildung 4.18 belegt.

(b) Wie bei NR wird ein Geräusch in Oktaven zerlegt; die Werte werden entsprechend eingetragen. Der Index der höchsten berührten Linie wird als Kennzahl abgelesen. "Die Kennzahlen sind jeweils 1/10 des bei 1000 Hz geschnittenen Pegels, damit keine Ver-wechselung mit Lautstärkepegeln auftritt. Benennung der Ablesung als z.B. "Geräusch-kennzahl 8,7" oder "8,7 bel äquivalent" (Hansen, in Rieländer 1980 S. 205).

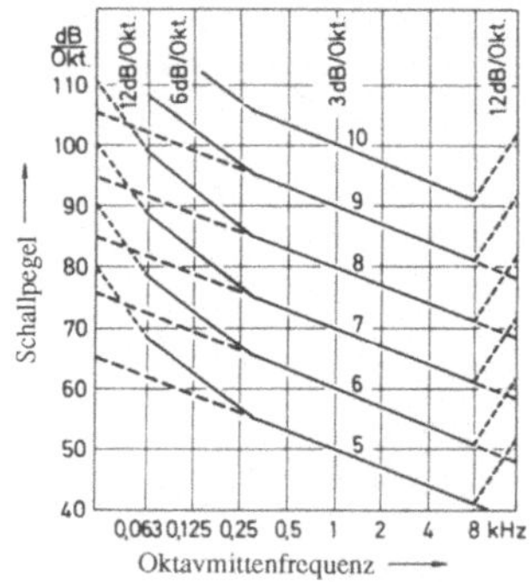

Abb. 4.18: Lübcke- bzw. Cremer-Lübcke-Kurven für Oktavpegelgrenzwerte (aus: Rieländer 1980, S. 205).

4.3.4 Das Verfahren von Tachibana

Wir haben bisher verschiedene Bewertungsverfahren erläutert; am Ende einer solchen Er-örterung liegt es durchaus nahe zu fragen, was eigentlich geschehen würde, wenn man den Schall gar nicht mehr bewerten würde.

Genau dies schlug neuerdings Tachibana von der Universität Tokyo vor (vgl. dazu Tachibana, Hatanaka und Murai 1985; Tachibana 1985; Tachibana, Hamada und Saito 1987). Nach Namba (1987, p. 216-217) liegt der Idee von Tachibana kein theoretisches Konzept zugrunde, wohl aber gewisse Bedenken gegen die sone-Skalen, insbesondere die dort getroffenen Annahmen über die Summation der Lautheit.

Tachibana ermittelt die Oktavbänder zwischen 63 Hz und ca. 4000 Hz bsw. zwischen 125 und 4000 Hz und rechnet den arithmetischen Mittelwert des Schalldrucks aller Okta-ven: $L_{(63-4khz)}$ $L_{(125-4khz)}$. Die Idee dieser Vorgehensweise finden wir auch bei der Konstruktion des Sprachverständlichkeitspegels, wovon im 6. Kapitel noch die Rede sein wird. Mit dieser Methode kommt man bei der Lösung praktischer Probleme sehr schnell und ohne größere Kosten voran. Erstaunlich erscheint uns besonders der Befund, wonach beim Vergleich vorhergesagter und tatsächlicher Urteile die Methode von Tachibana die höchste Vorhersagegenauigkeit der Lautheit und Lästigkeit lieferte, wie die Abbildung 4.19 (aus: Namba 1987, fig. 5, p. 216) belegt.

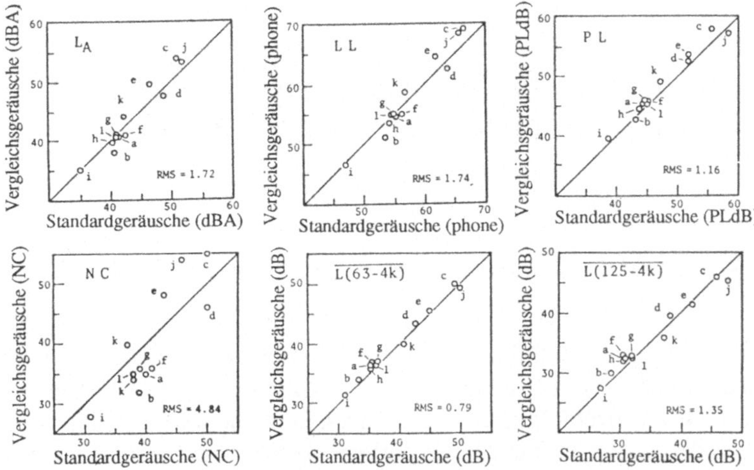

Abb. 4.19: Die Übereinstimmung zwischen Standardreiz und Vergleichsreizen bei unterschiedlichen physikalischen Lärmdeskriptoren nach Tachibana (aus: Namba 1987, fig. 5, p. 216).

Die Frage bleibt bisher noch offen, ob sich dieses Ergebnis auch noch bestätigen läßt, wenn die Geräusche noch höhere Frequenzen enthalten als das jetzige Verfahren umfaßt. Bewährt hat sich die Methode bis jetzt schon in der Bauakustik, um die Schallübertragungseigenschaften von Wänden zu prüfen (Tachibana, Hamada und Saito 1987). Um einem Mißverständnis vorzubeugen, sollten wir uns vergegenwärtigen, daß auch der Vorschlag von Tachibana nicht ohne psychologische Prüfung am Kriterium der Lautheit und Lästigkeit erfolgte; daß die Lösung des Problems so einfach ausfällt, könnte man als einen Glücksfall betrachten; weitere Untersuchungen erscheinen jedoch geboten.

4.3.5 Bewertung der NR-Verfahren

Die NRC- oder NR-Verfahren scheinen in praktischer Sicht durchaus bewährt; größere Probleme bereitet die Angabe einer einzigen Geräuschkennzahl als Repräsentant des gesamten Schallspektrums; deshalb meinte Werner Bürck schon vor vielen Jahren: "Auf Grund mancher Erfahrungen eignet sich das NRC-Verfahren nicht gut für die Beurteilung von Schallvorgängen hinsichtlich der subjektiv empfundenen Lautstärke, die häufig als das entscheidende Kennzeichen der Schalleinwirkung auf den Menschen angesehen wird" (1968, S. 27). Die weiterführende Frage lautet hier: wie kann man zu einer Einwert-Angabe der Lautstärke kommen und gleichzeitig der Differenziertheit eines Schallspektrums gerecht werden? Lösungsvorschläge dazu kamen von dem Psychologen S.S. Stevens sowie seinem zeitweiligen Mitarbeiter Zwicker.

4.4   Die Berechnung des Lautstärkepegels aus dem Geräuschspektrum nach Stevens und Zwicker

4.4.1   Mark VI, Loudness Level nach Stevens gemäß ISO R 532

Dieses Verfahren stützt sich auf dieselben Ausgangswerte der Oktavpegel wie NRC-Verfahren. Zunächst werden für alle Oktavpegel (in dB gemessen) die Lautheitsindices gerechnet, bzw. direkt der nachfolgenden Abbildung 4.20 entnommen, in der sich auch ein Nomogramm findet, aus dem man für die übrigen Oktaven die Lautheitsindices ablesen kann (aus: ISO R 532-1975, fig. 1, p. 5).

Um die Umrechnungsprozedur zu erleichtern, kann man sich bei der Umrechnung nachfolgender Wertetabelle 4.3 (ISO R 131-1959(E)) bedienen.

Tabelle 4.3: Beziehung Phon zu Sone bei reinen Tönen; Übergangstabelle der Summenwerte. Beispiel einer Ablesung: 26 phon entsprechen 0,379 sone (aus: ISO R 131-1959-E).

phon	0	1	2	3	4	5	6	7	8	9
20	0,250	0,268	0,287	0,308	0,330	0,354	0,379	0,406	0,435	0,467
30	0,500	0,536	0,574	0,616	0,660	0,707	0,758	0,812	0,871	0,933
40	1,00	1,07	1,15	1,23	1,32	1,41	1,52	1,62	1,74	1,87
50	2,00	2,14	2,30	2,46	2,64	2,83	3,03	3,25	3,48	3,73
60	4,00	4,29	4,59	4,92	5,28	5,66	6,06	6,50	6,96	7,46
70	8,00	8,57	9,19	9,85	10,6	11,3	12,1	13,0	13,9	14,9
80	16,0	17,1	18,4	19,7	21,1	22,6	24,3	26,0	27,9	29,9
90	32,0	34,3	36,8	39,4	42,2	45,3	48,5	52,0	55,7	59,7
100	64,0	68,6	73,5	78,8	84,4	90,5	97,0	104	111	119
110	128	137	147	158	169	181	194	208	223	239
120	256									

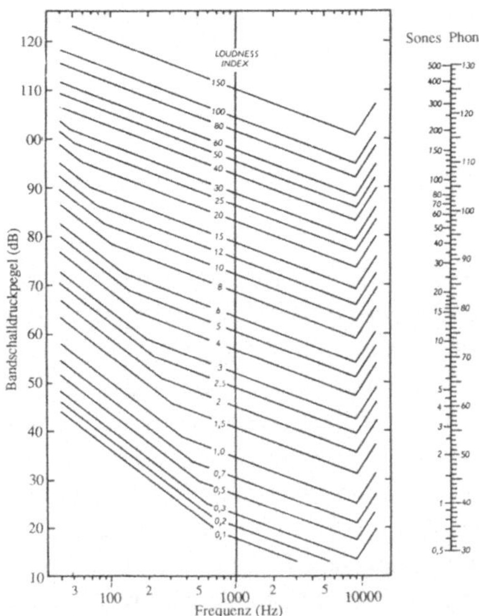

Abb. 4.20: Nomogramm zur Ablesung der Lautheitsindices in den verschiedenen Oktaven (aus: Iso 532-1975, fig. 1, p. 5).

Aus den sone-Werten wird eine Summenlautheit (sone$_{OD}$) nach folgender Regel gebildet:
- der höchste sone-Wert geht mit 100% in die Addition ein;
- die anderen Werte werden nur mit 30% gewichtet.

Die Werte werden dann in folgende Formen für die Summenlautheit eingesetzt:

$$sone_{total} = sone_{OD} = S_{max} + F (S - S_{max})$$
S = Summe aller Oktavpegel
S_{max} = Höchster Oktavpegel-Wert
F = Gewichtsfaktor für die Breite der Pegel:
0,3 bei Oktaven; 0,15 bei großen Terzen; 0,2 bei halben Oktaven.

Diesen Gesamtwert sone$_{OD}$ rechnet man wieder mit Hilfe des Nomogramms in phon$_{OD}$ (vgl. rechte Seite der Abbildung 4.20) zurück. Das Umrechnungsverfahren dafür findet man in der Tabelle 4.3 (Iso R 131-1959 (E)).
Beispielsrechnung:

Oktavmitte	63	125	250	500	1000	2000	4000	8000
gemessen in dB	41	55	62	78	49	35	20	20
in sone	0,12	1,68	3,8	11,8	2,53	1,27	0,45	0,61

$$sone_{OD} = sone_{total} = \text{Höchstwert} + 0,3 * (\text{Summe der übrigen Werte})$$

$sone_{OD} = sone_{total} = 11{,}8 + 0{,}3 * (10{,}46) = 14{,}938$

Nach dem Umrechnungsnomogramm der Tabelle 4.3 entsprechen 14,938 $sone_{OD}$ einem Wert von 79 $phon_{OD}$.

4.4.2 Die Modifikation des Mark VI durch Robinson (1964)

Das Verfahren von Stevens wurde von Robinson leicht modifiziert, um wenigstens den Lautheitsbeitrag *ansteigender Spektren* im Vergleich zu *abfallenden Spektren* aufzuwerten. Das Verfahren von Stevens wertet ja zugunsten nur eines einzigen Höchstwertes die Lautheiten aller anderen Frequenzbänder ab (Schultz, p. 19). Auf diese Weise befinden wir uns schon auf dem Wege zur Berücksichtigung der Tonhaltigkeit in Form von Tonzuschlägen, wie es dann später beim *Effective Perceived Noise Level* vorgesehen war.
Verfahrensweise: (a) Man errechnet die sone-Werte wie bei Stevens. (b) Anschließend sucht man den sone-Wert des untersten Frequenzbandes und hält diesen Wert fest. (c) Dann geht man zum nächstgelegenen Frequenzband und prüft, ob dessen Wert größer, gleich oder kleiner als jener des vorangegangenen Frequenzbandes ist. Falls er gleich oder größer ist, dann geht der sone-Wert voll in die Rechnung ein; falls er kleiner ist, so geht er nur mit 0,3 in die Rechnung ein.
Das vorangegangene Beispiel rechnet sich dann nach Robinson so:

Oktavmitte	63	125	250	500	1000	2000	4000	8000
gemessen in dB	41	55	62	78	49	35	20	20
umgerechnet nach *Stevens*								
in sone	0,12	1,68	3,80	11,8	2,53	1,27	0,45	0,61
umgerechnet nach *Robinson*								
in sone	0,12	1,68	3,80	11,8	0,85	0,42	0,15	0,61

Summe über die Zeile (Robinson): 19,43 sone

$sone_{total} = \text{Höchstwert} + 0{,}3 * (\text{Summe der übrigen Werte})$
$sone_{total} = 11{,}8 + 0{,}3 * (19{,}43 - 11{,}8)$
$sone_{total} = 11{,}8 + 0{,}3 * 7{,}63 = 11{,}8 + 2{,}29 = 14{,}09$

Dieser Wert entspricht nach der Tabelle 4.3 ("Übergangstabelle der Summenwerte") einem dB Perceived Noise von 79. Der Unterschied zwischen Stevens und Robinson beträgt in diesem Beispiel 0 dB.

4.4.3 Mark VII, Perceived Level von Stevens (1972)

Wir haben im Kapitel über die Entwicklung von Lautheitsmaßen schon eine Weiterentwicklung des Mark VI zu Mark VII erwähnt (Stevens 1972).

Der Bezugston sollte anstatt bei 1000 Hz nunmehr bei 3150 Hz liegen (1 sone sollte
bei einem Bezugsschalldruck von 20 μPa 32 dB entsprechen); Stevens führte in Mark VII
die Ergebnisse aus den Untersuchungen der Kurven gleicher Lautheit und Lästigkeit zusammen; eine Gegenüberstellung dieser Bewertungen findet sich bei Kryter (Abbildung
4.21).

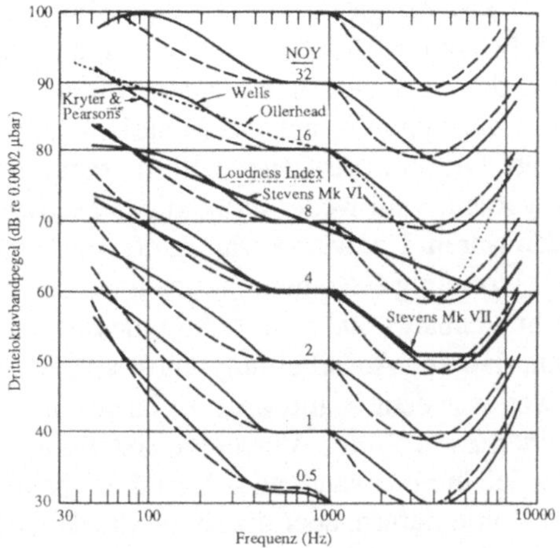

Abb. 4.21: Kurven gleicher Noisiness. Die Abbildung zeigt die Vorschläge von Wells, Kryter und
Pearsons, Ollerhead sowie Mark VI und VII von Stevens (aus: Kryter 1970, p. 281).

Übersicht über Marks von Stevens: In der Schallbewertung und ihrer Geschichte spielen
Mark I, II, VI und VII eine besondere Rolle; deshalb haben wir im Literaturverzeichnis
eigens einen entsprechenden Vermerk angebracht.

4.4.4 Das Verfahren nach Zwicker (DIN 45 631 und ISO R 532)

4.4.4.1 Zur Geschichte des Verfahrens

Das Verfahren von Zwicker verdient eine besonders ausführliche Darstellung, weil es psychoakustisch sehr differenziert aufgebaut ist; obwohl es derzeit in der internationalen Gesetzgebung nicht als Bewertungsverfahren vorgesehen ist, kann sich dies in den nächsten Jahren durchaus nochmals ändern, zumal viele Akustiker weltweit mit dem Verfahren arbeiten. In einer 1986 erschienen Arbeit erläutern Zwicker und Fastl die Geschichte der Schallbewertung und schreiben: "Bevor das Thema dieser Arbeit diskutiert wird, ist es zweckmäßig, sich rückzubesinnen, warum der A-bewertete Schallpegel eingeführt und warum von der fast zur gleichen Zeit vorgeschlagenen Lautheitsberechnung so wenig Gebrauch gemacht wurde. Der Wirrwarr an Geräuschmeßverfahren, der noch vor den fünfziger Jahren in den verschiedenen Ländern vorzufinden war (in Deutschland war es beispielsweise das "DIN-phon"), hat die Funktionsfähigkeit des internationalen Marktes stark beeinträchtigt. Die Vorschriften der Einfuhrländer konnten von den Exporteuren nicht eingehalten werden, weil weder einheitliche Meßverfahren noch entsprechende Meßgeräte vorhanden waren. Der Markt war es, der vor etwa 30 Jahren an die Internationale Organisation für Normung (ISO) herangetreten ist, hier Abhilfe zu schaffen. Die ISO wollte eigentlich ein brauchbares und auch richtig messendes Verfahren standardisieren. Es zeigte sich jedoch, daß zur Ausarbeitung eines solchen Verfahrens einige Jahre Zeit notwendig waren. Dies war dem Markt aber zu lange, und unter diesem Druck hat deshalb damals die ISO einen Zwei-Stufen-Vorschlag erstellt. In einer ersten Stufe sollten alle Länder ein einfaches, leicht abzuwendendes Verfahren benutzen. Zwar würde solch ein Meßverfahren falsche Werte liefern, aber die Einheitlichkeit der Ergebnisse würde jedenfalls den internationalen Markt nicht behindern. Als zweite Stufe wurde ein etwas aufwendiger zu messender, aber recht genaue Werte liefernder Meßvorgang vorgeschlagen, der die Eigenschaften des menschlichen Gehörs bezüglich der Lautstärkeempfindung nachbildet.

Der erste Schritt wurde sehr rasch in die Gesetzgebung und in Lärmvorschriften eingearbeitet: Es ist der A-bewerteter Schallpegel. Die Industrie und der Markt waren zufrieden. Die zweite Stufe, die ebenfalls von der ISO vorgeschlagen wurde, nämlich die Lautstärkeberechnungsverfahren, fand kaum Beachtung, obwohl dieser Vorschlag nur wenige Jahre später veröffentlicht wurde."

Das Verfahren von Zwicker ist in folgenden Texten und Normen festgehalten: (a) DIN 45 631 "Berechnung des Lautstärkepegels aus dem Geräuschspektrum. Verfahren nach E. Zwicker" vom Oktober 1967; (b) ISO R 532 "Acoustics - Method for calculating loudness level" (1975); (c) insbesondere der Text von Zwicker und Feldtkeller (1967) enthält die Verfahrensbeschreibung und deren Begründung.

4.4.4.2   Gehörsmäßige psychoakustische Grundlagen des Verfahrens von Zwicker

Wenn wir auf das Meßverfahren von Zwicker zu sprechen kommen, so müssen wir zuvor auf folgende Eigenschaft des Gehörs, die Frequenzselektivität des Ohres, eingehen; was ist damit gemeint?

Aus der Physiologie des Ohres wissen wir, daß die Neuronenfasern des Nerves Acusticus eine Spontanaktivität mit individueller Entladungsfrequenz vorweisen. Wir wissen außerdem, daß diese Nervenfasern bei Reizung durch Schall erregt werden - und zwar in folgender Weise: Jede Faser erweist sich für eine bestimmte Frequenz als besonders empfindlich; man spricht deshalb von *"Bestfrequenz"* (engl. characteristic frequency, abgekürzt CF); je weiter man von der Bestfrequenz abkommt, umso mehr Intensität ist notwendig, um das Neuron zu erregen (vgl. dazu Hellbrück 1986 und in Vorbereitung).

Hier erhebt sich natürlich die Frage, ob beim Hören eines Geräusches jede Frequenz zwischen 16 und 20.000 Hz in ihrer Intensität auch wahrgenommen werden kann. Die Antwort geht dahin: Das Ohr ist in der Lage, einzelne *Frequenzgruppen* eines Geräusches herauszufiltern und herauszuhören.

Der eigentliche Entdecker und Analysator dieses Phänomens war der deutsche Physiker Georg Simon Ohm (1787 - 1854); nach ihm ist das "Ohmsche Gesetz" benannt, welches Hermann von Helmholtz so zusammenfaßte: "Das menschliche Ohr empfindet nur eine pendelartige Schwingung der Luft als einfachen Ton, jede andere periodische Luftbewegung zerlegt es in eine Reihe von pendelartigen Schwingungen und empfindet die diesen entsprechende Reihe von Tönen...Das Ohmsche Gesetz besagt also, daß das Ohr bei periodischen Schallvorgängen eine Art Fouriersche Frequenzanalyse vornimmt, indem es einen aus einzelnen Teilfrequenzen zusammengesetzten Klang in seine spektralen Komponenten zerlegt. Stärke und Frequenz dieser Komponenten sind dabei maßgeblich für die entstehende Gesamtempfindung. Das Ohr kann also aus einem Klang Stärke und Frequenz der einzelnen Teiltöne mehr oder minder gut heraushören, wobei jedoch die Phasenlagen der Teilschwingungen irrelevant für die subjektive Schallempfindung sind" (Rieländer 1980 S. 245). Es wird also das Amplitudenspektrum wahrgenommen.

Es waren Feldtkeller und Barkhausen, die feststellten, daß die Lautstärke eines Klanges gleich jener des lautesten Teiltones entspreche. Weniger laute, doch noch gut hörbare Teiltöne, die in der Frequenz um mehr als 20% von ihm abweichen, würden zur Lautstärke nichts mehr beitragen.

Die Tatsache der Frequenzgruppe (critical band) bildet in der neuen Hörforschung eine wichtige Erkenntnis, weil davon auszugehen ist, daß das Hören innerhalb dieser Frequenzgruppen gewissen Eigengesetzlichkeiten folgt, um deren Erforschung sich besonders Eberhardt Zwicker, dessen Lehrer Feldtkeller, sowie die Zwicker-Mitarbeiter Terhardt und Fastl verdient gemacht haben.

Das Konzept der Frequenzgruppe manifestiert sich im Phänomen der *Schwebung* und *Rauhigkeit*: zwei gleichzeitig erklingende Töne erscheinen mit zunehmender Frequenzunterschiedlichkeit als "rauh", bis sie als "verschieden" wahrgenommen werden; damit ist die Breite einer solchen Frequenzgruppe bestimmt.

Eine andere Methode verfährt folgendermaßen: Man wählt ein Rauschen, beispielsweise ein solches mit einer Mittenfrequenz bei 1000 Hz; dieses Geräusch erhält einen konstanten Lautstärkepegel. Dann bietet man einer Vp einen Ton von 1000 Hz mit demselben Lautstärkepegel an. Nun kann man das Rauschen in der Bandbreite systematisch variieren. Dabei wird man feststellen, daß ab einer bestimmten Bandbreite die Lautheit des Tones ansteigt. Dieser Anstieg signalisiert die Grenze der Frequenzgruppe; anders ausgedrückt: *Innerhalb einer Frequenzgruppe addieren sich die Lautheiten nicht*; eine Art von Addition findet jedoch dann statt, wenn das Rauschen sozusagen eine zweite Frequenzgruppe erfaßt und die dort registrierte Lautheit zur Lautheit der ursprünglichen Frequenzgruppe hinzuzählt. Für die Frequenzgruppen wurden von Zwicker die Werte der Tabelle 4.4. gemessen.

Tabelle 4.4: Die Frequenzgruppen nach Zwicker: Zusammenhang zwischen Tonheit z und Frequenz f, sowie zwischen Frequenzgruppenbreite Δf_G und Mittenfrequenz fm. Die zu den Mittenfrequenzen f_m gehörenden Tonheitswerte z sind ebenfalls angegeben. Die zu den Frequenzgruppenbreiten gehörenden Grenzfrequenzen f_u und f_o aneinander anschließender Frequenzgruppen entsprechen den in Spalte 2 angegebenen Werten (aus: Zwicker 1982, S. 52)

z	f_u,f_o	f_m	z	Δf_G	z	f_u,f_o	f_m	z	Δf_G
Bark	Hz	Hz	Bark	Hz	Bark	Hz	Hz	Bark	Hz
0	0				12	1720			
		50	0,5	100			1850	12,5	280
1	100				13	2000			
		150	1,5	100			2150	13,5	320
2	200				14	2320			
		250	2,5	100			2500	14,5	380
3	300				15	2700			
		350	3,5	100			2900	15,5	450
4	400				16	3150			
		450	4,5	110			3400	16,5	550
5	510				17	3700			
		570	5,5	120			4000	17,5	700
6	630				18	4400			
		700	6,5	140			4800	18,5	900
7	770				19	5300			
		840	7,5	150			5800	19,5	1100
8	920				20	6400			
		1000	8,5	160			7000	20,5	1300
9	1080				21	7700			
		1170	9,5	190			8500	21,5	1800
10	1270				22	9500			
		1370	10,5	210			10500	22,5	2500
11	1480				23	12000			
		1600	11,5	240			13500	23,5	3500
12	1720				24	15500			
		1850	12,5	280					

Die Skala der Frequenzgruppen wurde als *Tonheit z* bezeichnet; ihre Einheit ist als *bark*, zum Gedenken an Barkhausen, benannt worden.

Wie konnte man die Bedeutung von Frequenzgruppen für die Lautheitswahrnehmung belegen? Die entscheidenden Experimente gingen als Versuche zur Maskierung (masking) bzw. Verdeckung in die akustische Literatur ein. Darauf gehen wir kurz ein: Bei den Untersuchungen zur absoluten Hörschwelle bietet man einer Person in der Regel immer nur einen einzigen Ton bzw. ein Geräusch an; im Alltag jedoch finden wir immer auch Hintergrundgeräusche, denen wir nur selten unsere Aufmerksamkeit zuwenden, solange diese Geräusche leise sind und nicht stören. Sobald aber diese Geräusche lauter werden, beeinflussen sie das Hörvermögen sehr schnell; sie verringern die Lautstärke der Töne, denen die Aufmerksamkeit gilt und können sie schließlich verdecken, d.h. unhörbar machen. Die Kenntnis der verdeckenden Wirkung erscheint auch in der Praxis von erheblicher Bedeutung: Es gibt genügend Arbeitsplätze, bei denen bestimmte Tätigkeiten durch akustische Signale kontrolliert werden; bei der Gestaltung solcher Arbeitsplätze wird man deshalb von Anfang an darauf achten, unerwünschte Verdeckungen zu vermeiden.

Wie bauen wir einen Maskierversuch auf? Lindsay und Norman (1973, p. 253) beschreiben folgende Anordnung: Einer Versuchsperson werden binaural zwei Töne angeboten: (a) ein sog. Testton und (b) ein Maskierton (engl. masker). Für den Maskierton wird eine bestimmte Frequenz und Lautstärke festgelegt. Der Testton wird bezüglich der Frequenz konstant gehalten; dessen Lautstärke wird dann solange verändert, bis der Testton gerade noch gehört wird. Diese Prozedur wird für den Testton mit verschiedenen Frequenzen wiederholt. So erhält man Maskierkurven, die anzeigen, wie laut ein Testton bei verschiedenen Frequenzen sein muß, um in Gegenwart eines Maskiertones gerade noch erkannt zu werden. Ergebnisse eines solchen Maskierungsversuches sind in der Abbildung 4.22 enthalten:

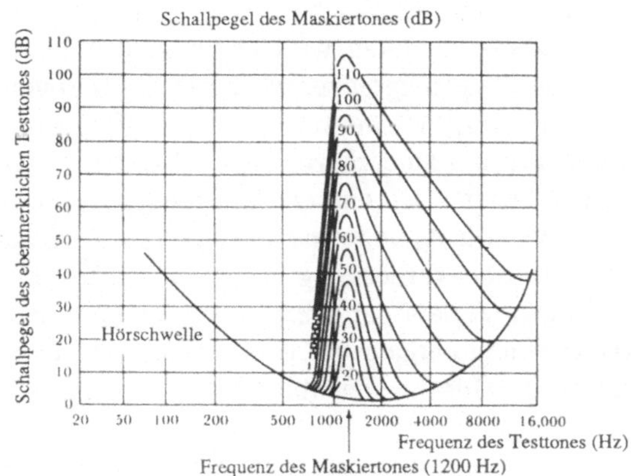

Abb. 4.22: Übersicht über die Wirkung von Maskiertönen aus der Erstauflage von Zwicker und Feldtkeller 1956, weitere Erläuterungen im Text (nach: Lindsay und Norman 1973, p. 254).

Die Abbildung 4.22 ist folgendermaßen zu lesen: Der Maskierton hat die Frequenz 1200 Hz und sein Pegel wurde von 20 bis 110 dB in Zehnerschritten verändert. Danach gilt beispielsweise: In Gegenwart eines Maskiertones von 1200 Hz und 110 dB müssen Testtöne folgende Werte erreichen, um in Gegenwart dieses Maskierers gerade noch erkannt zu werden: Ein Testton von 8000 Hz muß demnach einen Pegel von 50 dB, ein Testton von 4000 Hz einen von 70 dB und ein Testton von 800 Hz einen von 30 dB an der sog. *Mithörschwelle* aufweisen. Hier zeigt sich allgemein, daß der Maskierton bei Frequenzen über 1200 Hz eine viel größere Maskierwirkung als unter 1200 Hz besitzt.

Der Nachweis von Verdeckungskurven belegt folgenden Sachverhalt: Wenn man ein Geräusch hört, so enthält dieses verschiedene Frequenzgruppen, die sich teilweise verdecken; die Lautheit der einzelnen Frequenzgruppen treten also miteinander in Beziehung und produzieren nach den Gesetzen der Verdeckung eine *einheitliche* Lautheitswahrnehmung.

Welche Konsequenz hat die Existenz von Frequenzgruppen für die Berechnung der Lautstärke? Nach Kryter schlugen Churcher und King bereits 1937 vor, ein Geräusch in Oktaven zu zerlegen, diese Oktavpegel in Phon umzuwandeln und diese *Teillautheiten* zu addieren.

Die weitere Entwicklung ist bei Hellbrück folgendermaßen beschrieben: "Dieses Verfahren wurde von Stevens aufgegriffen, aber mit einer besonderen Gewichtung des jeweils dominanten Frequenzbandpegels versehen. Die Gewichtung ist hierbei abhängig von der Bandbreite. Das Stevens-Verfahren wurde, mehrfach modifiziert, in der Version Mark VI (Stevens 1961) vom International Standard Organization (ISO) für die Lautheitsberechnung aus Oktavpegeln empfohlen.

Das von Zwicker entwickelte Verfahren versucht die mit psychoakustischen Messungen begründeten Hörvorgänge unmittelbar nachzubilden. Es geht aus von dem Frequenzgruppenkonzept. Der bei Berücksichtigung des Übertragungsmaßes des Ohres (bedingt durch Kopfform, Gehörgang und Mittelohr) aus dem Frequenzgruppenpegel gewonnene Erregungspegel auf der Basilarmembran wird in Lautheit umgerechnet und bildet die *Kernlautheit* der jeweiligen Frequenzgruppe. Innerhalb des hörbaren Frequenzspektrums 20 Hz bis 16 kHz erhält man insgesamt entsprechend der Frequenzgruppen 24 Kernlautheiten. Diese Kernlautheiten sind zu ergänzen durch die sog. *Flankenlautheiten*, da aus Maskierungsexperimenten bekannt ist, daß der Erregungspegel auch benachbarte Bereiche der Basilarmembran beeinflußt, und zwar in stärkerem Maße in Richtung der höheren Frequenzen (asymmetrische Verdeckung; siehe auch Pics). Kern- und Flankenlautheiten bilden zusammen den Verlauf der *spezifischen Lautheit* und kennzeichnen damit die aktuelle Lautheitsverteilung entlang der Basilarmembran. Die Fläche unter diesem Kurvenverlauf liefert das Maß für die augenblickliche *Gesamtlautheit*" (Hellbrück 1986, S. 20).

Mit den Terzbandpegeln kann man näherungsweise die Frequenzgruppen erfassen; Frequenzgruppenfilter werden in der Akustik nicht serienmäßig gebaut, jedoch Terzfilter. "Terzfilter haben Bandbreiten, die im Frequenzbereich über 400 Hz verhältnismäßig mit den Bandbreiten der Frequenzgruppen übereinstimmen" (Zwicker und Feldtkeller 1967, S. 188).

Zur Verdeutlichung der Begriffe Kern- und Flankenlautheit sei hier noch erweiternd angefügt: Zwicker und Feldtkeller gehen in ihrer Theorie vom Bild der Basilarmembran aus, welche eine Fläche bildet: Beim Auftritt von Schall am Ohr werden bestimmte Teile (sie repräsentieren einzelne Frequenzbereiche) neural erregt (Kernbereich); die Empfindung, die dadurch ausgelöst wird, nennen sie Kernlautheit; daneben erregt der Schall jedoch - bildlich gesprochen - Bereiche rechts und links des Kernbereichs, oder genauer: Frequenzbereiche unter und über dem Kernbereich (untere Flanke und obere Flanke); die Empfindungen, die durch diese Flanken ausgelöst werden, nennen sie entsprechend untere Flankenlautheit und obere Flankenlautheit (vgl. dazu das Schema der Abbildung 4.23). Die Fläche zwischen Abszisse und Kurve umfaßt alle 3 Lautheiten in Form einer Gesamtlautheit.

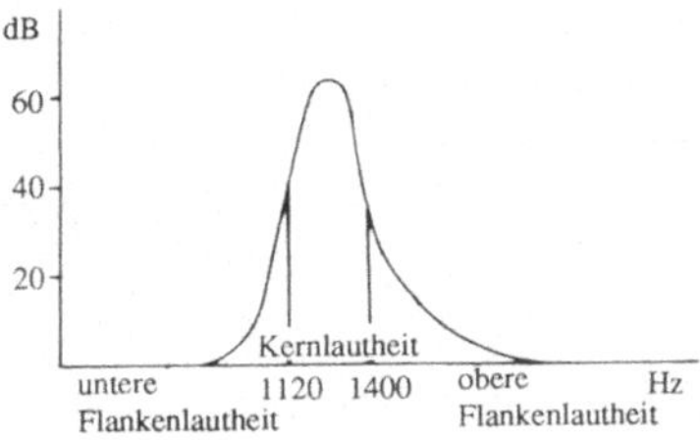

Abb. 4.23: Schema der Lautheit eines Tones innerhalb des Terzbandes 1120-1400 Hz.

Bei der Addition der 3 Lautheiten vereinfachen Zwicker und Feldtkeller (1967), indem sie die untere Flankenlautheit unberücksichtigt lassen und dafür bei der Kernlautheit eine Art von Ausgleich schaffen, wie das Schema in Abbildung 4.24 zeigt.

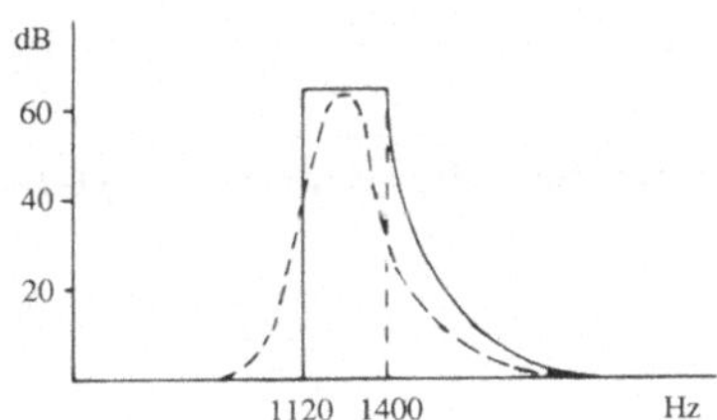

Abb. 4.24: Schema der Lautheit eines Tones innerhalb des Terzbandes 1120-1400. Vereinfachung der Lautheitsgestalt durch Weglassen der unteren Flankenlautheit, dafür "Flächen"ausgleich bei der Kernlautheit; die obere Flankenlautheit wird dem originalen Kurvenverlauf angepaßt.

Dieses Schema stellt die Grundlage zum Verständnis der Addition aller Teil-Lautheiten eines Geräusches dar, worauf wir nun genauer eingehen werden.

Das Konzept der frequenzgruppenspezifischen Behandlung der Lautheit von Geräuschen stellt einen wichtigen Grund dafür dar, daß die A-Bewertung eigentlich immer nur für schmalbandige Geräusche (innerhalb der Frequenzgruppen) zutreffen kann.

4.4.4.3 Das Berechnungsverfahren von Zwicker und Feldtkeller

Bei der Bewertung des Schalls nach Zwicker sind im einzelnen folgende Schritte zu unternehmen:

(a) Die Messung der Lautstärkepegel auf der Basis von Terzen; dazu benötigt man einen Terzpegelmesser, der entweder alle Terzen gleichzeitig (parallel) erfaßt oder der sequentiell Terz für Terz ausmißt; durch die Entwicklung der Meßtechnik wird man heute nur noch selten auf diese sequentielle Vorgehensweise zurückgreifen. Am Ende dieses Meßvorgangs hat man dann die dB-Werte jeder Terz. Angenommen seien zum Beispiel folgende dB-Werte für folgende Terzmitten:

Terzmitte	400	500	630	800	1000	1250	1600	2000	2500	3150
Dezibel	48	50	44	54	50	51	47	63	58	60

(b) Diese Werte überträgt man in ein vorgegebenes Diagramm bzw. eine Schablone zur Berechnung der Lautheit. Die Schablonen stammen von Zwicker; dabei muß man beachten, daß es sowohl für das ebene oder freie Schallfeld als auch das diffuse Schallfeld eigene Schablonen gibt. Die entsprechenden Schablonen finden sich sowohl in der Iso 532, p. 8-17 als auch in der DIN 45 631.

Angenommen in unserem Beispiel: Ein ebenes Schallfeld.

(c) Wir suchen in der obigen Werteliste den höchsten dB-Wert = 63 (für 2000 Hz Terzmitte).

(d) Unter den 5 vorhandenen Schablonen für das ebene Schallfeld wählen wir jene aus, in der bei 2000 Hz der Wert 63 dB möglichst weit oben auf der Skala steht (hier also möglichst nahe am oberen Rand der Schablone). In unserem Beispiel wählen wir also die 3. Schablone.

(e) In diese Schablone tragen wir nun alle Werte von (a) ein (siehe Abbildung 4.25).

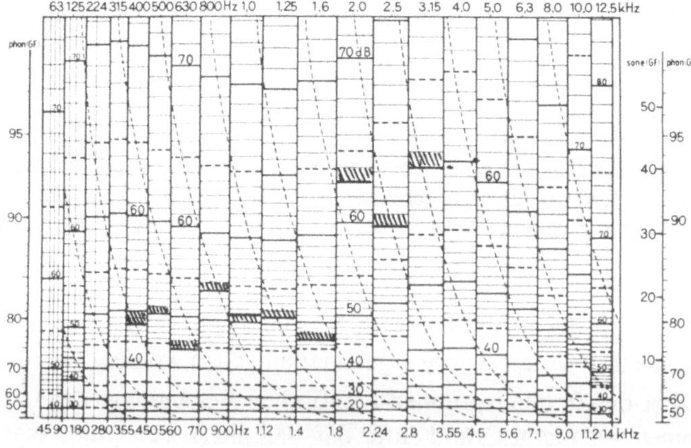

Abb. 4.25: Terzpegelwerte (Lautstärkepegel); gemessene Werte: /////

(f) Nun verbinden wir diese Werte, die wie Treppenstufen aussehen, auf folgende Weise miteinander (Abbildung 4.26): "Man zeichnet den Anstieg zu den horizontalen Strecken (an der unteren Grenzfrequenz) als senkrechte Linie. Den abfallenden Teil dagegen zeichnet man, indem man am rechten Ende der horizontalen Strecke (an der oberen Grenzfrequenz) ansetzt, als Parallele zu den im Kurvenblatt angegebenen gestrichelten Kurven, die der oberen Flankenlautheit entsprechen. Zusammen mit der Abszisse des Kurvenblattes erhält man so aus den gemessenen Terzpegelwerten eine stark umrandete

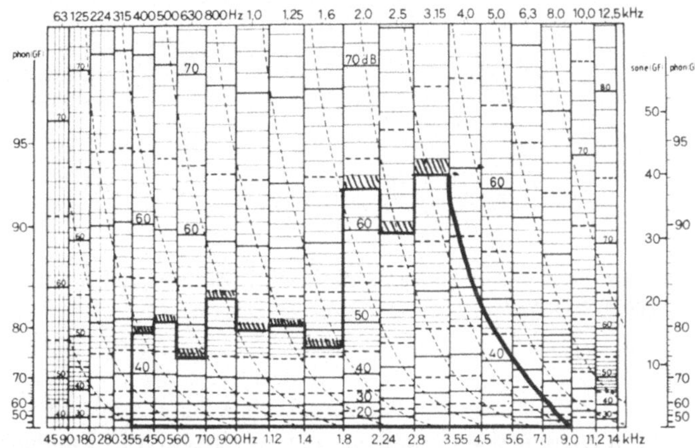

Abb. 4.26: Terzpegelwerte (Lautstärkepegel), in einer Fläche verbunden; gemessene Werte: /////

Fläche, die der Gesamtlautheit entspricht. Teil dieser Fläche entsprechen den Teillautheiten" (Zwicker und Feldtkeller 1967, S. 199). Es mag sich hier die Frage erheben: Warum wird nur der abfallende Teil (obere Flanke) zu den gestrichelten Kurven parallel gezeichnet? Wir verweisen nochmals auf die Erläuterungen der Kern- und Flankenlautheit weiter oben.

(g) Anschließend wird die umrandete Fläche integriert - und zwar nach Augenmaß; dieses etwas ungewöhnliche Verfahren erweist sich aber als von befriedigender Genauigkeit, vgl. dazu Abbildung 4.27. Integriert wird auf folgender Basis: Man überlegt, wie man die umrandete Fläche in ein Rechteck, das sich über die ganze Schablonenbreite erstreckt, hineinbringt, wie das Beispiel der Abbildung 4.27 zeigt.

(h) Den durchschnittlichen Lautheitswert kann man dann an den seitlichen Umrechnungsnomogrammen (sone$_G$/phon$_G$) ablesen. Die Ablesung kann sowohl in sone als auch in phon erfolgen.

Wir hatten weiter oben dargelegt, daß die Idee der Frequenzgruppen maßgeblich das Lautheitsberechnungsverfahren fundiert; wir hatten auch erwähnt, daß die Terzpegel die Frequenzgruppen annähernd abbilden; die Terzpegelanalyse stellt einen Ersatz der Analyse auf der Basis der Terzpegel dar. Wir zitierten Zwicker, wonach die Ähnlichkeit von Frequenzgruppen und Terzbreiten im Bereich zwischen Hörschwelle und 300 Hz nicht mehr gegeben sei:

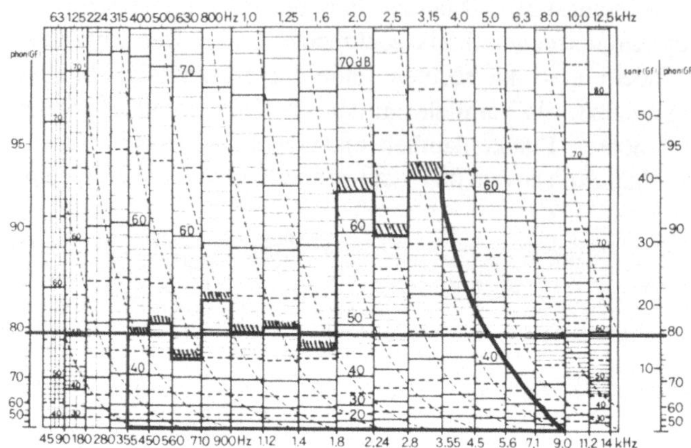

Abb. 4.27: Terzpegelwerte (Lautstärkepegel), in einer Fläche verbunden und zu einem Rechteck integriert; gemessene Werte: //////

Hier erweisen sich die Terzbänder als wesentlich schmaler als die Frequenzgruppen (hörmäßig würde man auf der Grundlage der Terzpegel die Lautheit überschätzen). Diesem Umstand kann man auf zweierlei Weise Rechnung tragen:
(1) Man mißt die dB-Werte in Oktaven (45/90, 90/180), weil diese Oktaven den Frequenzgruppen näher kommen. Die Frequenzen 180 bis 280 Hz (2 Terzen) werden zu einer Einheit zusammengefaßt. Da die Zwicker'schen Schablonen dafür schon ausgelegt sind, braucht man die Werte nur noch zu übertragen.
(2) Hat man der Einfachheit halber auch zwischen 1 und 300 Hz in Terzpegeln gemessen, so muß man diese Werte nun mithilfe eines Umrechnungsnomogramms (Abbildung 4.28) errechnen.

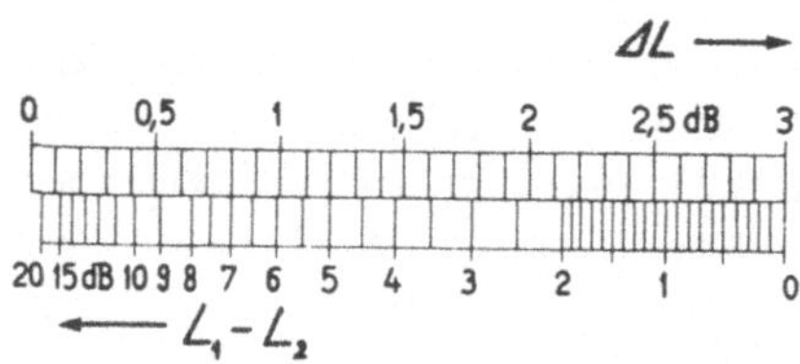

Abb. 4.28: Umrechnungsnomogramm für die Terzpegel unterhalb 300 Hz.

Angenommen: 3 Terzpegel zwischen 45 und 90 Hz mit jeweils 70, 73, 75 dB.
Verfahren:
- Wir bestimmen die Differenz zwischen den 2 Werten 75 und 73 dB = 2 dB. Wir lesen im Umrechnungsschema ab: $L_1(75) - L_2(73) = \delta L = 2,15$ dB

- Diesen Wert addieren wir zum größeren der beiden Werte L_1 und L_2, also: 75 + 2,15 dB = 77,15 dB.
- Den neuen Wert 77,15 dB setzen wir zum nächsten Wert 70 so in Differenz und erhalten 7,15 dB. Laut Umrechnungsschema erhalten wir 0,75 dB.
- Diesen Wert addieren wir zu 77,15 dB und erhalten damit 77,80 dB.

Alternativrechnung:

70 - 73 dB = 3 dB ergeben 1,77 dB Zuschlag, also: 73 + 1,77 = 74,77 dB. oder:

75 - 74,77 dB = 0,23 dB ergeben 2,9 dB Zuschlag, also 74,77 + 2,9 = 77,67 dB.

Die Differenz zwischen 77,80 und 77,67 in Höhe von 0,13 dB beruht auf der Ungenauigkeit der Ablesung vom Schema. Den so errechneten dB-Wert tragen wir in unserer Schablone ein.

Seit einigen Jahren existiert neben der graphischen Berechnung auch ein computerunterstütztes Verfahren von Paulus und Zwicker (1972), bei dem man nur die Terzpegelwerte einzugeben braucht. Brechbuehl und Nordby (1987) stellten nun einen tragbaren Lautheitsmesser vor, der es in Zukunft ermöglicht, nach der Zwicker'schen Methode Geräusche unter Echtzeitbedingung zu bewerten (Martin 1982); verschiedene Firmen, wie beispielsweise CORTEX electronic in Regensburg sowie HEAD acoustics in Aachen bieten die Geräte standardmäßig in Serienfertigung an. Eine hilfreiche Variation des Verfahrens wurde von Remmers angewendet: er bestimmte das absolute Gewicht der ausgeschnittenen Schablone mit einer Präzisionswaage; anschließend schnitt er die eingezeichnete Lautheitsfläche aus und wog diese, sodaß er recht genau den Anteil an der Gesamtfläche und damit die Lautheit zu bestimmen vermochte.

Wir fügen in der Tabelle 4.5 eine Gegenüberstellung einiger Symbole, Einheiten und deren Bedeutung ein, weil sie in der Literatur immer wieder Verwendung finden.

Tabelle 4.5: Übersicht über die Zuordnung von Symbolen, Einheiten und deren Bedeutung

Symbole	Einheit	Bedeutung
L_N	phon	Lautstärkepegel
L_{NG}	$phon_G$	berechnete Lautstärkepegel
N	sone	Lautheit (subjektiv gemessen)
N_G	$sone_G$	berechnete Lautheit
N'	$sone_G$/bark	spezifische Lautheit
	$sone_{GD}$	berechnete Lautheit im diffusen Schallfeld
	$phon_{GD}$	berechneter Lautstärkepegel im diffusen Schallfeld
	$sone_{GF}$	berechnete Lautheit im freien Schallfeld
	$phon_{GF}$	berechneter Lautstärkepegel im freien Schallfeld

4.4.4.4 Geltungsbereich der sone-Messung nach Zwicker

Die sone-Messung nach Zwicker gilt zunächst für Dauergeräusche (steady noises) und solche, die sich periodisch wiederholen (quasi-steady noises). Damit erheben sich 2 Fragen:

(1) Wie ist das Verfahren bei non-steady-noises (d. h. über die Zeit schwankende und veränderliche Geräusche - time variable sounds) anzuwenden?

Eine Antwort auf diese Frage lieferte Fastl (1977): Am Beispiel der gesprochenen Sprache, als dem Inbegriff eines Geräusches mit zeitlich schwankender Lautstärke, konn-te er zeigen, "daß die Lautstärke nach den Spitzenwerten, die in der Lautheits-Zeitfunktion auftreten, beurteilt wird" (Fastl 1977, S. 65) , wie auch die nachfolgende Abbildung 4.29 (Zwicker 1979) zeigt.

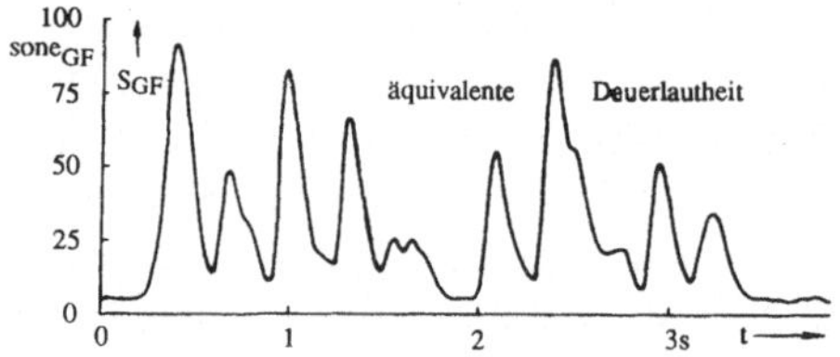

Abb. 4.29: Zeitverlauf der Lautheit, S_{GF}, gemessen mit dem Lautheitsmesser für Sprache als Zeitfunktion t; die entsprechende äquivalente Dauerlautheit (equivalent steady loudness) ist ebenfalls dargestellt (aus: Zwicker 1979, S. 226).

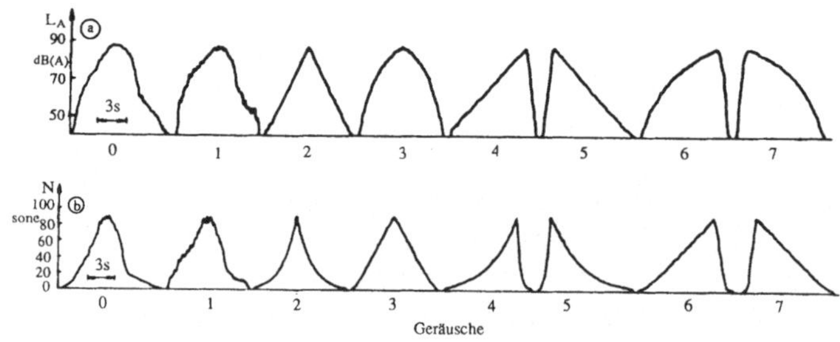

Abb. 4.30: Lautstärke- oder Lautheits-Zeitfunktionen von Testgeräuschen (a) A-bewertet, Fast, nach Iec 651 (b) Lautheit nach ISO 532 B (aus: Fastl 1987, fig. 1, p. 994).

Zwicker (1977) und später Fastl (1987) haben weitere Daten von Messungen an vorbeifahrenden Lastkraftwagen veröffentlicht. Dabei variierte er bei gleichem Maximalpegel die Zeitstruktur der Fahrt nach Möglichkeiten wie in der Abbildung 4.30.

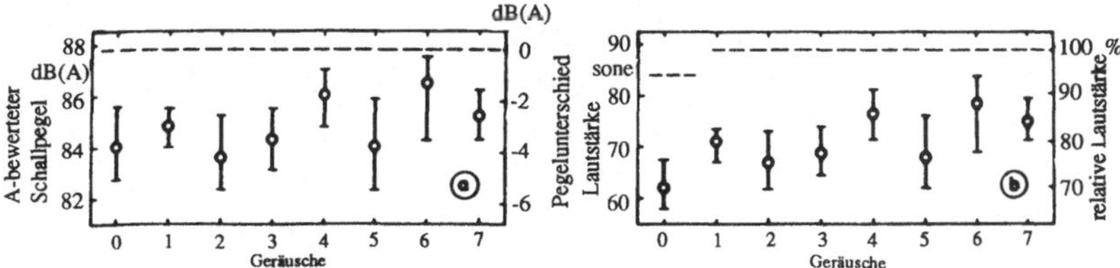

Abb. 4.31: A-bewerteter Lautstärkepegel (a) und Lautheit (b) eines kontinuierlichen Breitbandrauschens (Kreise), welche die gleiche äquivalente über die Zeit unveränderte Lautheit ergibt wie die Testgeräusche 0 bis 7 (aus: Fastl 1987, fig. 2, p. 995).

Diese Geräusche beurteilten die Vpn im Vergleich zu einem Breitbandrauschen. Auf diese Weise erhielt Fastl das Ergebnis der Abbildung 4.31.

Man erkennt hier sehr deutlich, daß die Geräuschstrukturen 4 und 6 als am lautesten bewertet werden; Fastl meint, daß unser Ohr bei Geräuschen, die mehrere Sekunden andauern, die Lautheit der ersten Sekunden schon wieder "vergessen" hat und nur noch den letzten Augenblick berücksichtigt.

(2) Gibt es irgendein Mittelungsverfahren, vergleichbar dem L_{eq}, mit dessen Hilfe man über Stunden und Tage den so bewerteten Schall messen kann? Zwicker hat schon 1977 selbst in einem Übersichtsreferat den Stand der Forschung zum Problem der Summation zeitlich schwankender Geräusche dargestellt.

Nitsche und Fastl (1987) widmeten sich auch dem Problem, welche zeitliche Abtastrate notwendig ist, um ein Geräusch, hier Fluggeräusche, hinreichend zu charakterisieren. Allerdings wird gegen die Adäquatheit dieses Verfahrens wiederum eingewendet: Da es sich um relativ lauter ähnlich konstruierte und nach der gleichen Flugorganisation (An- und Abflugvorschriften des Flughafens Düsseldorf) fliegende Zivilflugzeuge handele, sei der Tauglichkeitsnachweis nur beschränkt überzeugend. Ähnliche Einwände könnte man gegen die Arbeit von Fastl vorbringen: Sprache ist relativ gleichförmig über längere Zeit. Als Kritiker könnte man sich hier tatsächlich formal auf den Wortlaut der Iso R 532 beziehen, wonach das Verfahren zur Bewertung der "loudness of steady complex sounds" geeignet sei. Sich auf eine solche Formulierung zu berufen, würde jedoch nach fünfzehn Jahren weiterer Forschung als bloßes Kleben an Formalismen heißen.

Das Problem der zeitlichen Mittelung wird derzeit besonders intensiv von Fastl, Zwicker, Kuwano und Namba (1989) bearbeitet. Zu diesem Zweck ließen sie Straßenverkehrsgeräusche, welche sie mithilfe des Verfahrens von Zwicker bewerteten, 17 Minuten lang kontinuierlich nach der Lautheit beurteilen - und zwar nach der Methode eines Cross Modality Matching von Stevens: Hierbei hören die Versuchsteilnehmer das Geräusch und beurteilen dieses anhand eines Striches auf dem Bildschirm eines Computers; dabei bedeutet die Länge des Striches jeweils den Grad der Lautheit. Anschließend mußten sie die Insgesamt-Lautheit des Geräusches in einem Globalurteil einschätzen. Wenn man alle Lautheitsurteile mittelt, so erhält man ein mittleres Urteil über 17 Minuten. Diesem Urteil läßt sich ein mittlerer sone-Wert gegenüberstellen; dasselbe gilt für das Insgesamt-Urteil. Zunächst wird man annehmen, daß beide mittleren Urteile auf demselben sone-Wert liegen; in Wirklichkeit jedoch lag das Insgesamt-Urteil weitaus höher als das errechnete

Mittel über 17 Minuten. Woran mag dies liegen? Die Autoren vermuten, daß das Insgesamt-Urteil sich mehr an den lauten Perioden orientiert als an einem Mittelwert.

Auf der Grundlage dieser Befunde konnten die Autoren nun feststellen, wieviele sone-Werte über dem Insgsamt-Urteil liegen; sie fanden 5%, sodaß man sagen kann, daß das Insgesamt-Urteil ein LL_5 (ein 5%-Percentilpegel) die mittlere Lautheit am besten kennzeichnet; damit haben wir ein Verfahren zur Charakterisierung einer mitteleren Lautheit über längere Zeitperioden - so wie wir dies vom äquivalenten Dauerschallpegel für das A-bewertete Dezibel schon kennen.

Daß aber auch die so erfaßte Lautheit häufig nicht ausreicht, um die Lästigkeit eines Geräusches zu erfassen, hat Zwicker schon immer aufgezeigt und neuerdings wieder Anna Preis (1987): Wenn man mit einer scharfen Messerklinge auf Glas oder Metall schneidet, so mag dies zwar nicht laut sein, aber extrem störend; aus diesem Grunde schlägt sie vor, weitere Parameter in die Bewertung mitaufzunehmen, wie etwa die Berechnung der Schärfe und Rauhigkeit. Die Arbeit von Preis erscheint uns auch deshalb erwähnenswert, weil hier am Lästigkeitsurteil alle anderen Verfahren (L_{eq}, sone, PNL) validiert werden; das bedeutet: die Bewertungsmaßnahmen werden solange modifiziert, bis sie mit dem schlichten subjektiven Lästigkeitsurteil konform gehen. Daran erkennt man aber auch, daß man nicht genug Sorgfalt auf die Erfassung und Verarbeitung von Urteilen aufwenden kann. Ebenso wichtig erscheint jedoch die Aufgabe, diese Urteile auf dem Hintergrund von teilweise konkurrierenden Wahrnehmungs- und Urteilstheorien zu interpretieren. Nur auf diese Weise halten wir uns den Weg zu weiterer Forschung frei.

4.4.4.5 Erweiterung des Verfahrens durch Zwicker: Unbeeinflußte Lästigkeit

Auf dem Fünften Oldenburger Symposion zur psychologischen Akustik hat Zwicker (1990) eine wesentliche Erweiterung seines Verfahrens vorgestellt, um damit dezidiert nicht nur die Lautheit, sondern die Lästigkeit meßbar zu machen. Um von vorneherein dem Einwand von Psychologen zu begegnen, Aussagen über die Lästigkeit seien nicht nur sensorisch bedingt, sondern seien Produkte zahlreicher nicht-sensorischer Bedingungen, schränkte Zwicker die Gültigkeit seines Verfahrens auf die *unbeeinflußte Lästigkeit* ein; Zwicker definiert diesen Gültigkeitsbereich folgendermaßen: "Um hier weiterzukommen, wird aus dem allgemeinen Bedeutungsbereich der Lästigkeit derjenige Teil herausgegriffen, der entsteht, wenn (a) die Versuchsperson keine Beziehung zu der die Lästigkeit erzeugenden Schallquelle besitzt, (b) die Lästigkeit ausschließlich durch den Schall erzeugt wird und (c) die Versuchsperson unter beschreibbaren Randbedingungen (Schallfeldform, Zeitfunktion und Spektrum des Schalldrucks, Aktivität der Versuchsperson) am Versuchsablauf teilnimmt."

Das Berechnungsverfahren integriert gleichzeitig unterschiedliche Faktoren, welche sich in der psychoakustischen Forschung als relevant für die Lästigkeitsempfindung erwiesen haben: (1) *Lautheit*, (2) *Einfluß von Tages- und Nachtzeit*, (3) *Schärfe*, (4) *Zeitliche Schwankungen* des Schalls, (5) *tonale Komponenten*. Das neue Verfahren nannte Zwicker *Unbiased Annoyance (UBA)*, dessen Einheit das *au* darstellt.

Obwohl das Verfahren noch nicht umfänglich validiert ist, möchten wir zur Diskussion des Verfahrens vorweg einige Anmerkungen machen: Die Umschreibung des Gültigkeitsbereiches durch die Beschreibung des Begriffes unbeeinflußte Lästigkeit löst das schon mehrfach dargelegte Sprachproblem der notwendigerweise subjektiven Bedeutungsinterpretation durch den einzelnen betroffenen Hörer nicht hinreichend. Wie soll man nämlich in einer konkreten Situation entscheiden, ob die von Zwicker genannten Voraussetzungen gerade gelten oder nicht.

Dieser Einwand jedoch berechtigt nicht dazu, das Verfahren deshalb pauschal in seiner Bedeutung abzulehnen, solange man als Psychologe selbst noch keine schlüssige Theorie der Lästigkeit vorweisen kann; d.h. auch Psychologen wissen bis heute ebensowenig wie Zwicker, was Lästigkeit letztendlich bedeutet; sie wissen nur, daß auf Aussagen über Lästigkeit auch zahlreiche nicht-physikalische Faktoren Einfluß nehmen. Selbst innerhalb der Psychologie sind dazu unterschiedlichste Standpunkte erkennbar: Während die Vertreter der Moderatorkonzepte einige Bedingungen als allgemeingültig identifiziert haben wollen, meinen andere wiederum (Laucken und Mees 1987), daß jeder Mensch in einer konkreten Situation sich das Recht ausnimmt, auf dem Hintergrund seiner persönlichen Lebensgeschichte jeweils jene Faktoren ganz individuell zu bestimmen, welche zum Gefühl der Lästigkeit eines Geräusches beitragen. Damit kann beinahe jeder Gegenstand zum Anlaß einer Belästigung werden.

Der Vorschlag von Zwicker stellt nach unserer Auffassung vielmehr eine logisch-konsequente Weiterentwicklung mit Hilfe physikalischer Größen dar; dieses komplexe Lästigkeitsmaß ist eindeutig definiert; das ist der unbedingte Vorteil gegenüber anderen Definitionen; nun kommt es nur darauf an, die Leistungsfähigkeit des Verfahrens für bestimmte Anwendungsbereiche systematisch zu erforschen; unseres Erachtens bedeutet dieses Verfahrens einen erheblichen Fortschritt in der Schallbewertung, auch wenn einige Problemsituationen noch nicht gelöst werden können.
Auf diesem Wege sehen wir den Anspruch besser als bei Anna Preis eingelöst, die Lautheit von Zwicker für die Erfassung lästigen Schalls zu verwenden; sie schlug vor, den von Bowsher und Robinson (1962) eingeführten Begriff der 'intrusiveness' für die Charakterisierung der Zwicker'schen Lautheit zu verwenden.

4.4.4.6 Lautheitsmeßverfahren auf der Basis binauraler Meßtechnik

Aufbauend auf den Erkenntnissen des Buches über "Räumliches Hören" von Jens Blauert (1974) arbeiten derzeit verschiedene Forschergruppen an einer Erweiterung des Zwicker'schen Verfahrens (Genuit 1988 a und b, 1990); hierbei geht es um die Anwendung eines sehr entwickelten Kunstkopf-Meßsystems in Verbindung mit dem Lautheitsmeßverfahren. Genuit (1990) hat anläßlich des Fünften Oldenburger Symposions zur psychologischen Akustik den Unterschied zwischen konventioneller Meßtechnik und der binauralen Kunstkopf-Aufnahmetechnik, welche dem menschlichen Gehör weit mehr entspricht, sehr übersichtlich dargelegt; Ergebnisse dieser Forschung sind derzeit noch nicht veröffentlicht - bis auf einige Einzelbeispiele bei Genuit; durch den Zusammenschluß mehrerer Gruppen (Blauert, Genuit, Jansen und Mellert) im Projekt "*Entwicklung einer Meßtechnik mit Berücksichtigung der psychoakustischen Eigenschaften des Nachrichtenempfängers 'Menschliches Gehör' zur physiologischen Bewertung von Lärmein-*

wirkung: Untersuchung der binauralen Lautheit" sind jedoch in den nächsten Jahren weitere Allgemeinerkenntnisse zu erwarten.

4.4.4.7 Vergleich der Verfahren

Zwicker (1966) selbst hat sein Verfahren mit jenem von Stevens verglichen und festgestellt, daß im Durchschnitt die Werte seines Verfahrens 5 dB über jenen von Stevens liegen. Natürlich wird man am Schluß einer solchen Darlegung auch fragen, welches Verfahren sich nun am besten für die Bewertung welcher Geräusche eignet (vgl. Scholes 1970, p. 12). Zwicker selbst (1979) hat für verschiedene Geräusche die größere Leistungsfähigkeit seines Bewertungsverfahrens demonstriert.

Das Verfahren von Stevens (Mark VI) ist für ein diffuses Schallfeld gültig, während die Methode von Zwicker für diffuse *und* freie Schallfelder anzuwenden ist. Mark VI von Stevens berücksichtigt zwar die einzelnen Lautheiten von Frequenzbändern, nicht jedoch die Maskiererscheinungen in so differenzierter Weise wie das Verfahren von Zwicker. Während bei Zwicker die Maskierung asymmetrisch verläuft, ist sie bei Mark VI symmetrisch; d.h. es wird angenommen, daß der Höchstwert in einem Geräuschspektrum nach beiden Seiten in gleicher Weise die Lautheiten verdeckt - wie man ja am Rechenbeispiel erkennen kann. Mark VI unterscheidet sich außerdem von jenem Zwickers insoweit, als Mark VI für Terz- oder Oktavpegel als Standard den Ton 1000 Hz bei 34,5 dB mit 1 sone definiert. Aus diesem Grunde liegen die Meßwerte desselben Schalls nach Zwicker und Mark VI oft 3 bis 5 phon auseinander (Kryter, p. 253).

Nach ISO 532 eignet sich das Verfahren von Stevens dann, wenn das Frequenzspektrum eines Geräusches besonders kontinuierlich beschaffen ist, während die Terzbandanalyse von Zwicker bei diskontinuierlichen Frequenzspektren angezeigt ist, weil Terzbänder ein diskontinuierliches Spektrum differenzierter erfassen als eine Oktavanalyse.

Aus *planungstechnischer* Sicht erscheinen die Unterschiede zwischen den Verfahren unbedeutend. Insbesondere bei der Fluglärmbewertung scheint jedoch das Verfahren von Zwicker sowie das von Robinson modifizierte Stevenssche Verfahren bevorzugt zu werden.

Die Verfahren von Stevens und Zwicker aus der Sicht der psychologischen Akustik: Während noch die Schöpfer der A-Bewertung davon ausgingen, daß zwischen Reizgröße und Urteil eine logarithmische Beziehung im Sinne von Fechner existiere, kritisierte Stevens diese Unterstellung und ersetzte diese Beziehung durch eine Potenzfunktion.

Eine genauere Analyse der Ergebnisse jedoch legt nahe, die Gültigkeit dieser Potenzfunktion ebenso in Zweifel zu ziehen. Man könnte sagen: Diesbezüglich scheint das Verfahren von Zwicker an die Theorie von Stevens gebunden; historisch gesehen, hatte Zwicker auch keine echte Alternative. Darauf werden wir weiter unten noch eingehen, weil es nach unserer Meinung darauf ankommt, diesen Teil der Zwicker'schen Theorie gerade auch aus der Sicht der psychologischen Bezugssystemforschung weiterzuentwickeln (Ansatz von Heller und Hellbrück).

Wiewohl man Zwickers Kritik am dB(A) grundsätzlich zustimmen wird, so muß man eine Entscheidung für oder gegen eine dB(A)-Bewertung danach differenzieren, ob man unter Planungsgesichtspunkten oder mehr *grundlagenforschungsorientiert* mißt. Für die

Grundlagenforschung wird man das Zwickersche Verfahren in Zukunft noch mehr in Erwägung ziehen, zumal die meßtechnische Seite einfacher geworden ist. Außerdem wird man sich auch bewußt sein, daß das Verfahren von Zwicker auch empirisch und theoretisch am breitesten fundiert ist - noch mehr als die Methoden von Stevens - und zwar durch die Beachtung der Gesetze der Maskierung und der kritischen Frequenzbänder, sowie außerdem durch die Alltagsnähe der Hörsituation (eine Mischung zwischen diffusen und freien Schallfeldern).

Was den Vergleich des A-bewerteten äquivalenten Dauerschallpegels mit dem Verfahren Zwickers betrifft, so meinte Theodore Schultz: "...Wenn man die Bewertungsverfahren mit der subjektiven Reaktion korreliert und vergleich, so erweist sich keine Skala und kein Verfahren auf Dauer als signifikant gültiger als der A-bewertete Lautstärkepegel" (1972, p. 16). Diese Aussage hat Schultz (1982) nicht revidiert, obwohl gerade in diesen zehn Jahren seit Erscheinen der ersten Auflage viele Untersuchungen veröffentlicht worden sind. Angesichts solcher Ergebnisse wird sich natürlich ein Planer und Gesetzgeber schwerlich dazu bewegen lassen, ein neues Meß- und Bewertungsverfahren einzuführen. Man vermag sich die finanziellen und organisatorischen Folgeprobleme einer solchen Umstellung kaum auszudenken: *neue und teuerere Meßgeräte, differenziertere und aufwendigere Meßverfahren, Personalumschulungen* im größten Ausmaß, *Neuinstruktion aller Beteiligten* (Verursacher und Betroffene), *neue Grenzwerte* (vgl. dazu die Bemerkungen von Schreiber 1984, S. 150 anläßlich des Abschlusses der DIN 18 005), neue internationale Abstimmungsverhandlungen. Gummlich (1989, S. 111) hat aus Verwaltungssicht die Gesichtspunkte einer möglichen Umstellung von Bewertungsverfahren erläutert.

Gewiß handelt es sich hier um lauter schwerwiegende Argumente gegen jede Änderung; demgegenüber äußern aber in letzter Zeit die Lärmbetroffenen wenig Verständnis für solche Gründe (so beispielsweise Beckers 1987, S. 37, für die Fluglärmbetroffenen). Ein nicht gehörgerechtes Meßverfahren für die Lautstärke kann aber eben bedeuten, daß lärmarme Konstruktionen nicht optimal die Lautstärke reduzieren, sondern vielleicht nur den dB(A)-Wert; auf diese Weise können sehr leicht auch falsche Orientierungen für Schallschutzmaßnahmen zustandekommen.

Als wesentlich aussichtsreicher beurteilen wir die Chance des Zwicker-Verfahrens, aber auch anderer Bewertungsverfahren, in solchen Bereichen, bei denen es darum geht, einer einzelnen Person die größtmögliche Hörhilfe zukommen zu lassen; ein solches Feld eröffnet sich in der klinischen Forschung, insbesondere in der Audiologie, beispielsweise bei der Konstruktion und Anpassung von *Hörgeräten* und *Hörhilfen*. Eine Bestätigung dieser Meinung mag man in dem Beitrag von Fastl (1987) erblicken, in dem er die Nützlichkeit des Zwicker'schen Lautheitsmessers nachweisen konnte. In der Geschichte der Schallbewertung stellt ein solches Ansinnen keine Besonderheit dar, weil sich die Bewertungsvorschläge seit vielen Jahren dahingehend differenziert haben, daß die Bewertungsmethoden zunehmend geräusch- und situationsspezifischer werden. Dies bedeutet aus unserer persönlichen Sicht: Eine Psychologie, die sich neue Bewertungsgrundsätze und Bewertungsverfahren zum Gegenstand macht, sollte dies weniger unter umweltplanerischer Sicht als audiologischer Sicht tun.

Allerdings darf die geringe politische Akzeptanz eines neuen Bewertungsverfahrens nicht das Ende für eine derartige Bewertungsforschung darstellen, zumal sich der A-bewertete energieäquivalente Dauerschallpegel immer wieder als unzureichend erweist. Infolgedessen werden dann Vorschläge unterbreitet, wie: verschiedene Bewertungsmaße miteinander zu kombinieren oder auch für die unterschiedlichen Belastungssituationen unterschiedliche Zu- und Abschläge einzuführen (Impuls-Ton-Tageszeit); die Gefahr einer derartigen Denkweise lauert u.E. in einer Kasuistik, zu deren Analyse man der Fähigkeit jesuitischer Beichtkunst bedarf. Große Teile der Beurteilungsverfahren würden sich durch das Zwicker'sche Verfahren erübrigen. Kurz gesagt: Je mehr wir Belastungssituationen individualisieren, umso mehr erscheint ein Bewertungsverfahren gefordert, das gehörmäßig adäquat ist und keine weiteren Situationsdifferenzierungen notwendig macht.

Das Verfahren von Zwicker erhebt diesen Anspruch. Für einige Belastungssituationen hat es seine Bewährungsprobe bestanden; für andere Bereiche jedoch steht die Bewährung noch aus. Obwohl politisch und in Normenvereinigungen dafür zur Zeit keine Bereitschaft zu erkennen ist, erscheint uns weitere Forschung geboten. Wir könnten uns jedoch vorstellen, daß z.B. für die Bewertung von Fluglärm das Verfahren von Zwicker ohne Probleme praktizierbar wäre, da damit sowieso nur einzelne Meßstellen und ein übersehbarer und verwaltbarer Personenkreis befaßt sind.

Daß man an der gänzlichen Erlebnisadäquatheit des Zwicker'schen Verfahrens trotzdem zweifeln kann, ein solches Bedenken wird man dem Psychologen nicht verübeln. Das Zwicker'sche Verfahren ist das Ergebnis einer bestimmten Auffassung von Psychophysik - aber es ist nicht die einzige. Und über diese andersartigen Theorien wird man ebenso nachzudenken haben. Welche Sachverhalte erscheinen uns am Verfahren von Zwicker, natürlich auch jenem von Stevens, hinterfragenswert? Gemäß der Logik wissenschaftlicher Forschung gilt es, dieses Verfahren weiterzuentwickeln. Welche Teile erscheinen uns dafür infragezukommen?

(a) Sowohl bei Stevens als auch Zwicker stellen die Isophone eine basale Grundgegebenheit dar; logischerweise können die beiden Verfahren nur insoweit gültig sein, als die Isophon-Werte stimmen. Wir haben jedoch schon bei der Behandlung der Isophon-Skala dargestellt, welche unbeantworteten Fragen sich heute dabei stellen. Daß die Isophon-Werte genauer zu ermitteln wären, darauf hat Zwicker selbst schon sehr früh hingewiesen und auf Änderung gedrängt. Die Forschung dazu läuft heute weltweit.

(b) Beide Verfahren verwenden auch die sone-Skala und rechnen ihre Summenlautheiten nach Iso R 131 in phon um. Wie gültig ist aber die sone-Skala? Auf diese Frage werden wir wenigstens in einigen Sätzen eingehen, weil damit u.E. auch der Schlüssel zu einer denkbaren Weiterentwicklung der Methode von Zwicker gegeben sein könnte.

Hellbrück (1988) hat in einer gründlichen Analyse der bisherigen Literatur die wichtigsten Kritikpunkte an der Sone-Skala zusammengestellt: Im Verweis auf die Analyse von Moore (1982) meint er: "Die Kritik betrifft vor allem Fragen nach der Aussagekraft der mit Verhältnisskalierung gewonnenen Lautheitsskala. Die inhaltliche Aussagekraft der Sone-Skala wurde in ähnlicher Weise auch von Sader (1966) in Zweifel gezogen. Er belegt dies mit einer Zusammenstellung von 177 Versuchsreihen, die zur Lautheit durchgeführt wurden. Derzufolge variierten die Gruppen-Mittelwerte des jeweiligen Schallpegelzuwachses, der zu einer Verdopplung der Lautheit notwendig ist, zwischen 2 und 24 dB. Darüber hinaus bestehen Unklarheiten bezüglich des richtigen Mittelwertes. Einige Psychoakustiker, wie Warren (1970), erhielten Exponenten von 1. Dies bedeutete, daß die Lautheit proportional dem Schalldruck wäre. Eine Verdopplung der Lautheit entspräche dann einem Schallpegelzuwachs von 6 dB." Heller (1985, S. 480) bemerkte hierzu sehr bildhaft "Wenn die Exponenten in einer Sinnesmodalität zwischen Personen so differenzieren, könnte man etwas ironisch formulieren, daß die eine Versuchsperson mit den Ohren sieht, die andere damit Gewichte hebt."

Welcher mögliche weiterführende Weg bietet sich hier an? Ohne bisher den empirischen Beweis geführt zu haben, geht unser Vorschlag dahin, die *Verhältnislautheit* oder *Vergleichslautheit* (in der Akustik mittlerweile als die "Lautheit" definiert) durch Verfahren der *Absolutlautheit* (Heller), *kategorialen Lautheit* oder *absoluten Größenschätzung* im Sinne von Canevet (1986) zu ersetzen. Warum? Während Stevens auf der Basis der Verdopplung Psychoakustik betrieb, arbeitet das Institut von Otto Heller in Würzburg auf der Basis kategorialer Urteile; die Bedeutung dieses Ansatzes ist leider weder in der Akustik - auch nicht in der traditionellen Psychoakustik - noch in der Psychologie erkannt und gewürdigt worden. Man sollte den Satz eines Pioniers der Elektroakustik, nämlich Ulrich Steudel (1933, S. 127) immer wieder zitieren: "Interessant ist, daß man ebenso wie ein absolutes Gehör für Tonhöhen auch ein solches für Lautstärken üben kann. Ich kann nach den vielen Messungen mit ziemlicher Sicherheit die Lautstärke eines Schalles ohne irgendeinen Vergleich auf 5 Phon genau angeben." Diese Erfahrung nehmen wir als unbeabsichtigte Bestätigung der Idee der Zuverlässigkeit und Gültigkeit absoluter Urteile.

Bei der Frage, welches Bewertungsverfahren sich als das validere bzw. tauglichste erweise (Zwicker spricht vom "gehör-richtigen"), kommt dem subjektiven alltäglichen Kategorienurteil eine besondere Bedeutung zu, weil Personen meist in dieser Form Auskunft erteilen; aus diesem Grund geschieht eben die Validierung von Bewertungsverfahren an diesem Urteil. Demonstrationen dieser Art finden ja immer wieder statt, wenn beispielsweise auf Tagungen und Kongressen die Verfechter von Bewertungsverfahren und deren Gegner dem Publikum Geräusche vorführen und anschließend um Abstimmungen bitten. So bleibt die sich selbst beantwortende Frage: Soll der Maßstab *weniger valide* sein als jenes, was damit gemessen wird? Uns stellt sich die derzeitige Situation so dar: Während die Verfahren zur Lautheitsbewertung beispielsweise auf Magnitude Estimation-Basis gewonnen wurden, erfolgt deren erneute Bewährungsuntersuchung mithilfe von Kategorienskalen (vgl. dazu beispielsweise Yu 1987; Suzuki, Kono und Sone 1987). Gegen diese Vorgehensweise ist nichts einzuwenden, solange die Interpretation der Validierungskoeffizienten sowohl die Eigenart des Magnitude Estimation, oder allgemeiner der Urteilssituation, berücksichtigt und gleichzeitig bedenkt, daß kategoriale Urteile nicht einfach wörtlich zu verstehen sind, sondern nur auf dem Hintergrund eines komplexeren Bedingungsgefüges; hier tun sich der psychologischen Akustik noch große, aber auch schwierige Aufgaben auf. Sarris und Musahl (1984) haben auf dem Dritten Oldenburger Symposion zur Psychologischen Akustik die Situation treffend beschrieben: "Zum gegenwärtigen Zeitpunkt hat aber die Benutzung von Ratingskalen - im Vergleich etwa zu der von Größenverhältnisschätzskalen - zumindest den folgenden wichtigen Nachteil: Während Stevens und seine Schüler die Größenverhältnisschätzmethode systematisch untersucht haben und dabei zu einer Standardisierung vieler ihrer Skalen vorgedrungen sind, stehen - demgegenüber - systematische Standardisierungs-Untersuchungen für die Ratingskala bis heute völlig aus. Letztere Tatsache dürfte dadurch zu erklären sein, daß sich bis heute nicht nur der Grundlagenforscher, sondern auch und gerade der Anwendungsforscher für die Benutzung der Ratingskala wenig interessiert hat. Die weitgehende

Vernachlässigung der 'Methode des Absoluturteils' (Ratingskala) sollte jedoch gerade aufgrund der hier herausgestellten Vorzüge dieser Skalierungstechnik in zukünftigen Arbeiten aufgegegeben werden. Systematische experimentelle Studien in der Psychoakustik, die bezugssystemtheoretische Prämissen in den Untersuchungsansatz mit einbeziehen, könnten - wie hier gezeigt - dazu einen wichtigen Beitrag leisten" (S. 112 f.).

Eberhard Zwicker gehört gewiß zu jenen, die jenen von Sarris und Musahl erwähnten Methodenstand erreicht haben und dem es gelungen ist, das Problem der Schallbewertung weitgehend für alle Schallereignisse nach dem gleichen Prinzip zu lösen; eine solche Lösung steht für die Absoluturteile noch aus; soweit erkennbar, könnte vielleicht das von Berglund und Berglund (1981) entwickelte *Master-Scaling* einen Weg aufzeigen; hierbei wird die Lästigkeit eines Geräusches zur Lästigkeit eines breit untersuchten Standardgeräusches , dem sog. Master, in Beziehung gesetzt. Allerdings befinden sich die Wanderer mehr am Anfang als am Ziel ihres Vorhabens.

4.4.5 Perceived Noise Level nach Kryter

Während das $sone_{total}$ bei Stevens und das $sone_G$ oder $phon_G$ bei Zwicker die Lautheit thematisiert, wollte Kryter die Lästigkeit des Schalls allgemeiner und weiter definieren; darauf sind wir weiter oben schon eingegangen. Die Ideen Kryters fanden im Perceived Noise Level (PNL oder L_{PN}) ihren Niederschlag, dessen Einheit das noy darstellt.

4.4.5.1 Einige historische Anmerkungen zur Entstehung des PNL

Wie viele andere Bewertungsansätze, so galt auch das Bemühen Karl Kryters der adäquaten Bewertung des Fluglärms. Schultz (p. 31) legt dar, daß das 1957 vorliegende Mark II von Stevens (es fand ja in Mark VI 1962 und Mark VII 1972 eine endgültige Form) sich als recht brauchtbare Basis für die Bewertung des Schalls von Propellerfleugzeugen eignete, so unterschätzte es aber doch den Lärm von Düsenflugzeugen: zwischen 6100 und 9000 Hz liegen bei diesen die Kurven gleicher Lästigkeit 5 bis 10 dB tiefer als die Kurven gleicher Lautheit. Das bedeutet: Bei hochfrequenten Geräuschen kommt es durchaus zu einer *Differenzierung von Lautheit und Lästigkeit*.

Kryter führte verschiedene Untersuchungen durch und veröffentlichte 1959 seinen Vorschlag; in diesem Vorschlag übernahm Kryter das gesamte Berechnungsverfahren von Stevens Mark II bzw. Mark VI - mit einem Unterschied: Lästigkeit ersetzte die Lautheit; außerdem diente bei der Ermittlung der noy-Kurven ein Oktavbandrauschen mit 1000 Hz Mittenfrequenz als Standardgeräusch, während sonst ein 1000 Hz-Ton als Standard Verwendung fand. Der vorliegende Vorschlag erschien jedoch als verbesserungswürdig; deshalb veröffentlichten Kryter und Pearsons (1963) eine zweite Version. In dieser Version waren auch Frequenzen über 6000 Hz berücksichtigt; ebenso konnte man reine Töne innerhalb des Spektrums besonders berücksichtigen. Hierin unterscheidet sich das Verfahren von jenem Stevens'. Dieses Bewertungsmaß führte auch zur Einführung der schon erwähnten D-Bewertung. Kryter modifizierte zwischen 1964 und 1970 sein

Bewertungsmaß noch mehrere Male - insbesondere den Teil zur Erfassung der Tonhaltig-keit von Geräuschen. Die Ergebnisse der Forschung von Kryter und seiner Schule und teilweise die Ergebnisse von Little fanden ihren Niederschlag in verschiedenen Iso -Nor-men: Iso D 3891 "Procedure for Describing Aircraft Noise heard on the Ground" und Iso 1960 "Procedure for Describing Aircraft Noise Around an Airport" vom November 1968. In diesen Verfahren blieb jedoch das Problem der zeitlichen Dauer von Schallereignissen ungelöst; deshalb machte Kryter 1968 auch dazu verschiedene Lösungsvorschläge.

4.4.5.2 Zum Verfahren von Kryter

Man ermittelt die Oktavpegel wie bei $sone_{total}$ (siehe Kap. 4.4.1 und 4.4.2) und liest aus der Abbildung 4.32 die noy-Werte in den einzelnen Oktaven ab.

Tabelle 4.6: Gegenüberstellung von dB und noy

Oktavmitte	63	125	250	500	1000	2000	4000	8000
gemessen in dB	48	55	62	78	49	35	20	25
in noy	0,1	1,4	3,7	14,0	1,9	1,3	0,4	0,1

$$noy_{total} = 1 \text{ Höchstwert} + 0,3 \text{ (Summe der übrigen Werte)}$$
$$= 14 + 0,3 \, (8,9) = 14 + 2,67 = 16,67$$

Nach der Tabelle 4.3 ergibt dies einen dB(PN) = 80,5.

Die Abbildung 4.32 zeigt, daß eine Verdopplung des noy-Wertes zu einem Zuwachs von 10 dB(PN) führt.

4.4.6 Vergleich der dB(A)-Bewertung mit der Lautstärke nach Zwicker, Stevens und Kryter

Vergleicht man einmal die Bewertungkurven, dann erkennt man bei der noy-Bewertung eine gewisse größere "Strenge" um 5000 Hz; da Flugzeuge in diesem Bereich ausgepräg-te Spektren haben, hat sich die noy-Bewertung bei der Bewertung von Fluglärm beson-ders bewährt. Wir erinnern hier nochmals an die D-Bewertung, welche aus der 40-noy-Kurve Kryters abgeleitet worden ist. Eine Faustregel zur Berechnung der D-bewerteten Schallpegel oder dB(PN) lautet: dB(PN) = Phon + 12 dB. Gegenüber der A-Bewertung fällt die dB(PN)-Bewertung je nach Geräuschspektrum 5 bis 15 dB höher aus.

Es gibt seitens der Schule von Zwicker verschiedene Vorbehalte gegen die dB(A)-Be-wertung: Sie berücksichtige das Gesetz der Frequenzgruppen (sogenannte Frequenzse-lektivität) nicht: "Bei der Messung des A-bewerteten Schallpegels wird lediglich die fre-quenzabhängiger Empfindlichkeit des Gehörs für schmalbandige Schalle bei niederen Schallpegeln nachgebildet, zahlreiche weitere Gehöreigenschaften bleiben aber unbe-rücksichtigt" (Zwicker und Fastl, 1986, S. 62).

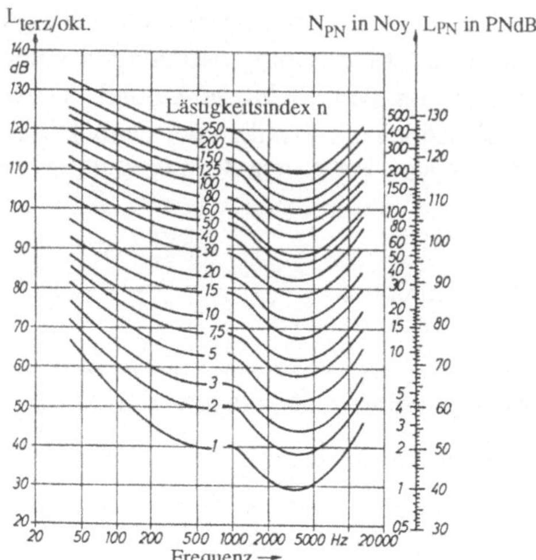

Abb. 4.32: Die noy-Kurven von Kryter (aus: Schuschke, S. 22) Genauere Werte liefern die Umrechnungstabellen in den Normen, aber auch im Anhang zum Göttinger Fluglärmgutachten von Bürck, Grützmacher, Meister, Müller und Matschat (1965, S. 212).

Nun konnten aber Lübcke, Mittag und Port (1964) in einem Vergleichsversuch zeigen, daß zwischen der A-Bewertung und dem lautheitsbewerteten sone von Zwicker konstant über die unterschiedlichsten Geräuscharten von Verbrennungskraftmaschinen und Gasturbinen sich ein Unterschied von ca. 15 dB ergab, sodaß man folgern konnte: Die Geräusche werden von beiden Verfahren in dieselbe Rangfolge gebracht, wie die nachfolgende Abbildung 4.33 verdeutlicht.

Nicht zurückweisen kann man jedoch die mangelnde Berücksichtigung der spektralen Gestalt eines Geräusches bei der Lautheitsbewertung; zu welchen Ungereimtheiten dies führen kann, zeigt die Abbildung 4.34.

Im linken oberen Teil der Abbildung 4.34 ist der Lautstärkepegel eines Terzrauschens (Mitte: 1000 Hz) mit 74 dB(A) abgebildet; daneben abgebildet ist ein breitbandiges Rauschen, dessen Pegel auch 74 dB(A) beträgt. Der unterer Bildteil zeigt dieselben Geräusche, nun aber sone-bewertet; hiermit zeigt sich, wie sehr das sone differenziert. Zwicker und Fastl (1986, S. 62 f) weisen nach, wie man dieses Prinzip mißbrauchen kann.

Man paßt beispielsweise den Schall eines Motorrades genau der A-Bewertung an; dieses wird dann lauter und hält trotzdem die Normen ein.

Eine eindrucksvolle Bestätigung dieses Befundes teilte Fastl (1988) mit: Bei Bewertung der Mofa-Geräusche mit dem Zwicker-Verfahren konnten die oben angesprochenen üblichen Diskrepanzen zwischen subjektivem Lästigkeitsurteil und dB(A)-Wert aufgeklärt werden; d.h. die Lautheit nach Zwicker erwies sich als näher am Phänomen "lästig"; ähnliche Befunde scheinen auch für Drucker von Computern zu gelten.

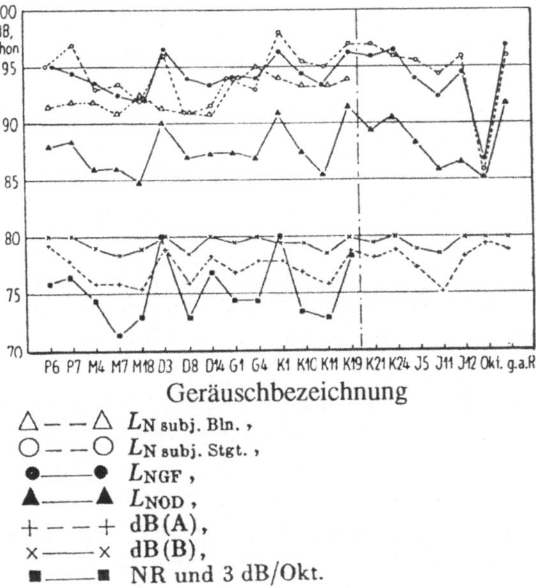

Abb. 4.33: Vergleich zwischen den in Berlin mit dem Kopfhörer und in Stuttgart im ebenen Schallfeld gemessenen subjektiven Lautstärken der Maschinengeräusche mit den nach objektiven Verfahren ermittelten Werten; der Schallpegel betrug bei allen Geräuschen L = 80 dB (aus: Gummlich 1989, S. 109; sowie Lübcke, Mittag und Port 1964, S. 112).

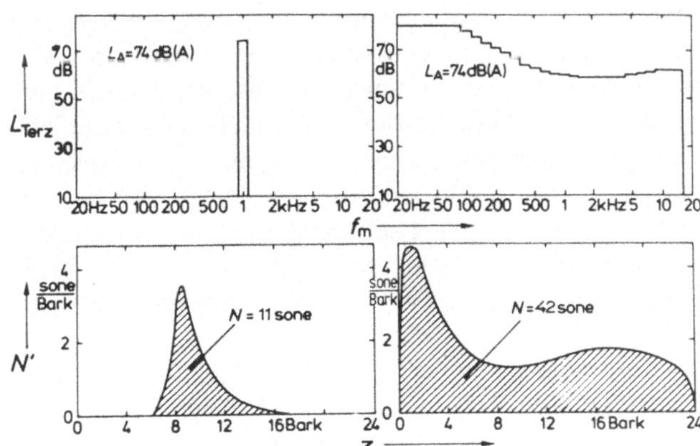

Abb. 4.34: Terzpegel-Spektren (oben) und Lautheits-Tonheitsmuster (unten) von einem schmalbandigen Schall (Terzrauschen bei 1 kHz) und einem breitbandigen Schall (Breitbandrauschen mit inverser A-Bewertung) mit gleichgroßem A-bewerteten Schallpegel LA von 74 dB(A). Die Lautstärkeempfindung N (entsprechend der schraffierten Flächen) beträgt trotz gleichen dB(A)-Wertes für das Terzrauschen 11 sone, für das Breitbandrauschen 42 sone. Letzteres ist also 3,8 mal lauter (aus: Zwicker und Fastl 1986, S. 63).

Die Unzulänglichkeit der A-Bewertung offenbart sich beispielsweise auch bei der Messung des Straßenverkehrslärms, wenn viele Lastwagen mit Dieselantrieb beteiligt sind: Die abgestrahlten tieffrequenten Geräuschanteile werden unterbewertet, obwohl man sich gegen sie nur schwer schützen kann. Vor Jahren führte die Deutsche Bundesbahn dieses Argument ein, als es darum ging, gegenüber dem Straßenverkehrslärm einen Schienenbonus zu erreichen. Hier scheint das Verfahren von Zwicker dem Lästigkeitsurteil näher zu kommen.

Der dargelegte Sachverhalt zeigt nebenbei noch etwas anderes: Ergebnisse psychophysischer Forschung führen zu ganz bestimmten technischen Lösungen, wie hier bei den Motorrädern. Psychologische Gesetzmäßigkeiten offenbaren sich anscheinend nicht nur bei der Analyse der Wirkung technischer Produkte, sondern gehen über die psychophysisch orientierte Bewertungsforschung sogar maßgeblich in die Gestaltung eines technischen Gegenstandes ein.

Namba, Kuwano und Kato (1978) haben, wie schon weiter oben dargestellt, verschiedene Bewertungsmethoden am Lautheitsurteil eines Rosa Rauschens validiert. Sie prüften auch Schallbewertungsverfahren auf der Grundlage des Lautheitspegels nach Mark IV von Stevens. Dabei erwies sich für Straßenverkehrslärm der Loudness Level LL als ebenso valides wie der L_{eq}. Sie schreiben: "In Bezug auf die Frequenzgewichtung weisen sowohl das dB(A), als auch die Bewertung nach Mark IV gute Übereinstimmung mit dem subjektiven Urteil aus; berücksichtigt man jedoch die Mühe einer Lautheitsberechnung, so kann man daraus den Schluß ziehen, daß der L_{eq} für die Beurteilung von Verkehrslärm besser geeignet ist" (1978, p. 302). Man kann dieser Zusammenfassung sehr unmißverständlich entnehmen, daß Namba sowohl den L_{eq} als auch den LL als valide Bewertungsverfahren betrachtet.

Manche Akustiker interpretierten die Arbeiten Nambas aus den siebziger Jahren fälschlicherweise als gegen Zwicker gerichtet. Kuwano und Namba (1987) konnten ihre Aussage für die Bewertung von Umweltgeräuschen noch allgemeiner fassen: Der L_{eq} auf der Basis der A-Bewertung erweist sich bei solchen Geräuschen als valide, die keine dominanten Frequenzanteile vorweisen. Wenn jedoch die dominanten Frequenzen besonders hoch oder tief sind, erscheint die A-Bewertung nicht mehr ausreichend. Für Geräusche mit vielen niedrigen Frequenzen erweist sich die mittlere Energie, also der unbewertete Schallpegel, als passender. (wir hatten ja schon einmal erwähnt, daß die C-Bewertung dem unbewerteten Schalldruckpegel sehr nahe kommt und sich deshalb für die Bewertung niederfrequenter Geräusche besonders eignet.) Kuwano und Namba meinen, daß die Lautheitsbewertung nach Zwicker hier als Ersatz einspringen könne - aber erst nach empirischer Prüfung.

Der Befund von Kuwano und Namba wird weiter durch die Untersuchungen von Ohshima und Yamada (1987) vom Kobayashi Institut für Physikal. Forschung in Tokio erhärtet: Der Lärm der Hubschrauberflügel ist sehr stark tieffrequent (bis 200 Hz); läßt man diesen Lärm auf einer Lästigkeitsskala beurteilen, so erweist sich die A-Bewertung als nicht mehr hinreichend.

Beinahe gleichzeitig experimentierten Mellert und Weber (1981) an der Universität Oldenburg an den gleichen Problemen; sie fanden - wie die Forschergruppe um Namba, daß sich der L_{eq} als valider Parameter bei der Beurteilung der Lästigkeit erwies.

An dieser Stelle erinnern wir nochmals an den oben erwähnten Befund von Suzuki, Kono und Sone (1987) über die Bewährung des Tonzuschlages beim A-bewerteten L_{eq}. Rhona Hellman und Zwicker (1987) sind von sich aus diesem Problem nachgegangen: wenn man einen Einzelton mit einem Breitbandgeräusch kombiniert, so zeigt sich vor allem in tiefen Frequenzbereichen oftmals ein Sprung in der Lautheitsbeurteilung, wenn ein dB(A)-bewerteter Schalldruckpegel um nur 0.5 dB ansteigt; allerdings ist hier zu kritisieren, daß Hellman und Zwicker damit einfach die Lautheitsskala zum Validierungskriterium erklären; ohne die Aussagenlogik zu ändern, könnte man ebenso argumentieren: Wo die dB(A)-Bewertung von Schalldruckpegel zu Schalldruckpegel die Geräuschkombination unterschiedlich bewertet, übersieht der Loudness Level die Unterschiede.

Diese wenigen Befunde sind nur Beispiele dafür, daß für den Fall der Beibehaltung der dB(A)-Bewertung dieser Bewertung einer frequenzmäßigen Erweiterung nach beiden Seiten (hoch und tief) bedarf; in den Normierungsgremien wird darüber derzeit durchaus darüber diskutiert, zumal die technische Verwirklichung dieser Erweiterung ohne besonderen Aufwand durchführbar scheint.

Einige *zusammenfassende Gedanken* zur Bewertungsproblematik überhaupt: Die teilweise hart geführten Auseinandersetzungen um die beste Bewertungsmethode werden aus verschiedenen Ideen und Positionen heraus geführt:

(a) Einmal wird der Standpunkt sichtbar, wonach es möglich sei, die Wirkungen des Schalls wahrnehmungsmäßig im Sinne von "sensorisch faßbar" zu registrieren. Ihren Ausdruck findet diese Ansicht sowohl im dB(A) als auch im sone.

(b) Eine gewisse Zurücknahme dieses Standpunktes fand dann bei den Schallwirkungsuntersuchungen im Felde statt, bei der Sozialwissenschaftler zu zeigen vermochten, daß Lästigkeit kein rein sensorisches Phänomen sei, sondern durch verschiedene nicht-sensorische Faktoren bedingt werde. Außerdem sei zwischen der im Labor erhobenen Lästigkeit und derjenigen des Alltags ein erheblicher Unterschied. Die Anhänger dieses Standpunktes, beispielsweise die Psychologen und Sozialwissenschaftler der DFG-Fluglärmstudie, hielten jedoch an der Idee des Bewertungsmaßes fest; sie erweiterten nur die Bewertungsgesichtspunkte.

(c) Nun kann man aber gerade als Psychologe und Sozialwissenschaftler die Frage stellen, ob in jeder Situation immer die gleichen Aspekte für die Bewertung von Geräuschen ausschlaggebend seien. Die Antwort von Laucken und Mees (1987) geht hier in eine andere Richtung: Es sei nicht anzunehmen, daß jedermann ein Geräusch nach denselben Gesichtspunkten bewerte und würdige. Vielmehr komme dem Menschen geradezu die Freiheit zu, eine physikalische Gegegebenheit ganz eigen und individuell zu bewerten. Infolgedessen erübrige sich eine allgemeine Bewertungsmethode sowieso, weil sie dem einzelnen Menschen und seiner Lebenssituation gar keine oder nur sehr allgemein-pauschalierend Rechnung trage. Vielmehr entscheide jeder Mensch in Freiheit, welche Gesichtspunkte er zur Bewertung heranzieht. Diese Auffassung darf nicht als Ausdruck eines chaotischen Menschen- und Weltbildes verstanden werden; vielmehr vertritt es genau den Standpunkt, auf den sich wahrscheinlich auch *Akustikexperten* berufen, wenn sie in *eigener Betroffenheit* gegen Belästigung durch Lärm zu argumentieren haben. Vielleicht ist an diesem Punkt auch wieder erkennbar, wiesehr die Auffassungen über die Einschlägigkeit von Schallbewertungsverfahren vom Menschenbild abhängen und daß dieser Streit letztendlich solange unlösbar erscheinen muß, solange es eben unterschiedliche

Bilder vom Menschen gibt (vgl. dazu die Ausführungen von Schick 1984 zum Reizbegriff in der psychologischen Akustik).

Eine andere Sichtweise wiederum fragt, ob die ständige Forderung nach Bewertungsverfahren durch die Lärmschutzpolitik nicht auch dazu geführt hat, voreilig Methoden vorzuschlagen, welche nach Einführung kaum mehr rücknehmbar waren; vielleicht ließ das politisch gesetzte Ziel zuwenig Zeit für die theoretische Reflexion.

Am Ende dieses Abschnittes erlauben wir uns einen Hinweis auf einen Problemkreis, dessen Bearbeitung noch weithin aussteht: Die Untersuchung der Entwicklung des Phänomens der Lautheit und Lästigkeit im Laufe des menschlichen Lebens; dabei geht es um die Herausbildung von Bezugssystemen im Laufe der Kindheit bis hin zu den natürlichen Veränderungen im Alter, sowie Änderungen im Gefolge einer Erkrankung. Gewiß würden wir einige Erscheinungen bei hörgesunden Erwachsenen besser verstehen, wenn wir deren Vorgeschichte kennen würden. Wahrscheinlich würden wir auch einige jugendliche Umgangsformen mit Geräuschen anders interpretieren; andererseits würden wir auf diese Weise auch mehr über die Gültigkeit von Schallbewertungsverfahren in verschiedenen Alters- und Krankheitsgruppen erfahren. Für die Konstruktion von Hörhilfen, eines Gehörschutzes, aber auch eines akustischen Designs von Wohnräumen dürfte ein solches Wissen von erheblicher Bedeutung sein.

5 Die Integration der bewerteten Einzelschall-pegel zu einer Gesamtwirkung

5.1 Fragen der Wirkungsermittlung über längere Zeiträume

Schall stellt ein Ereignis dar, dessen Intensität sich innerhalb von Raum und Zeit beständig verändert. Diese Bedingungen sind im Idealfall physikalisch kontrollierbar. Auf diese Weise wird es dann auch möglich, den Schalldruck bzw. -intensität an jedem Ort im Raum zu messen. Auf der anderen Seite benötigt jeder Schall zur Fortpflanzung Zeit und verändert sich *in der Zeit*. Wie soll man diesen zeitlichen Verlauf bei der Berechnung der Schallwirkung berücksichtigen?

Natürlich könnte man den Wirkungsverlauf so genau wie nur möglich erfassen; aber damit wäre es nicht getan, denn es geht auch darum, die Wirkung unterschiedlicher Schallereignisse *über längere Zeiträume vergleichbar* zu machen; dazu benötigt man Verfahren, welche Einzeldaten integrieren können. Da alle "Lärmmeßverfahren" das Problem der zeitlichen Integration von Schall zu lösen haben, möchten wir einige Grundprobleme aufzeigen und mit einem Beispiel beginnen: Ein Düsenjäger des Fliegerhorstes Oldenburg bricht im Sturzflug auf die Ortschaft Wiesmoor auf 75 m Erdnähe herunter und zieht wieder hoch.

Will man über die Wirkung eine Aussage für die gesamte Belastungszeit machen, so ergibt sich das Problem, in welcher Weise die zu unterschiedlichen Zeitpunkten registrierten unterschiedlichen Intensitäten beim Hörer verarbeitet werden. Der Begriff "Verarbeiten" kennzeichnet ein differenziertes Geschehen, dessen Funktionsgesetze wir aber bis jetzt nur unzureichend kennen.

Erlebt der Hörer zeitlich beliebig teilbaren Düsenjägerschall als ein einziges Ereignis mit einer einzigen Lautstärke? Wenn ja: Wie integriert der Hörer diese Teilereignisse? In welche Zeiteinheiten teilt er den Düsenjägerschall ein? Oder spielen diese Zeiteinheiten gar keine Rolle, weil vielleicht nur besondere Ausschnitte bedeutungsvoll sind? Man kann fragen, ob die Wirkung eines Schalles, der länger andauert, ab einem bestimmten Zeitpunkt auch wirkungsmäßig wieder abklingen kann; man stelle sich dies einmal so vor: Ein Schall wirkt kontinuierlich auf einen biologischen Organismus, der diesen Schall empfängt; dort löst der Schall bestimmte Reaktionen aus, z. B. Gefäßverengung in den Gliedmaßen; innerhalb eines Zeitabschnittes würde eine Addition der Schallwirkung erfolgen; die weitere Reaktion könnte verschieden ausfallen; so sind unterschiedliche Wirkungsbilder denkbar; der Organismus könnte auch die Wirkung nach einem Zeitabschnitt "vergessen" haben und wieder von der Reaktionsausgangsbasis eine neue Wirkungskette aufbauen.

Wie kann man bei all den Wirkungsmodellen die Gesamtwirkung über einen ganzen Zeitraum hinweg erfassen? Physikalisch kann man die Schallenergie, welche pro Fläche über eine Zeit wirkt, messen; auf der Wirkungsseite jedoch ist dies vielmals schwieriger. Wollte man in unseren Modellen den durchschnittlichen Grad der Blutgefäßverengung zu drei Zeitpunkten berechnen, so würde man wahrscheinlich unterschiedliche Werte erhalten. Genau diese Probleme durchziehen die ganze Schallwirkungsforschung, weil es viele unterschiedliche Vorstellungen darüber gibt, auf welche Weise ein Schallereignis Wirkungen erzeugt.

Wir werden uns also bewußt sein, daß jedes repräsentative *Gesamtmaß* der Lärmsituation ein *gedankliches Konstrukt*, nicht etwas *tatsächlich Beobachtbares*, darstellt. Die Mathematik stellt uns Rechenmethoden zur Verfügung, Ideen, wie jene der arithmetischen Mittelung, bei der Ordnung von Beobachtungsdaten zu verwirklichen. Wie unterschiedlich die Mathematik selbst die Idee des *Mittels* formulieren kann, zeigen die unterschiedlichen Methoden zur Berechnung des arithmetischen und geometrischen Mittels sowie des Medians.

So scheint es beispielsweise naheliegend, daß der Hörer einen Überflug nicht einfach wie ein Meßgerät in gleiche Zeitabschnitte zerlegt, sondern als ein geschlossenes Ereignis betrachtet und den höchsten Lautheitswert als repräsentativen Wert des Überfluges ansieht. An diesem Beispiel wird schon deutlich, daß der Hörer bei allen Schalldarbietungen ein *subjektives* Zeitverständnis mitbringt und deshalb Ereignisse nicht nach physikalischer Zeit einteilt, sondern in erlebte Zeiteinheiten, welche psychologisch einen Sinn haben; die Wahrnehmung der meßbaren und *objektiven* Zeit hängt von unterschiedlichsten Bedingungen (Barres 1967, S. 9-29) ab; der Mensch gestaltet die Zeit wahrnehmungsmäßig: er empfindet objektiv gleiche Zeitdauern das eine Mal als Langeweile, das andere Mal als Kurzweile. Die subjektive Interpretation der physikalischen Zeit liefert einen weiteren wichtigen Grund für die maßgebliche Beteiligung von Psychologen an Methoden der Schallbewertung. Die Frage der zeitlichen Gestalt von Schallreizen durchzieht alle Messungen, angefangen bei der Frage, wielange ein Schall zu dauern hat, um als ein einzelnes Schallereignis wahrgenommen zu werden, bis hin zum Problem, wie lange ein Schall dauern muß, damit das Gehör überhaupt die unterschiedlichen Schalldruck- und Lautstärkepegel innerhalb eines einzigen Geräusches verarbeiten kann? Fragen dieser Art stellen sich heute mit besonderer Dringlichkeit bei der Bewertung von Impulsschall, weil derartige Schallereignisse gegenüber früheren Zeiten besonders stark zugenommen haben.

5.2 Verfahren zur Ermittlung der durchschnittlichen Belastung und Belästigung durch Schall

Sowohl der unbewertete Schalldruckpegel Dezibel, als auch die A- bis D- bewerteten Schalldruckpegel können nun unterschiedlich zur Lärmmessung verwendet werden, denn Schallereignisse sind Ereignisse, die immer eine gewisse Zeit andauern, in der Zeit schwanken und auch von gelegentlichen Pausen durchbrochen sind. Will man ein repräsentatives Gesamtmaß der Lärmsituation über eine definierte Zeit (bis in die 60er-Jahre hinein sprach man hier vom *Wirkpegel, wirksamen Schalldruckpegel, mittleren Intensitätspegel* oder auch *mittleren Lästigkeitspegel*) gewinnen, kann man unterschiedlich verfahren. So können sich Meßzeit, Meßdauer und Anzahl der Einzelmessungen unterscheiden. Und vor allem unterscheiden sich die Auswerteverfahren, wie man Einzelwerte zu einem Gesamtergebnis zusammenfaßt (Materialien zum Immissionsschutzbericht, 1977, S. 473 f).

5.2.1 Allgemeine meßtechnische Festlegungen bei Mittelungsverfahren

Wir werden im folgenden Teil vier verschiedene Verfahren zur Berechnung der Wirkung von Schallereignissen vorstellen:

(1) Die *vereinfachten Mittelungsverfahren*

(2) Der *energie-äquivalente Dauerschallpegel* oder *energetische Mittelungspegel* L_{eq} (equivalent sound level); dieser Pegel wurde nach Meurers (1988) erstmalig in der Technischen Anleitung-Lärm verwendet. Die Messung des Schalls erfolgt in festen Zeitabständen; es wird jeweils der gerade gemessene Wert verwendet (Momentanwertverfahren).

(3) Das *Taktmaximalpegel-Verfahren* (L_{AT}, L_{ATm}): Die Messung des Schalls geschieht in festen Zeitintervallen; es wird aber jeweils der in dieser Zeit gemessene Höchstwert herausgegriffen (Maximalwertverfahren).

(4) Der *Summenhäufigkeitspegel* oder *Überschreitungspegel* (L_N).

Bevor wir die Verfahren darstellen, werden wir noch kurz auf das Problem der Bildung von Meßeinheiten und deren technischer Realisierung im Schallpegelmesser eingehen.

Am einfachsten läßt sich der Schall über die Zeit erfassen, wenn er kontinuierlich immer gleich stark vorhanden ist; beispielsweise ist dies oft der Fall bei Maschinen im Dauerlauf oder auch bei sehr befahrenen Straßen, vor allem, wenn man den Verkehr nur noch aus der Ferne als undifferenziertes Rauschen vernimmt. Im normalen Alltag haben wir nicht viele Schallereignisse, welche über längere Zeit konstant bleiben; vielmehr wechselt die Intensität unserer akustischen Umwelt einmal dadurch, daß die Geräusche sich selbst ändern und zum anderen dadurch, daß zu verschiedenen Zeiten unterschiedliche

Schallquellen wirksam sind; außerdem ändert auch der Hörer oft seinen Standort. Wenn wir also den Schall in dB(A) messen, so bekommen wir Bilder, wie in Abbildung 5.1.

Die weiterführende Frage lautet hier: Gibt es Maße, welche eine Situation wie diese *insgesamt* kennzeichnen? Um die verschiedenen Lösungsvorschläge zu verstehen, sollten wir nochmals folgende Punkte vergegenwärtigen:

Erstes Problem: Unser Beispiel in Abbildung 5.1 enthält Meßergebnisse von jeder 60. Sekunde, d.h., wir messen den gerade vorhandenen dB(A)-Pegel in der jeweiligen 60. Sekunde. Man wird dann sofort einwenden, daß in einer Minute der Schall sehr unterschiedlich ausfallen kann; damit laufe man Gefahr, den Schall *zu wenig repräsentativ* zu erfassen; nur im Falle eines Dauergeräusches wäre die Messung repräsentativ.

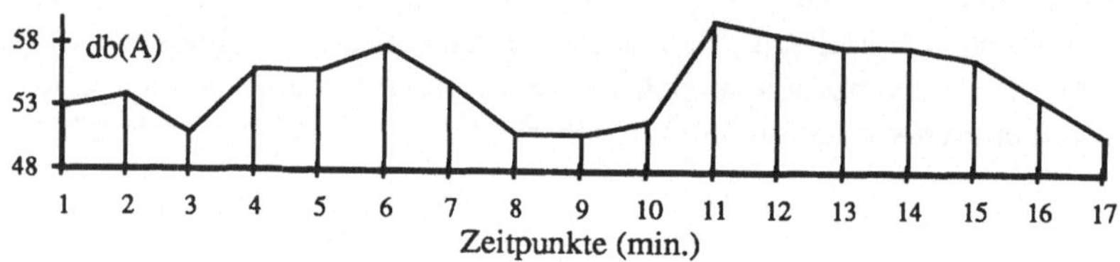

Abb. 5.1: Geräuschpegel eines Arbeitszimmers bei Stillarbeit (Messung nach jeder vollen Minute).

Um die Repräsentativität zu erhöhen, müssen wir also die Zeittakte möglichst kurz machen; wir lösen daher den Zeittakt von 60 Sekunden Dauer in einen solchen von beispielsweise 5 Sekunden Dauer auf und erhalten damit das 12-fache an Meßdaten (vgl. Abbildung 5.2).

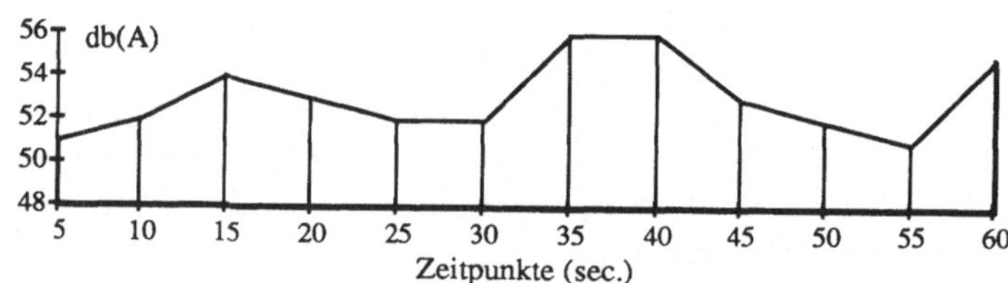

Abb. 5.2: Geräuschpegel eines Arbeitszimmers bei Stillarbeit (Messung nach jeder 5. Sekunde).

Zweites Problem: Wenn wir mit einem elektromechanischen Gerät den Schall messen, dann ist dieses Meßgerät immer mit einer bestimmten Meßgeschwindigkeit, Reaktionsgeschwindigkeit oder *Trägheit* ausgestattet. Wir wollen dies an einem geläufigen Beispiel erläutern: Wenn wir mit einem Thermometer in einen Raum gehen, um dort die Lufttemperatur zu messen, so benötigt dieses Thermometer dafür immer eine gewisse Zeit, bis die Anzeige zum Stillstand kommt; dann erst können wir den Wert ablesen. Wir folgern daraus, daß dieses Meßgerät eine eigene Trägheit besitzt, welche man kennen

muß, um nicht voreilig einen Wert abzulesen. Jedermann weiß dies selbst aus der Fieber-
messung, wenn man zu entscheiden hat, wann man das Thermometer aus der Achselhöh-
le nehmen darf.

Auch Schallmeßgeräte besitzen bei der Anzeige eines Meßwertes eine *Eigenträgheit*,
deren Charakteristik man kennen muß, um einen Meßwert richtig zu interpretieren. Galt
(1930, p. 35) hat sich als einer der ersten unter Anleitung von Fletcher und Steinberg damit beschäftigt.

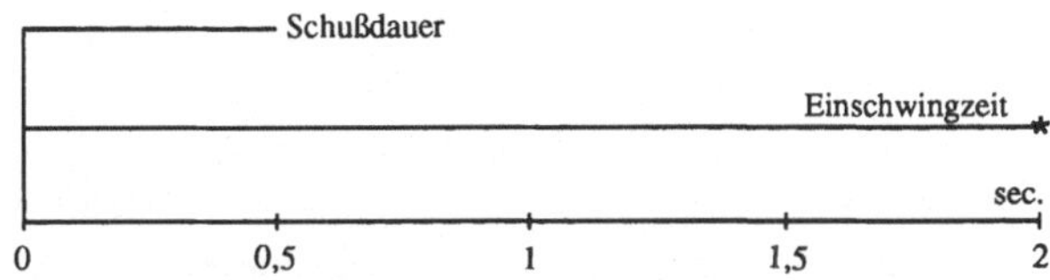

Abb. 5.3: Angenommen, ein Gewehrschuß löst einen Knall von 0,5 s Dauer aus. Gegeben sei ein
Meßsystem, welches für die Wahrnehmung und Anzeige 2 Sekunden benötigt.

Das Beispiel der Abbildung 5.3 zeigt: Dieses Meßgerät ist gar nicht in der Lage, auf so
rasche Ereignisse zu reagieren: Das Ereignis ist bereits schon wieder verklungen, wenn
das Gerät in Meßbereitschaft ist. In der Lärm- bzw. Schallwirkungsmessung haben sich
im Verlaufe der Entwicklung nun verschiedene *Zeitkonstanten der Einschwingung* (Zeit-
bewertungsarten) solcher Meßgeräte herauskristallisiert, unter denen die folgenden gebräuchlich sind:

(a) *Zeitkonstante 1 Sekunde*, die eine gut ablesbare, wenig schwankende Anzeige ergibt.
Fachsprache: Zeitbewertung "LANGSAM" oder engl. "SLOW". Eine Messung mit dem Be-
wertungsfilter A und der Anzeigegeschwindigkeit slow ergibt einen A-Schallpegel L_{AS},
gemessen in dB (A_S).

(b) *Zeitkonstante 125 ms*, die angenähert der Lautstärkeempfindung kurzer Töne entspricht. Diese Einstellung wird heute in den allermeisten Fällen verwendet. Schuschke
(1976) nennt für die DDR eine Zeitkonstante von 200 ms Fachsprache: Zeitbewertung
"SCHNELL" oder engl. "FAST".

(c) *Zeitkonstante 35 ms* Einschwingungsdauer; eine Zeitdauer, die den physiologisch
wirksamen Signal-Anstieg bei schneller Intensitätszunahme (Knall) annähernd richtig
wiedergibt. Die Zeitkonstante des Ausschwingens von 1,5 s berücksichtigt die Störwirkung kurzer Schallimpulse und ermöglicht die Ablesung der Meßwerte am Zeigerinstru-
ment. Fachsprache: Zeitbewertung "IMPULS" oder engl. "IMPULSE".

Gehen wir also einmal davon aus, wir hätten im passenden Zeittakt und mit der passenden Zeitbewertung einen länger dauernden Schall gemessen. Damit können wir nach
den unterschiedlichen Verfahren die durchschnittliche Belastung berechnen. Anmerkung:
Die verschiedenen Verfahren rechnen wir mit jenen vier Werten durch, die Klautke
(1982, S. 40-43) verwendet hat.

5.2.2 Die vereinfachten Mittelungsverfahren

Bei diesen Verfahren ist zunächst zu prüfen, welchen Schallpegelschwankungen ein Schallereignis unterworfen ist. Angenommen, wir haben für 4 Zeittakte folgende Einzelwerte gemessen: 69, 74, 75, 85 dB(A). Wie berechnet sich nun der mittlere Wert der Schallbelastung?

Die vereinfachten Mittelungsverfahren (nach DIN 45 641) klassifizieren wir nach dem Grad der Pegelschwankung der gemessenen Einzelwerte; dabei haben sich in der Akustik folgende *Schwankungsbereiche* eingebürgert: Bis 5 dB(A), 6 bis 10 dB(A) und über 10 dB(A).

(a) Schwankungsbereich bis 5 dB(A): Das Verfahren in diesem Schwankungsbereich kann auch auf der Grundlage einer graphischen Ausgabe eines Pegelschreibers erfolgen; man markiert den obersten und untersten Wert und ermittelt so die Mitte des Schwankungsbereiches; den entsprechenden Wert liest man dann auf der dB(A)-Skala ab (Abbildung 5.4).

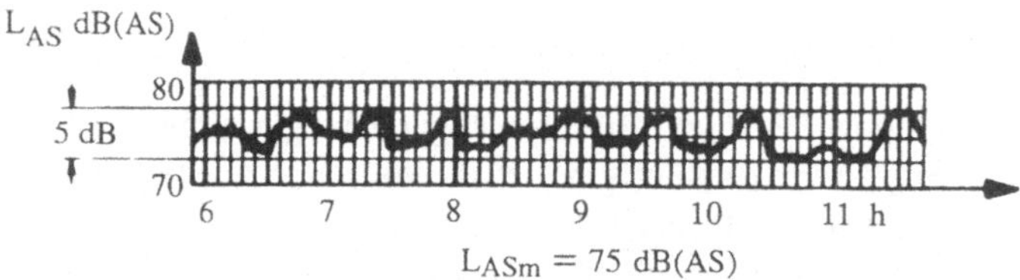

Abb. 5.4: Schall mit Schwankungsbereich bis 5 dB(A); Abschätzung des Mittelungspegels aus dem zeitlichen Verlauf des Schallpegels (aus: Schmidtke, Bubb, Rühmann und Schaefer 1981).

(b) Schwankungsbereiche bis 10 dB(A): Bei diesem Verfahren dividieren wir die Summe aller Einzelwerte durch deren Anzahl (man spricht auch vom *einfachen arithmetischen Mittelungsverfahren*). Beispiel:

(69 + 74 + 75 + 85)/4 = 76 dB(A)

Sowohl für (a) und (b) gilt aber: Wenn wir so verfahren, machen wir bewußt einen *Fehler*; wir behandeln die dB(A)-Skala wie eine Intervalskala; in Wirklichkeit handelt es sich aber um eine logarithmische Skala; wenn man auf einer log. Skala Werte arithmetisch addiert, so multipliziert man die Werte. Es gibt deshalb eine Einschränkung für den Einsatz dieses Verfahrens: Die Einzelwerte dürfen insgesamt keinen größeren Schwankungsbereich als 10 dB(A) aufweisen. Da diese Verfahren einfach sind, können sie zur ersten Orientierung hilfreich sein. Gesetzlich hat dieses Verfahren keine Aussagekraft.

Eine Verfahrensweise, welche dem Charakter der log. Skala schon etwas besser Rechnung trägt, rechnet sich folgendermaßen: (a) Zuerst wird der Maximal- und Minimalwert festgestellt, (b) dann werden diese Werte in folgende Formel eingesetzt:

$L_m = L_{max} - 1/3 * (L_{max} - L_{min})$

Also gilt : $L_m = 85 - 1/3 * (85 - 69) = 85 - 1/3 * 16$ dB(A) = 80 dB(A).

Damit dieses Verfahren jedoch einigermaßen repräsentativ bleiben soll, muß man einzelne seltene Extremmaße unberücksichtigt lassen.
(c) Schwankungsbereich über 10 dB(A): "Bei Schwankungsbreiten der Einzelwerte über 10 dB ist ein zusätzlicher Rechenschritt notwendig, der zwischen den Maximal- und Minimalpegeln die dazwischen liegenden vollen 10er dB(A)-Werte zur Berechnung einfügt" (Klautke 1982, S. 42). Durch die Entwicklung moderner Taschenrechner wird man heute nicht mehr auf dieses umständliche Verfahren zurückzugreifen.

5.2.3 Mittelungspegel, energieäquivalenter Dauerschallpegel

"Der Mittelungspegel L_m bzw. äquivalenter Dauerschallpegel L_{eq} ist damit der Schallpegel eines zeitlich schwankenden Geräusches, der dem eines zeitlich konstanten Geräusches gleichen Energieeinsatzes gleichzusetzen (äquivalent) ist" (Schmidtke, Bubb, Rühmann und Schaefer 1981, S. 30). Für die Berechnung von Durchschnittspegeln zeitlich schwankender Geräusche gilt die DIN 45 641 "Mittelungspegel und Beurteilungspegel zeitlich schwankender Schallvorgänge".

Beim L_{eq} handelt es sich um ein Verfahren, welches vor allem auf der Grundlage deutschsprachiger (vor allem an Arbeitsplätzen) und amerikanischer Studien (vor allem bei der Fluglärmbewertung) in den Sechziger Jahren entwickelt wurde und 1968 dann in Form einer *Technischen Anleitung zum Schutz gegen Lärm (TALärm)* endgültig als offizielles Meßverfahren rechtliche Verbindlichkeit erlangte (Bethge, Meurers, Gerhardt, Hagen und Lüpke 1986; EPA 1974).

Geschichtlich gesehen, wurde das Verfahren zur Berechnung eines energieäquivalenten Dauerschallpegels im deutschsprachigen Bereich von zwei Gruppen geleistet: (a) Der Gruppe um A.von Lüpke im damaligen Bundesinstitut für Arbeitsschutz in Koblenz; hier wurde der Begriff des *wirksamen Schallpegels* geprägt. (b) Demgegenüber nannte die Göttinger Gruppe mit Koppe, Matschat und Müller (1963), die damals im Rahmen des Ausbaues des Frankfurter Flughafens tätig war, ihr Verfahren *mittleren Lästigkeitspegel* *Q*. Beide Verfahren sind bis auf den konstanten Halbierungsparameter q identisch.

5.2.3.1 Das Tabellenverfahren

Hat man einen Schallverlauf, in dem langsame, aber größere Pegelschwankungen stattfinden, für die sich typische Teilzeiten mit einem zugehörigen Schallpegel erkennen lassen, so kann man das sog. Tabellenverfahren anwenden (vgl. Abb. 23 in Schmidtke, Bubb, Rühmann und Schaefer 1981, S. 31).

Tabelle 5.1: Die Tabellen 1 bis 4 der DIN 45 641 (S. 5). Erläuterung: Die Tabellen 1 bis 4 enthalten die Beziehung zwischen der Pegeldifferenz ΔL_i und der Hilfsgröße g_i.

A. 1 Tabellen

Die Tabellen 1 bis 4 enthalten die Beziehungen zwischen der Pegeldifferenz ΔL_i und der Hilfsgrößen g_i.

Die Tabellen 1 und 2 gelten für Pegelwerte, die in Klassen von 2,5 bzw. 5 dB klassiert sind. (Die Werte der Hilfsgröße gelten für das arithmetische Mittel der begrenzenden Pegelwerte.)

Die Pegelklassen sind in diesen Tabellen durch die in der ersten Spalte versetzt angeordneten Pegelwerte begrenzt. Tabelle 3 mit einer Stufung von dB zu dB ist vorteilhaft dann anzuwenden, wenn die geringe Anzahl der Pegelwerte eine Klassierung nicht lohnend erscheinen läßt, insbesondere zur Ermittlung des Beurteilungspegels aus den Mittelungspegeln der Teilzeiten.

Tabelle 4 ist eine Umkehrung von Tabelle 3 und dient zur Ermittlung der Pegeldifferenz aus der gemittelten Hilfsgröße $\bar{g}$.

Tabelle 1.
Hilfsgröße g_i für Pegelklassen von 2,5 dB

ΔL_i dB	g_i
50	
47,5	75 000
45	42 000
42,5	24 000
40	13 000
37,5	7 500
35	4 200
32,5	2 400
30	1 300
27,5	750
25	420
22,5	240
20	130
17,5	75
15	42
12,5	24
10	13
7,5	7,5
5	4,2
2,5	2,4
0	1,3
− 2,5	0,75
− 5	0,42
− 7,5	0,24
− 10	0,13

Tabelle 2.
Hilfsgröße g_i für Pegelklassen von 5 dB

ΔL_i dB	g_i
50	
45	56 000
40	18 000
35	5 600
30	1 800
25	560
20	180
15	56
10	18
5	5,6
0	1,8
−5	0,56
− 10	0,18

Tabelle 3.
Hilfsgröße g_i für ganzzahlige Werte von ΔL

ΔL_i dB	g_i
40	10 000
39	8 000
38	6 300
37	5 000
36	4 000
35	3 200
34	2 500
33	2 000
32	1 600
31	1 300
30	1 000
29	800
28	630
27	500
26	400
25	320
24	250
23	200
22	160
21	130
20	100
19	80
18	63
17	50
16	40
15	32
14	25
13	20
12	16
11	13
10	10
9	8,0
8	6,3
7	5,0
6	4,0
5	3,2
4	2,5
3	2,0
2	1,6
1	1,3
0	1,00
− 1	0,80
− 2	0,63
− 3	0,50
− 4	0,40
− 5	0,32
− 6	0,25
− 7	0,20
− 8	0,16
− 9	0,13
− 10	0,10

Tabelle 4.
ΔL_m als Funktion des Mittelwerts $\bar{g}$ der Hilfsgröße (jeder Pegelwert gilt für den Bereich zwischen den versetzt angeordneten $\bar{g}$-Werten)

$\bar{g}$	ΔL_m
8910	
7080	39
5620	38
4470	37
3550	36
2820	35
2240	34
1780	33
1410	32
1120	31
891	30
708	29
562	28
447	27
355	26
282	25
224	24
178	23
141	22
112	21
89,1	20
70,8	19
56,2	18
44,7	17
35,5	16
28,2	15
22,4	14
17,8	13
14,1	12
11,2	11
8,91	10
7,08	9
5,62	8
4,47	7
3,55	6
2,82	5
2,24	4
1,78	3
1,41	2
1,12	1
0,891	0
0,708	− 1
0,562	− 2
0,447	− 3
0,355	− 4
0,282	− 5
0,224	− 6
0,178	− 7
0,141	− 8
0,112	− 9

Dabei bedient man sich der in der DIN 45 641 im Anhang aufgeführten Tabellen, in denen dem Faktum des Halbierungsparameters q schon Rechnung getragen wird. Die DIN 45 641 (S. 2) definiert den Halbierungsparameter so: "Er gibt bei zeitunabhängigem Pegel die Pegelerhöhung an, die zu dem gleichen Mittelungspegel führt, wenn die Geräuschdauer halbiert wird. Der Halbierungsparameter kann dazu benutzt werden, die Abhängigkeit der Wirkung von Dauer und Pegel der Schallvorgänge auf Menschen zu berücksichtigen. Aus Gründen der Einheitlichkeit wird in DIN-Normen der Wert q = 3 benutzt." Das bedeutet beispielsweise, daß ein Geräusch von 88 dB(A) über 4 Minuten einem Geräusch von 85 dB(A) über 8 Minuten äquivalent ist.

Die Idee des Halbierungs- oder auch Äquivalenzparameters wurde in der Berechnung der Gesamtwirkung in verschiedenen Verfahrensweisen weiter konkretisiert (vgl. dazu Lübcke und Gummlich 1966, S. 14): Arndt von Lüpke (1965) verknüpfte den Pegel eines Geräusches mit seiner Dauer und drückte diese Verknüpfung im Bewertungsfaktor k, mit dem wir dann die Wirkzeit bewerten, aus; danach gilt:

$$k = 2^{\,\delta L/q} \qquad (1)$$
wobei bedeuten: q = Halbierungsparameter,
$$\delta L = L - L_b \qquad (2)$$
L = gemessener Pegel,
L_b = willkürlich gewählter Bezugspegel.

Beispiel: Angenommen seien 2 Geräusche der Abbildung 5.5 mit folgenden Pegeln während einer Dauer von 360 s

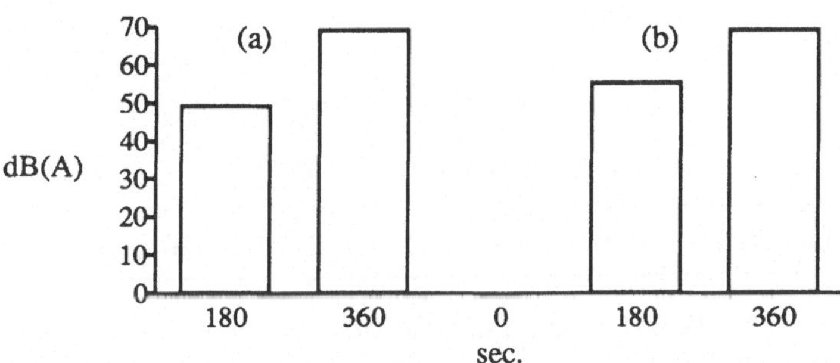

Abb. 5.5: Zwei Geräusche mit jeweils 360 Sekunden Zeitdauer; Erläuterung im Text.

Frage an Teil a der Abbildung 5.5: Wie lange dürfte der 2. Abschnitt mit 71 dB dauern, um die gleiche Wirkung wie der 1. Abschnitt mit 50 dB zu erzielen?

Zur Lösung setzen wir in Gleichung (2) ein:
$$\delta L = 71 - 50 \text{ dB} = 21 \text{ dB} \qquad (2')$$
(2') in (1) eingesetzt ergibt:
$$k = 2^{21/q} \qquad (3)$$
Wenn q = 3 ist, so erhalten wir:
$$k = 2^{21/3} = 2^7 = 128 \qquad (3')$$

Das heißt: Wir müssen die Zeitdauer des 71 dB-Abschnittes 7 mal hintereinander halbieren, um eine gleichwertige Wirkung wie von 50 dB zu erhalten. Das heißt praktisch: Der 71-dB-Abschnitt darf kaum mehr als 1 s dauern. Wenn wir dieselbe Frage an Teil b stellen, so erhalten wir: $\delta L = 15$ dB und ein $k = 2^{15/3} = 2^5 = 32$.

Vergleicht man die beiden k-Bewertungen miteinander, so ist zu erkennen, daß im Teil b die Zeitreduktion gegenüber 56 dB wesentlich geringer als bei Teil a ausfällt. Soweit zum Verständnis der Tabellen der DIN 45 641 (Tabelle 4.1). Wir werden nach der Darstellung der Rechenverfahren nochmals auf Probleme des Halbierungsparameters eingehen.

Verfahren: Wir tragen die Einzelmeßwerte in die Spalte (2) und in die Spalte (3) die jeweiligen Dauern in s ein; dann bestimmen wir den kleinsten Meßwert L_{min}, hier 69 dB(A); nun bestimmen wir die Differenz zwischen dem Minimal- und Einzelmeßwert und tragen sie in Spalte (4) ein; dabei ermitteln wir jeweils die sog. Hilfsgröße g_i für die Differenz $L\text{-}L_{min}$ mit Hilfe der Tabelle 3 der DIN 45 641. Der Ausgang von einem Maximalwert oder einem Bezugsschallpegel erspart das Rechnen mit großen Zahlen.

Tabelle 5.2: Beispiel für das Tabellenverfahren für den Fall *gleicher* Teilzeiten t_i.

(1)	L dB(A) (2)	t_i sec (3)	$\Delta(L\text{-}L_{min})$ (4)	g_i (5)	$g_i t_i$ (6)
1	69	1	0	1	1
2	74	1	5	3,20	3,20
3	75	1	6	4,00	4,00
4	85	1	16	40,00	40,00
		$\Sigma t_i = 4$			$\Sigma g_i t_i = 48,20$

In der Tabelle 3 der DIN 45 641 stehen links die Differenzwerte und rechts die Hilfsgrößen g_i; wir nannten bisher diese Größen *Bewertungsfaktoren*. Diese 4 Werte übertragen wir in die Spalte (5). Den Wert der Spalte (5) multiplizieren wir mit der Zeitdauer der Spalte (3) und tragen dieses Produkt in Spalte (6) ein. Am Ende bilden wir die Summe für die Spalten (3) und (6). Die Summen $g_i t_i$ setzt man in folgende Formel ein:

$$\bar{g} = \frac{\Sigma g_i t_i}{\Sigma t_i} = \frac{48,20}{4} = 12,05$$

Diesem Mittelwert g ist ein Wert der Pegeldifferenz ΔL_m zugeordnet. Den Wert $\bar{g}$ schlagen wir in der Tabelle 4 der DIN 45 641 nach. In dieser Tabelle stehen links die $\bar{g}$-Werte und rechts die entsprechenden db-Werte. In unserem Fall liest man ab: 12,05, ein Wert, der etwa 11 db entspricht; diesen Wert setzt man in die schon eingeführte Gleichung ein:

$L_{min} = 69$ dB

$L_m = L_{min} + \Delta L_M$

$L_m = 69 + 11 = 80$ dB (A).

Dasselbe Beispiel rechnen wir in der Tabelle 5.3 mit unterschiedlichen Zeitdauern.

Tabelle 5.3: Beispiel für das Tabellenverfahren für den Fall *unterschiedlicher* Teilzeiten t_i.

(1)	L dB(A) (2)	t_i sec (3)	$\Delta(L\text{-}L_{min})$ (4)	g_i (5)	$g_i t_i$ (6)
1	69	5	0	1,0	5
2	74	50	5	3,20	160
3	75	30	6	4,0	120
4	85	100	16	40,0	4000
	$\Sigma t_i = 185$				$\Sigma g_i t_i = 4285$

Die Summe 4282,5 setzt man in folgende Gleichung ein:

$$\bar{g} = \frac{\Sigma g_i t_i}{\Sigma t_i} = \frac{4285}{185} = 23,15$$

Nach der Tabelle entspricht ein $g = 23,15$ einem dB-Wert von 14.
Also gilt: $L_m = L_{min} + \Delta L_m = 69 + 14 = 83$ dB(A).

Dieses Verfahren ist vor allem anwendbar, wenn sich Geräusche periodisch wiederholen. In Gesetzen und Vereinbarungen von Tarifpartnern ist beispielsweise für einen Arbeitstag von 8 Stunden ein Dosiswert L_{eq} von 85 dB(A) vorgeschrieben. Wenn man nun wissen will, ob die Schallbelastung, die man für eine halbe Stunde an einem Arbeitsplatz gemessen hat, die zulässige Dosis überschreitet, so muß man die gemessenen Werte auf den 8-Stunden-Tag (Bezugszeit) umrechnen.

Wir wollen dies anhand eines Beispiels von Wolff-Zurkuhlen (1977) erläutern: Da die Messung über einen ganzen Tag zu aufwendig wäre, mißt die Gewerbeaufsicht nur 34,5 Minuten lang - und zwar immer bei den typischen Arbeitsteilen. Gleichzeitig schätzt ein Meister die relativen Anteile dieser Arbeitsteile an einem ganzen Arbeitstag. Somit erhalten wir die Werte der Tabelle 5.4.

Mit diesen Werten rechnen wir in der Tabelle 5.5 wieder weiter: Wir bilden die Differenz zwischen dem Bezugspegel und dem Meßwert der Spalte (3) bzw. Spalte (4) der nachfolgenden Tabelle 5.5; für diese Differenz suchen wir in der Tabelle 3 der DIN 45 641 das entsprechende g_i und tragen den Wert in Spalte (5) ein; anschließend multiplizieren wir in Spalte (6) die Beträge der Spalten (2) und (5) und errechnen dann die Summe aus dieser Spalte.

Tabelle 5.4: Zeitmäßige Verteilung von Arbeiten über 34,5 Minuten Dauer. Bezugsschallpegel: 85 dB(A), Bezugszeit: 480 Minuten.

	Meßzeit in Minuten (1)	geschätzte min pro Arbeitstag (2)	Meßwerte dB(A) (3)
Löcher schneiden	0,5	5	107
Alu kreissägen	2	120	89
Elektroschrauben	2	70	98
Anreißen	30	285	91

$$\bar{g} = \frac{3640}{480} = 7,6$$

Diesen Wert schlagen wir in der Tabelle 4 der DIN 45 641 nach und lesen einen entsprechenden dB-Wert = 9 ab, addieren ihn zum Bezugspegel und erhalten somit: $L_m = 85 + 9 = 94$ dB(A); d.h. der zulässige Grenzwert von 85 dB(A) wird um 9 dB(A) überschritten.

Tabelle 5.5: Beurteilung der Belastung während eines Tages, erstellt auf der Grundlage einer Schätzung der Zeitanteile einzelner Tätigkeiten. Bezugsschallpegel 85 dB(A).

	Zeit min (1)	gesch. Zeit min (2)	L dB (3)	Diff.von L zu 85 dB (4)	g_i (5)	$g_i t_i$ (6)
Löcher schneiden	0,5	5	107	22	160	800
Alu kreissägen	2	120	89	4	2,5	300
Elektroschrauben	2	70	98	13	20	1400
Anreißen	30	285	91	6	4	1140
	$\Sigma t_i = 480$					$\Sigma g_i t_i = 3640$

5.2.3.2 Stichprobenverfahren mit Pegelklassierung (Pegelhäufigkeitsanalyse)

Das Tabellenverfahren hat den Nachteil, daß man sich eigentlich schon im voraus anhand eines Kurvenmitschriebes klar werden muß, ob diese Berechnungsweise adäquat ist; außerdem muß man für die einzelnen Perioden jeweils deren Dauer erfassen. In der Handhabung ist dies alles sehr umständlich. Um diesen Nachteilen Rechnung zu tragen, wurde die Methode der Pegelhäufigkeitsanalyse entwickelt. Hierbei wird ein Schall in möglichst kurze Segmente oder Zeittakte zerlegt (z.B. jede Sekunde). Der Schallpegelmesser mißt dann für jeden Takt den dB(A)-Wert und rechnet ihn gleich einer Pegelklasse zu; üblich geworden sind die Pegelklassen 2,5 und vor allem 5 dB(A).

Durch die Einführung von *Pegelklassen* sind die Einzelmeßwerte nicht mehr identifizierbar; folglich rechnen wir nur noch mit Pegelklassen. Mit der Wahl eines *Bezugspegels* legt man gleichsam die *Äquivalenzmarke* fest, auf die hin alle anderen Pegel äquivalent gerechnet werden.

Verfahren: Wir tragen in Tabelle 5.6 alle Takt-Anzahlen in Spalte (5) ein, bestimmen dann die niedrigste Pegelklasse und anschließend die Differenz der Meßbereichsklassen zur niedrigsten Pegelklasse und tragen diese in Spalte (3) ein. Sodann bestimmen wir mit Hilfe der Tabelle 2 der DIN 45 641 das g_i für alle Pegelklassen; in der Tabelle 2 der DIN 45 641 stehen links die Pegelklassen und rechts die Hilfsgrößen g_i; diese Werte tragen wir in die Spalte (4) ein. Die Werte der Spalten (4) und (5) werden in (6) multipliziert. Anschließend bilden wir wieder die beiden Summen in den Spalten (5) und (6) und rechnen wie gewohnt weiter:

$$\bar{g} = \frac{\Sigma ng_i}{\Sigma n} = \frac{69}{4} = 17,25$$

Tabelle 5.6: Beispiel zur Berechnung des Schallpegels nach dem Stichprobenverfahren. Pegelklassen: 5 dB, Bezugsschallpegelklasse L_{min}: 66-70 db (A).

Pegel-klasse	Schallpegel	Pegeldiff.	g_i	n	ng_i
(1)	(2)	(3)	(4)	(5)	(6)
1	51 - 55				
2	56 - 60				
3	61 - 65				
4	66 - 70	0 - 5	1,8	1	1,8
5	71 - 75	6 - 10	5,6	2	11,2
6	76 - 80	11 - 15			
7	81 - 85	16 - 20	56	1	56
8	86 - 90				
				$\Sigma n = 4$	$\Sigma ng_i = 69$

Nach der Tabelle 2 der DIN 45 641 entspricht dieser Wert einem dB-Wert von 12. Also gilt:

$L_m = L_{min} + 12 \, dB(A) = 66 + 12 = 78 \, dB(A)$.

Wenn wir die Bezugsschallpegelklasse (L_{min}) anders wählen, z.B. 51-55 dB(A), so sieht die Rechnung wie in Tabelle 5.7 aus.

Tabelle 5.7: Beispiel zur Berechnung des Schallpegels nach dem Stichprobenverfahren. Pegelklassen: 5 dB, Bezugsschallpegelklasse L_{min}: 51 - 55 dB(A).

Pegel-klasse	Schallpegel	Pegeldiff.	g_i	n	ng_i
(1)	(2)	(3)	(4)	(5)	(6)
1	51 - 55	0 - 5	1,8		
2	56 - 60	5 - 10	5,6		
3	61 - 65	10 - 15	18		
4	66 - 70	15 - 20	56	1	56
5	71 - 75	20 - 25	180	2	360
6	76 - 80	25 - 30	560		
7	81 - 85	30 - 35	1800	1	1800
8	86 - 90	35 - 40	5600		

$$\Sigma n = 4 \qquad \Sigma ng_i = 2216$$

Verfahren:

$$\bar{g} = \frac{\Sigma ng_i}{\Sigma n} = \frac{2216}{4} = 554$$

Diesem Wert entspricht nach der Tabelle 2 der DIN 45 641 ein dB von ca. 27.
Also gilt: $L_m = 51 + 27 = 78$ dB(A).
Wenn wir die Pegelklassengröße 2,5 dB wählen, dann gilt die Rechnung der Tabelle 5.8.
Verfahren: In der Tabelle 5.8 haben wir den Wert der Spalte (4) dieses Mal in der Tabelle 1 der DIN 45 641 abgelesen. Danach gilt: $L_m = 50 + 29$ dB = 79 dB(A).

5.2.3.3 Zur Frage der Gültigkeit des energieäquivalenten Dauerschallpegels

Schuschke berichtet, daß in der anfänglichen Lärmmessung nur die fraglichen Geräusche gemessen wurden. Die Pausen wurden nicht miterfaßt; dafür wurde dann ein sog. Abschlagswert abgezogen. Auf diese Weise arbeitete man mit *Zu- und Abschlägen* für Pausen, die Tonhaltigkeit, das Auftreten von Geräuschen zu ungewöhnlichen Zeiten; teilweise finden wir diesen Gedanken gelegentlich noch bei einzelnen Meßverfahren (z. B. bei der Idee der Tonzuschläge). Beim L_{eq} wird jedoch über eine ganze Zeit kontinuierlich gemessen - auch wenn der Schall ausgesetzt hat. Der Grundgedanke, welcher diese Vorgehensweise rechtfertigt, lautet: Zwischen Schallintensitätsgrad und Zeit besteht eine innere Beziehung: Pausen kompensieren die Wirkung der Schallintensität. Dieser Grundsatz erscheint ja durchaus einleuchtend; in welchem Verhältnis muß aber die Dauer eines Schallereignisses zur Pausendauer stehen, damit eine Pause kompensatorisch wirken kann? Die Akustik hat auf diese Frage in der Gestalt des Halbierungsparameters eine vorläufige Antwort gefunden; was beinhaltet diese Hilfsgröße?

Tabelle 5.8: Beispiel zur Berechnung des Schallpegels nach dem Stichprobenverfahren. Pegelklassen: 2,5 dB, Bezugsschallpegelklasse L_{min}: 50 - 52,5 db(A).

Pegel-klasse	Schallpegel	Pegeldiff.	g_i	n	ng_i
(1)	(2)	(3)	(4)	(5)	(6)
1	50,0 - 52,5	0,00 - 2,5	1,3		
2	52,6 - 55,0	2,50 - 5,0	2,4		
3	55,0 - 57,5	5,00 - 7,5	4,2		
4	57,5 - 60,0	7,50 - 10,0	7,5		
5	60,0 - 62,5	10,0 - 12,5	13,0		
6	62,5 - 65,0	12,5 - 15,0	24,0		
7	65,0 - 67,5	15,0 - 17,5	42,0		
8	67,5 - 70,0	17,5 - 20,0	75,0	1	75
9	70,0 - 72,5	20,0 - 22,5	130		
10	72,5 - 75,0	22,5 - 25,0	240	2	480
11	75,0 - 77,5	25,0 - 27,5	420		
12	77,5 - 80,0	27,5 - 30,0	750		
13	80,0 - 82,5	30,0 - 32,5	1300		
14	82,5 - 85,0	32,5 - 35,0	2400	1	2400
15	85,0 - 87,5	35,0 - 37,5	4200		
				$\Sigma n=4$	$\Sigma ng_i = 2955$

Da für den L_{eq} die Idee des Halbierungsparameters von ausschlaggebender Bedeutung ist, wenden wir uns nochmals diesem Thema zu.

Den einfachsten Fall einer Messung der Schallbelastung haben wir bei einem Dauergeräusch, welches über die gesamte Meßzeit einen unveränderten Schallpegel vorweist. In der Lärmbekämpfung stellt sich die Aufgabe, Menschen, welche einem hohen Pegel ausgesetzt sind, vor einem derartigen Dauergeräusch zu schützen. Wir wissen beispielsweise, daß ein Dauerschallpegel über 85 dB(A) während eines achtstündigen Arbeitstages zu einem Lärmschaden des Ohres führen kann. Das Problem stellt sich dann beispielsweise so dar:

(a) Wenn ein Geräusch von 85 dB(A) bei 8 Stunden Arbeit täglich einen Hörschaden verursacht, bei wieviel Stunden tritt ein Schaden auf, wenn der mittlere Pegel 95 dB beträgt?

(b) Das Geräusch einer Maschine mit 90 dB(A) wirkt 10 Stunden auf eine Person ein; sie beurteilt dieses Geräusch auf folgender Skala (Störung nicht vorhanden - gering - klein - mittel - stark - unerträglich) als "unerträglich". Wieviele Stunden darf ein Geräusch von 96 dB(A) dauern, um als gleichermaßen "unerträglich" beurteilt zu werden?

Die ersten entscheidenden Hinweise kamen aus zwei Feldern: zum einen waren es die Untersuchungen im Umkreis der Audiologen Ward, Glorig und Sklar, die einen systematischen Zusammenhang zwischen zeitweiliger Hörschwellenverschiebung und Schalleinwirkungszeit feststellten (Lüpke 1965); zum anderen waren es Stevens, Rosenblith und Bolt (1955), welche zur Lösung des Problems wichtige Erkenntnisse eingebracht haben (vgl. dazu die zusammenfassende Darstellung bei Schuschke 1976, S. 26, sowie Lübcke und Gummlich 1966). Lübcke und Gummlich (S. 14) kommentieren diese Untersuchung so: "...Sie hatten allerdings keine Umfrage veranstaltet, sondern Beschwerden ausgewertet, die bei Firmen oder Kommunalbehörden über Belästigung durch Lärm eingelaufen waren. Ihre stark streuenden Werte ergaben, daß bei Halbierung der Einwirkungszeit für gleiche Belästigung der Geräuschpegel etwa um 3 dB erhöht werden durfte." An unserem Beispiel erklärt, bedeutet dies: Wenn ein Geräusch von 90 dB(A) nach 10 Stunden als "unerträglich" beurteilt wird, so müßte bei halber Wirkzeit ein Geräusch 90 + 3 dB betragen, um als gleich "unerträglich" erlebt zu werden; bei 96 dB würde die Einwirkungsdauer dann nur noch 2,5 Stunden betragen dürfen. Die Abbildung 5.6 zeigt einige Befunde zum Halbierungsparameter. (aus: Schuschke 1976, S. 26).

Ein zentrales Problem bei der Anwendung von Halbierungsparametern stellt die subjektive Einteilung der Zeit sowie deren subjektive Bedeutungserfüllung durch Personen dar; die Frage spitzt sich dann darauf zu: Wielange darf ein Schallereignis dauern, um noch sinnvoll durch eine Pause kompensiert zu werden? Darf 1 Minute Wirkungsdauer ebenso behandelt werden wie ein 8 Stunden-Tag oder gar eine ganze Schichtperiode von 28 Tagen? Einen extremen Fall der widersinnigen Anwendung des Halbierungsparameters beschreibt Schuschke (1976, S. 27): "Lübcke und Gummlich (1966) errechneten für einen 8-stündigen zulässigen Dauerschall von 65 dB(A) mit einem q = 4,5 dB nach 22 Halbierungsschritten als Äquivalent ein Geräusch von 153 dB(A) mit 6 ms Dauer, was z. B. 30 beliebig über die 8 Stunden Bezugszeit verteilten Gewehrschüssen (je etwa 0,2 ms Dauer) entspräche."

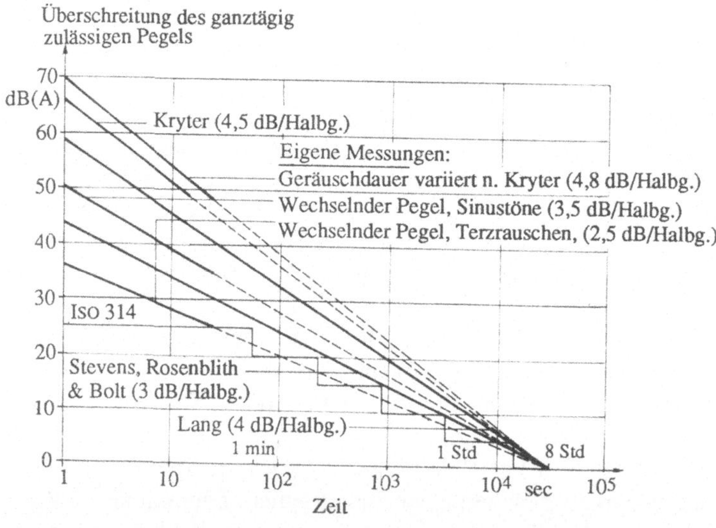

Abb. 5.6: Befunde zum Halbierungsparameter in der Untersuchung von Lübcke und Gummlich 1966 (aus: Schuschke 1976, S. 26).

Ein Hinweis: Die Größe der jeweils gültigen Halbierungsparameter ist in einzelnen Ländern uneinheitlich; dies verwundert schon dehalb nicht, weil bei der erstmaligen Einführung des Halbierungsparameters noch kaum Daten vorgelegen haben; als dann später Untersuchungen veröffentlicht wurden, erbrachten diese wiederum recht beachtlich divergierende Daten zur Wirkungsdauer; die weiteren Gründe für die Kontroversität der Meinungen sind verständlich, denn ein Halbierungsparameter von q=3 (beim normalerweise seltenerem, aber lauteren Fluglärm q = 4), der in deutschen Normen festgelegt ist, würde in Entwicklungsländern den Ruin der Wirtschaft bringen, weil der Halbierungsparameter natürlich auch eine wichtige Leitfunktion für die Berechnung der Kosten von Schallschutz hat. So setzte beispielsweise die amerikanische Regierung im Walsh-Healey Public Contracts Act im Jahre 1969 einen Beurteilungspegel von 90 dB(A) mit einem Halbierungsparameter von 5 dB(A) fest (Suter und Gierke 1987, p. 189). Zum anderen sind jedoch auch bei uns die Halbierungsparameter auch *nicht ausschließlich sachlich* begründet; so berichtet beispielsweise Martin (1982, S. 511) über eine Untersuchung von Lang (1981), wonach bei tatsächlicher Messung ein q von 1 bis 2 dB(A) gerechtfertigt wäre. Auch die Vorentwürfe der TALärm arbeiten noch mit einem q von 2,5 (Wolff-Zurkuhlen 1968, S. 2). Insofern könnte der Halbierungsparameter jederzeit zum Gegenstand von Vereinbarungen zwischen den Sozialpartnern bei Tarifauseinandersetzungen werden. Wenn man dann Ergebnisse aus verschiedenen Ländern, vor allem aber die Beurteilungspegel, vergleicht, so wird man schon deshalb vorher immer nach dem Halbierungsparameter zu schauen haben. Besonders von den Bürgerinitiativen gegen den Fluglärm wird ein q = 4 als ungerecht angeprangert (vgl. dazu die Ausführungen von Rinner bei der 98. Sitzung des Verteidigungsausschusses 1986, Protokoll S. 117).

Inwieweit kann sich die Verwendung des Halbierungsparameters auf Allgemeingültigkeit für alle Geräusche und Situationen berufen? Angenommen, wir hätten folgendes Meßprotokoll eines Überfluges (Abbildung 5.7):

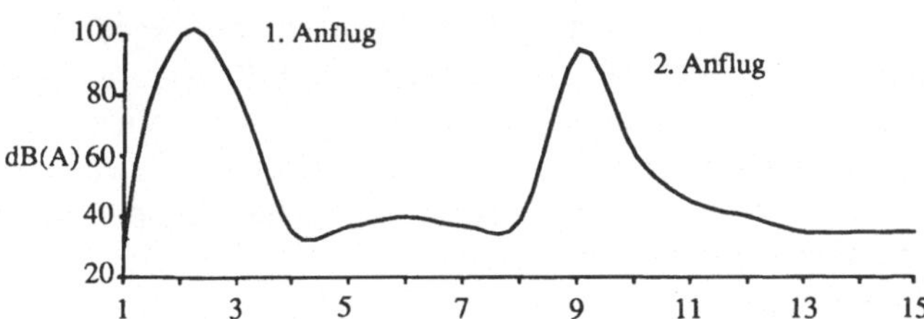

Abb. 5.7: Protokoll eines Überfluges.

Wenn wir nach der traditionellen Weise gemessen hätten, dann würden wir nur die Störgeräusche in der 2. und 9. Minute messen und einen L_{eq} berechnen, indem wir einen Abschlag für die Pausen in Rechnung stellen.

Beim L_{eq} messen wir kontinuierlich und erhalten somit für die Pausen den Wert ca. 35 dB(A); dieser Wert bedeutet hörmäßig einen Zustand ausgesprochener Stille in einem

Raum; in einer Mittelwertsberechnung drücken solche Pausenwerte natürlich den L_{eq} betragsmäßig nach unten.

Diese Meßcharakteristik des L_{eq} muß man kennen, um eine Kritik am L_{eq} zu verstehen: Der L_{eq} berücksichtigt nicht die *besondere Situation*, in der Geräusche auftreten, weil er davon ausgeht, daß große Störungen durch Stille bei den Pausen schematisch wieder ausgleichbar sind. In Wirklichkeit ist dieser Ausgleich leider nicht so einfach: Angenommen, bei unserem Beispiel handele es sich um ein Nachmittagsprotokoll aus einem Schlafzimmer in einer Tiefflugschneise. Ein Bewohner hat sich soeben hingelegt, um einen Mittagsschlaf zu machen; er ist soeben eingeschlafen, und in der zweiten Minute donnert ein Flugzeug über das Haus; er wacht auf und kann nicht mehr einschlafen.

Was nützen ihm die Lärmpausen für den Schlaf, auf den er als Kranker oder Schichtarbeiter vielleicht sehr dringend angewiesen ist? Würde der Bewohner eine Aufsichtsbehörde darum bitten, den L_{eq} zu messen, so würde der Betrag der für den *ganzen* Zeitraum zugestandenen Nachmittagsruhezeit so ausfallen, daß eigentlich ein einigermaßen ungestörter Schlaf möglich sein müßte. Ein Beleg dafür findet sich bei Andreas F. Naumann anläßlich der Sachverständigenanhörung des Verteidigungsausschusses des Deutschen Bundestages am 23. 6. 86 (S. 255): "Der Tieffluglärm - großflächig verteilt - tritt mal hier auf, mal da. Rechnet man das zusammen, kommt ein Dauerschallpegel heraus, noch unter dem Wert, der zulässig ist für Misch- und Wohngebiete" (vgl. dazu auch die Ausführungen von Gerd Jansen bei derselben Anhörung, S. 163).

Dieses Beispiel zeigt: Der L_{eq} würdigt die einzelnen Schallereignisse nicht immer in ihrer *wirklichen Bedeutung für Personen und deren Situationen*. In der Praxis der Begutachtung der Schallbelastung bietet dieser Umstand häufig Anlaß zur Anfechtung von Messungen. So erklärte ein vom Fluglärm betroffener Arzt aus Coesfeld in der o.g. Anhörung: "Ich bin kein Lärmsachverständiger, aber ich habe soviel kapiert, daß nämlich der Mensch nicht an den Durchschnittswerten erkrankt, sondern an den Spitzenwerten" (Mersmann 1986, S. 49).

Insofern scheint auch für die Beruhigung und Vertröstung von Personen, die vom Fluglärm betroffen sind, das Argument, die an ihnen vorbeiführende Straße habe einen höheren Lärmpegel als der Fluglärm, sachlich nicht vollständig. Rechtlich mag der Betreiber eines Flughafens richtig argumentieren, wiewohl die Gerichte zunehmend auch eine differenziertere Analyse anstreben und nicht mehr nur auf die Normen schauen. Besonders betroffen von dieser neuen Denkweise der Gerichte sind derzeit viele Sportanlagen, deren Betreiber nun außerordentlich verwirrt sind.

Wenn wir deshalb nachfolgend noch einige ungelöste Fragen zum L_{eq} erörtern, so sollte man sich immer bewußt sein: Alle Methoden sind nur Mittel zum Zweck, haben keinen Wert für sich. Diese Einstellung setzt uns in die Lage, weiter unbefangen über Vor- und Nachteile einzelner Integrationsverfahren nachzudenken. Daß es sich hierbei um ein Alltagsproblem handelt, zeigt folgende Anfrage im Deutschen Bundestag (Drs. 10/5029 vom 14. 2. 86, S. 6): "Wird die Bundesregierung Verordnungen und technische Regeln so ändern, daß nicht Schallschutzklassen, sondern absolute Höchstwerte der Innenpegel als Innengrenzpegel vorgeschrieben werden?"

Die Berücksichtigung des Zeitfaktors, insbesondere die Bewertung von Pausen, erweist sich als ein besonderes Problem der Wirkungsmessung. Unser Beispiel zeigt, wie problematisch der Wert einer Pause zwischen zwei Tieffliegern für einen Menschen ist, der schlafen wollte. Von hier aus liegt die Frage nicht mehr fern: Wie lange müßte eine Pause denn überhaupt dauern, um vorher oder nachher auftretenden Schall zu kompensieren zu können? Im Arbeitsleben ist dieses Problem durch die Zugabe von Lärmpausen auf der Grundlage des Halbierungsparameters gelöst worden (dafür einschlägig ist die VDI 2058). Auch Anwohner von Flughäfen können sich auf einen Halbierungsparameter berufen.

In unserem Beispiel wollte eine Person für 15 Minuten einen Mittagsschlaf machen. Welchen Flugplan würde er sich wünschen? Welche Regelungen sind ihm zuzumuten? Dies alles sind Fragen, welche sich an die Messung eines L_{eq} anschließen. Ganz allgemein wird man fragen: Wie lange muß eine Pause dauern, um überhaupt als "Stille" erlebt zu werden? Mit dieser Frage haben sich verschiedene Wirkungsforscher (Guski 1988, Fleischer 1978 und Krause 1978) in der Absicht beschäftigt, ein verbessertes Bewertungsverfahren für die Wirkung von Schall in Vorschlag zu bringen.

Trotz derartiger Bedenken führte die amerikanische Umweltbehörde (EPA) für die USA den L_{eq} in Form des L_{dn} als verbindliches Bewertungsverfahren für alle Umweltgeräusche ein. Shepherd (1987) ist sogar der Ansicht, daß ein so einfach zu handhabendes Verfahren notwendig ist, um in Zukunft alle Beteiligten und Betroffenen für die Lärmbekämpfung zu gewinnen. Hirsh (1987, p. 980) äußerte die salomonische Ansicht, der L_{eq} sei zwar nicht das ideale Bewertungsmaß, aber ein vielleicht gelungener Kompromiß zwischen audiologischer Schallwirkungsforschung und Community Noise-Forschung, zwischen Tradition und aktuellem Forschungsstand. Andererseits meinte Gunn ironisch (1987, p. 412), der sich gegen die *Ausschließlichkeit* des L_{eq} bzw. des L_m aussprach, diese Bewertungsmaße schützten zwar jedermann - außer die Öffentlichkeit!

Für die Praxis der Lärmbekämpfung und die Schallbewertungsforschung erwächst daraus die erneute Aufgabe, nach zwanzig Jahren Bilanz zu ziehen und zu prüfen, inwieweit sich der L_{eq} in den großen Feldstudien für die Prognose bzw. Prävention von Schäden und erheblichen Belästigungen betroffener Menschen bewährt hat; wofür ist der L_{eq} repräsentativ? Welche Beeinträchtigungen vermag er vorherzusagen?

5.2.4   Das Taktmaximalpegel-Verfahren

Zur Terminologie: Das Taktmaximalpegel-Verfahren ist ein in der TA Lärm beschriebenes Bewertungsverfahren. Wir werden nicht auf die Einzelheiten der dort festgelegten Berechnungsschritte eingehen, sondern nur einige Grundideen darlegen.

Gehen wir einmal dsavon aus, daß der Schallpegel in konstanten Zeitintervallen gemessen wird. Welchen Wert *innerhalb* eines einzigen Zeitintervalls, in dem selbst wieder unterschiedliche Schallpegel beobachtbar sind, betrachten wir als kennzeichnend für die Schallbelastung? Erachten wir nun einmal innerhalb eines Zeitintervalles den jeweils höchsten Wert als Repräsentant der Belastung! Demgegenüber wird ja beim normalen Momentanwertverfahren der in konstanten Intervallen gemessene Wert erfaßt, wie das Schema der Abbildung 5.8 zeigt.

Überträgt man diese Werte in ein Flächendiagramm, so erkennt man leicht, daß diese Vorgehensweise einen wesentlich höheren Wert erbringt, wie die Abbildung 5.9 zeigt.

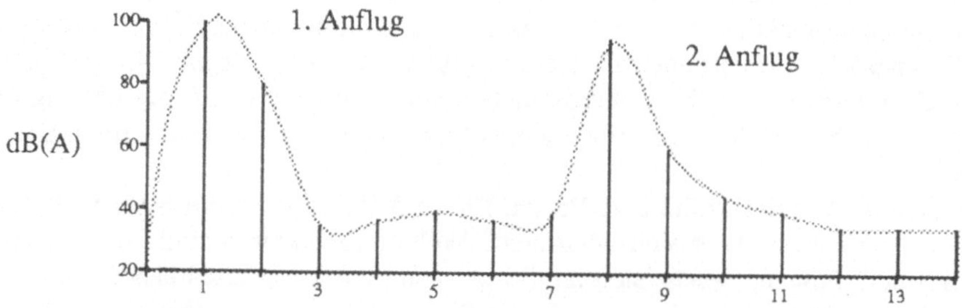

Abb. 5.8: Schema des Amplitudenverlaufes eines Geräusches. Werte beim Momentanwertverfahren.

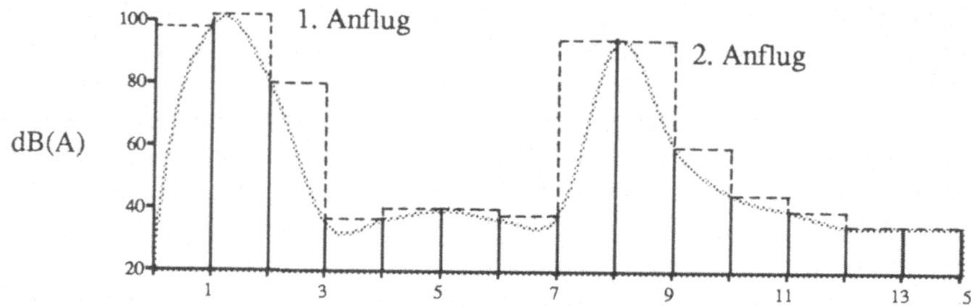

Abb. 5.9: Schema des Amplitudenverlaufes eines Geräusches. Gestrichelte Linie: Orientierung am Höchstwert eines Taktes, Punkte: Orientierung am Momentanwert.

Nun sind der Phantasie keine Grenzen gesetzt, dieses Meßverfahren zu variieren; man kann vor allem die Zeittakte verändern: Verlängert man beispielsweise die Intervalle, so wird unser Wert ansteigen, da ja aus den höheren Werten nochmals der höchste Wert ausgewählt wird, wie das Beispiel der Abbildung 5.10 zeigt; hier werden immer 3 Takte zusammengefaßt.

Hier wird sehr deutlich: Je mehr man bei diesen Verfahren die Takte zeitlich verlängert, umso strenger wird das Verfahren. Am Beispiel des überfliegenden Düsenjägers erläutert: Wenn wir einen Zeittakt von 60 s wählen, so nähert sich das Flugzeug mit 60 dB(A), steigt rasch bis zu 110 dB(A) an und klingt wieder ab. Wenn wir den höchsten Wert von 110 dB(A) als Repräsentanten dieses 60-Sekunden-Zeittaktes nehmen, so haben wir sehr streng bewertet. Treibt man das Verfahren bis zum Extrem, so kann man den Höchstwert eines langen Zeitabschnittes nehmen; so könnte man als Betroffener des Tieffluglärms auf die Idee kommen, den Höchstwert eines ganzen Tages, der bei einem einzigen Überflug 125 dB(A) betragen kann, als Repräsentanten der Schallbelastung zu betrachten.

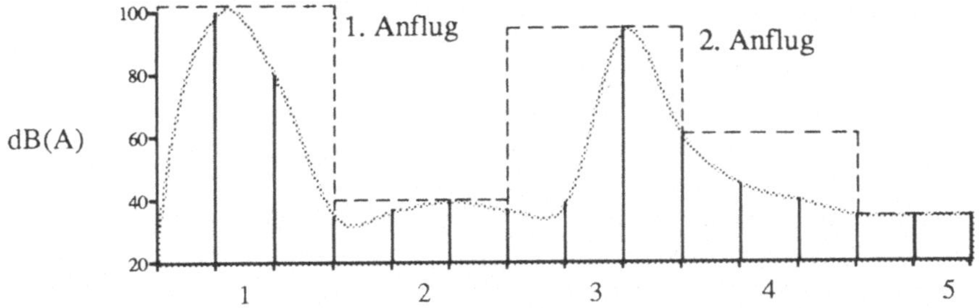

Abb. 5.10: Beispiel einer Zusammenfassung von 3 Takten zu einem einzigen Takt.

Unsere Erörterung läßt an diesem Punkt erkennen, daß der L_{eq} nur bedingt in der Lage ist, Schall aus der Sicht von Schlafstörungen oder auch auraler Schädigung zu bewerten. Ein einziger Knall von 145 dB(A) vermag ein Trommelfell zum Platzen zu bringen; dieses einzige Ereignis würde in einem L_{eq} über 8 Stunden zur Bedeutungslosigkeit absinken; für Fälle dieser Art eignet sich deshalb das Verfahren des *Taktmaximalpegels* besser.

Umgekehrt wiederum erschiene es ebenso fragwürdig, wenn man beispielsweise den höchsten Pegel nun zum Kriterium für den Einbau von Schallschutzfenstern gegen den Flugzeugschall machen würde: Wie wäre es zu rechtfertigen, allen Bewohnern von Gebieten, die *ein Mal* am Tag von einem Flugzeug bei 110 dB(A) *Spitzenpegel* überflogen werden, sowohl Schallschutzfenster zu verordnen oder zu schenken, welche so isolieren, als ob sie einem Dauerlärm von 110 dB(A) ausgesetzt wären. Darüber kann man zumindest unterschiedlicher Meinung sein - nicht nur aus physikalischer und finanzieller Sicht.

Ein weiteres anschauliches Beispiel für den Unterschied zwischen dem äquivalenten Dauerschallpegel und dem Taktmaximalpegel liefert Meurers (1988, 1989): Wenn man bei einem Hintergrundpegel von 51 dB ein 6-minütiges Geräusch von 70 dB auf 16 Stunden bezieht, so erhält man einen $L_{eq} = 53$ dB.

Verteilt man jedoch beim gleichen Hintergrundpegel die 6 Minuten mit 70 dB auf 1800 Einzelgeräusche von jeweils 0,2 s Dauer (d.h. 16 Stunden lang jede 32. Sekunde ein Geräusch von 70 dB), so bleibt wegen des gleichen Energieinhaltes ein L_{eq} von 53 dB.

Erlebnismäßig dürfte jederman den zweiten Fall als weitaus unerträglicher erleben. Rechnerisch stellt sich die Situation nach Hans Meurers folgendermaßen dar (sie wurde uns freundlicherweise vom Autor zur Verfügung gestellt):

Bezugszeit: 16 h = 960 min = 57.600 s

Geräusche: $L_1 = 70$ dB und $L_0 = 51$ dB

Fall a L_1: 6 min im Block

            L_0: Rest der Zeit: 960 - 6 = 954 min

Fall b L_1: 1800 mal 0,2 s im 32 s Abstand

            L_0: in den Zwischenzeiten

L_{eq} für Fall (a) und (b): $L_{eq} = 10 \log [1/960 (6 * 10^7 + 954 * 10^{5,1})] = 52,7$

Berechnen wir jedoch für den Fall (a) und (b) die Taktmaximalpegel, so ergeben sich folgende Werte: Bei einer Taktzeit (T) von 5 s erhalten wir für beide Fälle folgende Anzahl der Takte (N):

	Fall (a)		Fall (b)	
Mit L_1 belegte Takte:	$N_1 = 6 * 12$	$= 72$	$N_1 = 1800 * (1 + 0.2/5)$	$= 1872$
Mit L_0 belegte Takte:	$N_0 = 954 * 12$	$= 11448$	$N_0 = N - 1872$	$= 9648$

Diese Werte können wir nun in die Gleichung einsetzen und erhalten

für den Fall (a): $L_{FTm} = 10 \log [1/11520 (72 * 10^7 + 11448 * 10^{5,1})] = 52,7$
für den Fall (b): $L_{FTm} = 10 \log [1/11520 (1872 * 10^7 + 9648 * 10^{5,1})] = 62,4$

Auch für längere Taktzeiten bleibt der Taktmaximalpegel L_{FTm} im Fall (a) praktisch stets derselbe, nämlich 53 dB, aber nicht im Fall (b), wie die nachfolgende Rechnung für eine Taktzeit von 16 s und damit 3600 Takte zeigt:

Mit L_1 belegte Takte:	$N_1 = 1800 (1 + 0,2/16)$	$= 1822,5$
Mit L_0 belegte Takte:	$N_0 = 3600 - N_1$	$= 1777,5$

$L_{FTm} = 10 \log [1/3600 (1822,5 * 10^7 + 1777,5 \times 10^{5,1})] = 67,1$

Vergrößert man schließlich die Taktzeit auf 60 s, so sind alle Takte mit L_1 belegt; der L_{FTm} würde demnach 70 dB betragen. Hier wird deutlich erkennbar, daß die Wahl der Taktzeit für die Darstellung der Wirkung von ausschlaggebender Bedeutung ist.

Meurers weist darauf hin, daß bei der Erarbeitung der TALärm allein das Taktmaximal-Verfahren mit einer Taktzeit im Bereich von 10 bis 60 s vorgesehen war, später aber von einigen Interessengruppen auf 5 s "heruntergehandelt" worden sei; so blieb es bei der Formulierung einer Taktzeit "von längstens 5 s", wie es ja schon teilweise in der VDI 2058 empfohlen wird. Aus Wirkungsaspekten müßte nach Meurers Ansicht eine *Taktzeit* von 30 s festgelegt werden.

Geschichtlich entstand der Taktmaximalpegel, als man versuchte, die VDI-Richtlinie 2058 vom Juli 1960 zu interpretieren; dabei ging man nach Meurers (1989) von der Einsicht aus, wonach "jede kurze Einzelstörung subjektiv im Prinzip länger belästigend wirkt als ihrer physikalischen Dauer entspricht"; deshalb wird "jedem Einzelereignis eine *Mindestwirkzeit* zugeordnet, die Taktzeit. Mehrere Einzel-Ereignisse innerhalb des gleichen Zeittaktes wirken dabei wie *ein* Ereignis, insgesamt werden aber kurzen Einzel-Ereignissen Verweilzeiten zugeordnet, die erheblich länger dauern als die eigentlichen Signale."

Dieses Beispiel belegt, daß die Wahl eines Bewertungsverfahrens nicht nur vom Verfahren selbst bestimmt wird, sondern vor allem von bestimmten Zwecken und Zielen, die man sich setzt und für deren Erreichung solche Verfahren die Mittel dazu darstellen. Meurers nahm dies verschiedentlich zum Anlaß, gegen rein statistische Auswertungen von Meßdaten, wie sie derzeit verschiedentlich vorgeschlagen werden, Front zu machen;

er wählte dafür das Beispiel einer zweigipfligen Verteilung, für die jemand unzutreffenderweise ein arithmetisches Mittel berechnet. Dem mit Statistik Vertrauten wird dieser Gesichtspunkt nicht ganz neu sein, denn er hat es ja häufig beispielsweise mit zweigipfligen Verteilungen zu tun und weiß, daß ein arithmetisches Mittel eine denkbar unzutreffende Insgesamtbeschreibung einer Situation darstellen würde. Allerdings muß man vorsorglich hier auch anfügen: Hier hilft die Abschaffung der Statistik, wie sie von Meurers teilweise dann gefolgert wird, nicht weiter, sondern nur deren richtige und vernünftige Anwendung.

Neuerdings hat die japanische Forschergruppe um Sone (Suzuki 1990) einen ganz ähnlichen Vorschlag wie jenen von Meurers veröffentlicht. Bemerkenswert erscheint uns daran, daß diese Gruppe ihren Vorschlag wissenschaftlich strikt validieren konnte, was beim deutschen Taktmaximalpegel eher durch praktische Erfahrung kundiger Akustiker intuitiv richtig begründet war.

Unseren Darlegungen kann man entnehmen, daß sich eine Grenzwertdiskussion zwischen dem L_{eq} und dem Maximalpegel bewegen kann; es würde deshalb nicht überraschen, wenn in Zukunft ein Mittelwert aus L_{eq} und dem Höchstwert als Grenzwert beispielsweise für die Fluglärmbelastung festgelegt würde, zumal der Länderausschuß für Immissionsschutz unlängst in seinen "Hinweisen zur Beurteilung der durch Freizeitanlagen verursachten Geräusche" bei Veränderung und Beurteilung vorhandener Anlagen von einem Beurteilungspegel ausgeht, der sich aus dem arithmetischen Mittel von L_{eq} und L_{FTm} zusammensetzt. Da der Taktmaximalpegel mit der Verlängerung der Zeittakte immer mehr zu einem *Wirkpegel* (Meurers hatte seinerzeit für den Mittelungspegel aus den Taktmaximalpegeln den Begriff Wirkpegel eingeführt, vgl. die TALärm) wird, lehnen ihn jene Akustiker ab, welche sich dafür aussprechen, bei Messungen immer den physikalischen Aspekt vom Wirkungsaspekt möglichst klar zu trennen. Wir werden weiter unten auf dieselbe Problematik bei der Wirkungserfassung nochmals zurückkommen, wenn wir die verschiedenen Versuche zur Pausenbewertung darstellen werden; der Taktmaximalpegel nämlich stellt einen frühen Vorschlag zur differenzierteren Betrachtung der Schallereignis-Pausen-Struktur dar. Die Diskussion darüber wird gewiß in den nächsten Jahren zunehmen, weil eben auch die Rechtssprechung zusehends andere Aspekte als nur die Normen einführt, wie sich in verschiedenen Sportstättenurteilen gezeigt hat.

Bevor wir fortfahren, nochmals ein Wort zur Bewertungsidee: Der Vollständigkeit der Argumente wegen muß man auch anfügen, daß insbesondere Physiker Bedenken gegen Bewertungsverfahren vorbringen, weil sie meinen, daß die Messung der physikalischen Parameter allein schon mit so vielen Meßfehlern behaftet sei, so daß man dann nur noch Meßfehler mit Meßfehlern bewertet. Hier erkennt man auch sehr deutlich den Zweifel einiger Akustiker am Wert neuer Bewertungsverfahren, wie sie von Psychometrikern und Sozialwissenschaftlern gerne vorgeschlagen werden. Für jenen, der diese Zweifel teilt, relativiert sich auf dem Hintergrund solcher Überlegungen die Bedeutung von Auseinandersetzungen *zwischen* den unterschiedlichen Bewertungsverfahren um das angemessenste. Bei dieser Ablehnung scheinen sich die vorwiegend physikalisch argumentierenden Akustiker und jene Psychologen, welche die Allgemeingültigkeit psychophysischer Gesetze grundsätzlich in Abrede stellen, die Hand zu reichen.

5.2.5 Die Berücksichtigung der Wirkzeit von Maximalpegeln

Wir haben gesehen, daß sowohl der L_{eq} als auch der Maximalpegel häufig nicht die Lästigkeit oder Schädlichkeit richtig repräsentieren. Bei der weiteren Suche nach einem solchen Schädlichkeitskriterium kamen die Akustiker auf die Idee, nicht nur den Maximalwert allein zu betrachten, sondern die Wirkungsdauer eines solchen Höchstwertes mitzubedenken. Die Frage lautete: welche Zeitdauer könnte die Spitzenbelastung kennzeichnen?

Eine Antwort darauf lautet: Man subtrahiert vom Maximalwert 10 dB und betrachtet die Zeit dieses Wertes als Belastungszeit. Nimmt man einmal das Beispiel der Abbildung 5.11 eines Überfluges.

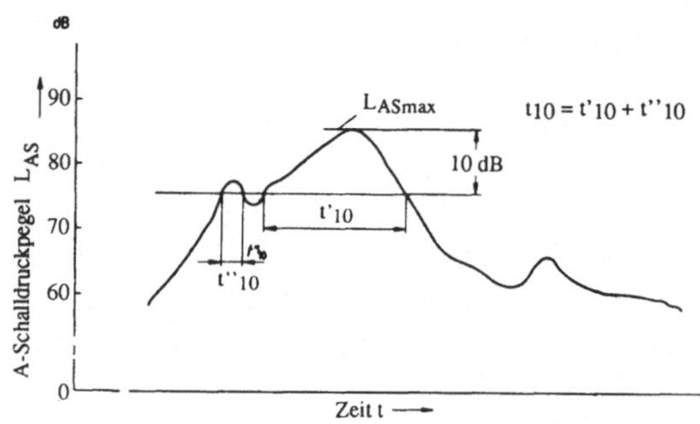

Abb. 5.11: Typischer Verlauf des Schalldruckpegels eines Fluglärmereignisses (aus DIN 45 643, Teil 1, S. 2).

Diese 10 dB-Zeit (engl. 10 dB-downtime) ist beispielsweise in dem deutschen Gesetz zum Schutz gegen Fluglärm (1971) vorgesehen. Damit wird es möglich, für gleichartige Lärmquellen (wie Flugzeuge) die Spitzenbelastungsdauern miteinander vergleichen zu können: Je extremer ein Spitzenpegel ausgeprägt ist und je länger dieser andauert, als umso schädlicher wird man ihn beurteilen.

Nun aber kann man dagegen schon wieder folgendes Beispiel ins Feld führen: Stellen wir uns einmal folgende Überflugsituationen vor, wie sie bei Spreng, Leupold und Emmert (1987, S. 16) dargestellt ist (Abbildung 5.12).

Das Verkehrsflugzeug befindet sich z.B. im Landeanflug auf einen Flughafen; vergleicht man einmal die 10 dB-Zeiten beider Überflüge, so hat das Verkehrsflugzeug 8,5 s, der Tiefflug nur 1,5 s, wobei die Spitzenpegel in einem Falle ca. 80 dB, beim Tiefflug 90 bis 125 dB betragen. Folglich müßte der Verkehrsflug schädlicher oder lästiger als der Tieflieger ausfallen; dies scheint aber erfahrungsgemäß keineswegs der Fall (vgl. Spreng, Leupold und Emmert 1987, S. 36 ff). Aus diesem Grunde wäre also zu bedenken, ob bei einem so extrem impulsförmigen Tieffluglärm die 10 dB-Zeit eine sinnvolle Grösse darstellt. Mit Spreng, Leupold und Emmert 1987 kann man ebenfalls fragen, ob in diesem Fall nicht die 20 dB-Zeit oder 30 dB-Zeit angemessener wäre.

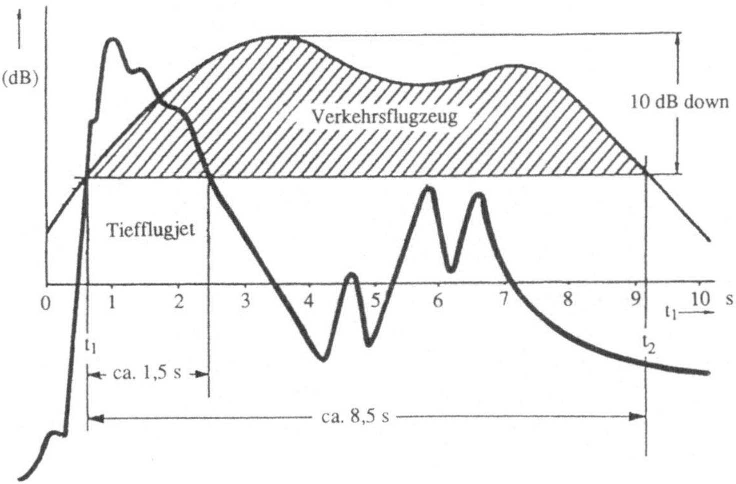

Abb. 5.12: Relativer Vergleich des Zeitverlaufs eines Tiefflugjetgeräusches mit dem Überfluggeräusch eines Verkehrsflugzeuges (aus: Spreng, Leupold und Emmert 1987, Bild 2.2., S. 16).

5.2.6 Überschreitungspegel oder Summenhäufigkeitspegel (L_N)

Der L_{eq}, der ja alle Schallereignisse über beliebig lange Zeiten in einem Wert zusammenfaßt, ist nicht in der Lage, differenziert über Extremwerte Auskunft zu geben. Wenn man es mit schwankenden Geräuschen zu tun hat, so wird man auch danach fragen, welche Schallpegel oder Schallpegelklassen erreicht oder überschritten sind. Diesen Anteil kann man prozentual ausdrücken.

Verfahren: Man stellt alle Einzelschallpegel zu einer Pegelstatistik zusammen und bestimmt für jeden absoluten Wert den relativen Anteil an der Gesamtzahl und summiert diese Anteile auf, wie in Tabelle 5.9 gezeigt.

Als besonders wichtige Summenhäufigkeitspegel haben sich in der Akustikforschung folgende Pegel erwiesen:

5.2.6.1 Der Grundgeräuschpegel, Hintergrundpegel oder das Hintergrundgeräusch (L_{90} bzw. L_{95})

Die Zahl 90 bedeutet, daß der Pegelwert in 90% der Meßdauer erreicht oder überschritten wurde. "Er ist für eine bestimmte Geräuschsituation wegen seines hohen Index - Prozent-

Tabelle 5.9: Beispiel zur Berechnung der Summenhäufigkeitspegel.

dB(A)	n	%	L_N	dB(A)	n	%	L_N
50	0	0	0	45	40	20	67
49	2	1	1	44	32	16	83
48	16	8	9	43	14	7	90
47	30	15	24	42	14	7	97
46	46	23	47	41	6	3	100

satzes besonders typisch und repräsentativ und wird daher als Grundgeräuschpegel bezeichnet". (Rielander 1982, S. 386). Die VDI 2058 und die ÖAL-Richtlinie Nr. 3, Blatt 1, definieren beispielsweise das Hintergrundgeräusch mit 95%. Ebenso verwenden die Bauakustiker gerne diesen Pegel zur Erfassung der Grundgeräuschsituation in einer Wohnung. Aus diesem Grund wird er oft auch als kennzeichnend für die Nachtzeit angesehen. In der Tabelle 5.9 liegt der L_{90} bei 43 dB(A).

5.2.6.2   Der mittlere Schallpegel (L_{50})

Dieses Maß wird beispielsweise in Japan zur Bewertung von Straßenverkehrslärm und Umweltlärm vor allem zur ersten Feststellung eines Sachverhaltes durch die Polizei und andere Ordnungsbehörden verwendet. Yu (1987) führte für den Straßenverkehrslärm in der Stadt Seoul den Nachweis der größten Bewährung des L_{50} gegenüber dem L_{eq} und dem Traffic Noise Index (TNI) - validiert am kategorialen Lästigkeitsurteil.

5.2.6.3   Der Spitzenpegel oder Spitzenschallpegel (L_1)

"Gemeint ist derjenige Schallpegel, der nur in 1% der Meßdauer erreicht oder überschritten wird und der auch unter dem Begriff Spitzenschallpegel bekannt ist. Dabei handelt es sich - wie der genaue Index - Prozentwert erscheinen läßt - um seltene Spitzen bei Geräuschen mit zeitabhängig schwankendem Pegel (wie etwa Verkehrslärm)" (Rieländer 1982, S. 386). Der L_1 in der Tabelle 5.9 beträgt 49 dB(A).

5.2.6.4   Der Summenhäufigkeitspegel (L_{10})

Der L_{10} wurde auch schon als physikalisches Belastungsmaß vorgeschlagen und damit für die Grenzwertbestimmung verwendet, weil er in der frühen englischen Untersuchung des Wilson Committee mit der subjektiven Belästigung bzw. Dissatisfaction sehr hoch korrelierte - allerdings mehr für die Tages- als die Nachtzeit. Scholes und Sargent (1971, insbesondere p. 212-234) haben in einem Beitrag das Verfahren der Belastungsprognose genau beschrieben. In den USA als auch in England wird der L_{10} zur Feststellung der Belastungsgrenze für Straßenverkehrslärm verwendet (Lang 1975; Large und Taylor 1975).

Abschließend nochmals zur Verwendung der Summenhäufigkeitspegel: Die DIN 45 642 ("Messung von Verkehrsgeräuschen") äußert sich zur Verwendbarkeit von Summenhäufigkeitspegeln so: "Zusätzlich können für die Kennzeichnung des Schwankungsbereiches der A-Schallpegelwerte die Pegel angegeben werden, die zu 95%, 5% und 1% der Meßdauer erreicht oder überschritten werden. Sie werden als Summenhäufigkeitspegel L_{95}, L_5 und L_1 bezeichnet. Der Summenhäufigkeitspegel L_{95} kennzeichnet in etwa das Grundgeräusch, die Differenz L_5-L_{95} kennzeichnet die Schwankung des Verkehrsgeräusches. Bei großer Verkehrsdichte entspricht L_1 angenähert dem mittleren Spitzenpegel der vorbeifahrenden Fahrzeuge. Bei geringer Verkehrsdichte, insbesondere bei relativ kurzer Meßdauer und geringem Abstand, ist L_1 schlecht reproduzierbar und von geringem Aussagewert" (S. 1). Dasselbe gilt übrigens für den L_{50}: Wenn beispielsweise die Verkehrsdichte gering ist, so verliert er an Aussagekraft.

In verschiedenen englischen Schallbewertungsmaßen (Noise and Number Index, Traffic Noise Index, Noise Pollution Level) erlangen kombinierte Summenhäufigkeitspegel L_1, L_{10}, L_{50}, L_{90} eine große Bedeutung (vgl. dazu die Untersuchungen von Elshorbagy 1984 in der arabischen Königstadt Jeddah), weil damit auch das Lärmklima, d.h. das Ausmaß der Pegelschwankungen, besser dargestellt werden kann. Ein Beispiel für die Bewährung kombinierter Summenhäufigkeitspegel findet man in der Arbeit von de Camp, de Camp-Schmidt und Wieczorek (1980), die in einer Frauenklinik nachweisen konnten, daß der L_{10}-L_{50} und der L_{10}-L_{90} im Gegensatz zum L_{eq} mit der Schlafqualität signifikant korrelierte.

5.3 Die Berechnung des gemeinsamen Schallpegels mehrerer Schallquellen

Unsere bisherigen Darlegungen zum Mittelungspegel zeigen, daß die Berechnung der durchschnittlichen Belastung und Belästigung ein erhebliches empirisches Wissen über das Zusammenwirken von Schallereignissen in der Zeit erfordern (vgl. dazu Halbierungsparameter). In der Praxis der Lärmbekämpfung steht man jedoch oft vor der Aufgabe, zunächst einmal den Schallpegel mehrerer gleichzeitig wirkender Quellen zu berechnen.

5.3.1 Die Addition von Schallpegeln

Wenn man beim Zusammenwirken mehrerer Geräusche die Pegel einzelner Geräuschquellen für sich erfassen will, dann muß man nach den Regeln der Addition von dB-Werten verfahren; da es sich bei der dB-Skala um eine logarithmisierte Verhältnisskala handelt, wäre es unzulässig, das arithmetische Mittel aller Einzelwerte zu nehmen. Vielmehr gilt hierfür das Rechenverfahren der Tabelle 5.10.

Tabelle 5.10: Die Addition von Schallpegeln mit Hilfe der Differenzbestimmung. Es bedeuten D: Differenzwert der beiden Schallquellen; Z: Zuschlag für die Schallquellen mit höherem dB-Wert.

D:	0	0,5	1	1,5	2	2,5	3	4	5	6
Z:	3,0	2,8	2,6	2,2	2,1	2,0	1,8	1,5	1,2	1

D:	7	8	10	13	15
Z:	0,8	0,6	0,4	0,2	-

Danach messen wir zunächst die Schalldruckpegel der einzelnen Lärmquellen, bestimmen anschließend den Differenzbetrag (D) dieser Pegel, lesen dafür in der Tabelle 5.10 den Zuschlag (Z) ab und addieren diesen zum jeweils höheren Wert.

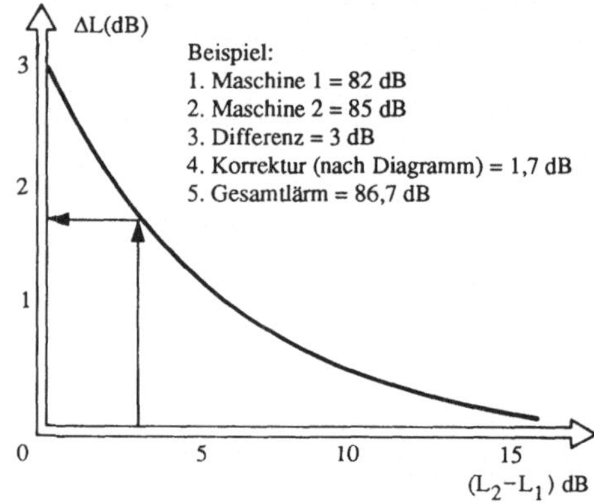

Abb. 5.13: Die Addition von Geräuschpegeln (aus: Brüel und Kjaer, Schallmessung 1984, S. 30).

Der Abbildung 5.13 kann man für die Differenzbetrag der beiden Meßwerte entnehmen und und den Additionszuschlag ablesen, sodaß man mit White (1975, p. 40) zu den Werten der Tabelle 5.10 kommt.

Für den Fall, daß mehrere Schallquellen mit gleichem dB-Wert zusammenwirken, empfiehlt die DIN 18 005 (von 1971) folgende Faustregel:

Zahl der Schallquellen	1	2	3	4	5	8	10
Pegelerhöhung in dB(A)	0	3	5	6	7	9	10

Jedesmal, wenn sich die Zahl der Schallquellen verdoppelt, kann man 3 dB addieren. Dieses Rechenverfahren kann man nun auf die Anzahl von Autos, schreienden Kindern, Anzahl von Festbesuchern und anderen Schallereignissen übertragen. Weiß man beispielsweise, daß täglich 500 Autos durch ein Wohngebiet fahren und dort 52 dB(A) Lärm machen, so kann man hochrechnen: Wenn der Verkehr auf 1000 ansteigt, so steigt der L_{eq} auf schätzungsweise 55 dB(A).

Auf diese Weise wird es möglich, aus dem Schallpegel einzelner Schallquellen den Gesamtpegel zu errechnen; allerdings wird man sich dabei immer bewußt bleiben, daß es sich hierbei um errechnete, nicht gemessene Pegel handelt. Dieses Rechenverfahren wird vor allem für die Prognose der Schallpegel von Geräuschen verwendet, beispielsweise in der Stadtplanung bei der Prognose der Schallbelastung in einzelnen Straßen und Ortsteilen. Hierbei arbeitet man natürlich mit verschiedenen Unterstellungen, wie (a) das Geräusch sei kontinuierlich; (b) alle Geräuschquellen seien gleich laut, beispielsweise alle Personenkraftwagen, die eine Straße durchfahren; (c) alle Lärmquellen wirkten gleichlange, z.B. alle Fahrzeuge hielten sich gleich lang in einer Straße auf.

Diese Verfahrensweise hat sich empirisch in gewissem Rahmen als gerechtfertigt erwiesen; da aber bei solchen pauschalen Berechnungen Windverhältnisse, Feuchtigkeit, Temperatur, Wetterlage, Straßengüte, Bebauungsweise u.a. nicht differenziert berücksichtigt werden können, wird man solche berechneten Werte immer auch durch gemessene Werte zu ersetzen versuchen.

5.3.2   Die Subtraktion von Schallpegeln

Die Subtraktion von Geräuschpegeln wird in all jenen Fällen zur Verwendung gelangen, bei denen es gilt, den Schalldruckpegel einer einzelnen Schallquelle, die zusammen mit anderen Quellen wirkt, auszumachen. Ein solcher Fall liegt etwa dann vor, wenn in einem Betrieb der Schallpegel einer Maschine in einem Maschinensaal gemessen werden soll. Das Verfahren gestaltet sich nach dem Schema der Abbildung 5.14.

5.4   Beurteilungsverfahren und Beurteilungspegel

In den vorangegangenen Kapiteln sind wir darauf eingegangen, wie man in der Akustik das Problem der Frequenzabhängigkeit der Lautstärke durch die Einführung der A-Bewertung gelöst hat; darauf aufbauend haben wir dargelegt, wie man die Wirkung des so bewerteten Schalls über große Zeiträume berechnen kann, z.B. in Form des äquivalenten Dauerschallpegel, zum Beispiel in dB(A) gemessen. Die Berechnung von L_m bzw. L_{eq} und L_r ist in der DIN 45 641 geregelt.

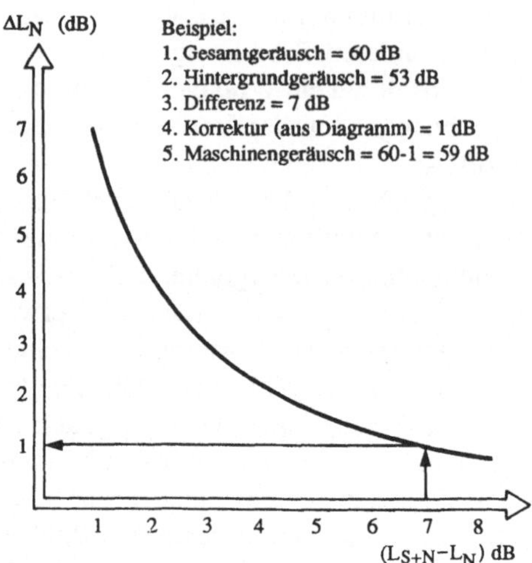

Abb. 5.14: Die Subtraktion von Geräuschpegeln (aus: Brüel und Kjaer, Schallmessung 1984, S. 29).

Unseren knappen Ausführungen kann man entnehmen, daß der äquivalente Dauerschallpegel nur eine unter mehreren Lösungen darstellt, da die *Wirkung* des Schalls von vielen weiteren Faktoren abhängt, nicht nur vom durchschnittlichen A-bewerteten Schallpegel. So erscheint es ja als bedeutungsvoll, ob ein Geräusch tags oder nachts ertönt, ob es kontinuierlich erschallt oder immer wieder an- und abschwillt; es ist ebensowenig gleichgültig, an welchem Ort ein Geräusch auftritt. Wie kann man allen diesen Umständen Rechnung tragen? Die Praxis der Lärmbekämpfung beschreitet zur Lösung dieses Problems zwei Wege:

(a) Gesetzgeber, Normenvereinigungen und andere Verbände beschließen bestimmte Anhalts-, Richt-, Grenz- oder Immissionsrichtwerte, in denen versucht wird, Personen in *definierten* Situationen vor *definierten* Schallbelastungen zu schützen. Damit kann für eine Situation ein bestimmtes Meßverfahren mit einer Grenzwertregelung verbunden werden (z.B. Nachts darf der L_{eq} nicht mehr als 55 dB(A) betragen).

(b) Um aber den vorhin erwähnten Umständen Rechnung zu tragen, wird das Verfahren zur Errechnung des L_{eq} nochmals um weitere Aspekte differenziert:
- Die Zeit, in der ein Geräusch auftritt (Tag, Nacht),
- Die Ton- und Impulshaltigkeit eines Geräusches.

Der Halbierungsparameter stellt ebenso einen solchen weiteren Aspekt dar, um die Länge einer Pause im Verhältnis zur Schallereignisdauer zu berücksichtigen.

Das integrierte Maß, welches alle diese und weitere Aspekte berücksichtigt, nennen wir in der Akustik Beurteilungspegel (L_r). Ein solcher Beurteilungspegel kann beispielsweise von folgender Gestalt sein:

$$L_r = L_{eq} + \text{Tonzuschlag } (k_T) + \text{Impulszuschlag } (k_I) + \text{Zuschlag XY}(k_{XY})$$

Das Mittel des Beurteilunspegels gestattet also, einheitliche Richtwerte zu formulieren und trotzdem den unterschiedlichen Situationsgegebenheiten differenziert Rechnung zu tragen.

Man erahnt aber schon hier, daß die Vergleichbarkeit bzw. Gleichwertigkeit von Belastungen zwar ein hohes Ideal darstellt, in der Praxis jedoch erhebliche Probleme aufwirft, zumal die Betroffenen selbst genug Phantasie aufbieten, weitere *bisher unberücksichtigte* Aspekte einzuführen, welche die Bewertungslogik der Akustiker erheblich ins Schwanken bringen. Man kann sich etwa fragen, ob ein 35 dB(A) Nachtwert *gleichwertig* mit 45 dB(A) Tageswert sei, oder ob 6 dB(A) Impulszuschlag ausreichend seien, um Ruhe zu gewährleisten? Diskussionen dieses Inhalts durchziehen die Schallwirkungsforschung und Grenzwerterörterungen vor Gerichten in breitem Ausmaß.

Beurteilunspegel können demnach sehr unterschiedlich definiert werden: Sie können wenige, aber auch viele Aspekte als berücksichtigungswert ausweisen. Daraus resultiert die Vielfalt der Verfahren zur Berechnung der Beurteilungspegel. Den Psychologen und Sozialwissenschaftler machen wir darauf aufmerksam, daß sich über den Beurteilungspegel der direkte Weg zur Berücksichtigung psychologischer Gesichtspunkte in der Schallbewertungsforschung eröffnet.

Wir werden nachfolgend auf einige wenige Aspekte eingehen, soweit sie in wichtigen nationalen und internationalen Normen Eingang gefunden haben.

5.4.1 Die Berücksichtigung des Bezugszeitraumes

Dabei wird die Mittelung auf bestimmte Zeiträume bezogen ("Bezugszeitraum"). In der Arbeitswissenschaft spielt dieser Faktor eine hervorgehobene Rolle (Vgl. dazu weiter Schmidtke, Bubb, Rühmann und Schaefer 1981, S. 30), aber auch im Bereich der Nachbarschaft von Flughäfen und Industrieanlagen, kurz: überall dort, wo der Gesetzgeber für bestimmte Zeiten und Zeiträume einen Anspruch auf Schutz in Form von Grenzwerten garantiert (vgl. dazu die Ausführungen zu Composite Rating Noise Curves bei Shepherd 1987).

Welche Bedeutung die Festlegung von Zeiträumen für ein Mittelungsverfahren, wie den L_{eq}, hat, soll nochmals anhand unseres vorhin erwähnten Falles erläutert werden. Angenommen: Ein Gesetzgeber billigt den Bewohnern der Ostfriesischen Inseln einen Mindestschutz von $L_{eq} = 65$ dB(A) in der Zeit zwischen 6 und 18 Uhr täglich zu. Wenn wir nun die beiden Überflüge der Luftwaffe, die gewiß nur kurz dauern, registrieren und in unserem Mittelungsverfahren verrechnen, so erweisen sich die beiden Überflüge innerhalb von 12 Stunden Integrationszeit als rechnerisch unerheblich. Würde man jedoch die Zeit zwischen 13 und 14 Uhr als besonders schützenswerten Beurteilungszeitraum erachten, so würden die beiden Überflüge rechnerisch schon wesentlich mehr ins Gewicht fallen. Natürlich ist auch die Wahl der Tageszeit (Abends, Nachts, Morgens) von entscheidender Bedeutung für die Beurteilung eines Schallpegels; der Feierabend ist für die meisten Menschen wertvoller als eine andere Tageszeit. Mit welchen Zeiträumen haben wir bei der Beurteilung von Schall zu tun? Welche schutzbedürftigen Zeiten kennen wir?

Die Bezugszeiträume werden je nach Situation und Schutzabsicht definiert; dabei kann es sich um ausgewählte Stunden an einem Tag, einen ganzen Tag, eine Woche oder eine Schichtperiode handeln. Beispiele für definierte Zeiträume innerhalb eines Tages: Gesamt: 0 - 24 Uhr, tags: 6 - 18 Uhr (12 Stunden), abends: 18 - 22 Uhr, Nachts: 22 - 6 Uhr, Day (USA): 6 - 22 Uhr. Auf diese Zeiträume erstrecken sich die deutschen Tages- und Nachtlärmkarten in Lärmkatastern.

Daß aber der Gesetzgeber jederzeit von sich aus bestimmte Zeiträume anders definieren kann, hat man im Falle einer Messung immer zu bedenken. Beispiel: Die DIN 18 005 (Entwurf vom April 1982) gewährt zu folgenden Zeiten besonderen Lärmschutz:
6 - 7 Uhr: erhöhtes Ruhebedürfnis in der ersten Morgenstunde
19 - 22 Uhr: erhöhtes Ruhebedürfnis in der Abendzeit, sowie an Sonn- und Feiertagen.
Das Land Berlin gesteht in seiner neuen Lärmschutzverordnung zu folgenden Zeiten besonderen Lärmschutz zu:
Abendzeit ("besonders geschützte Ruhezeit"): 20 - 22 Uhr, Nachtzeit: 22 - 7 Uhr, Tags: 7 - 22 Uhr.
Die VDI 2058, Blatt 1 (S. 9) erkennt für die Nachbarschaft von Industriebetrieben folgende Ruhezeiten als besonders schutzwürdig an: 6 - 7 und 19 - 22 Uhr. Das bedeutet: Im Meßprotokoll wird den jeweiligen Teilzeiten ein Zuschlag von 6 dB(A) hinzugerechnet. Um den Bezugszeitraum zu kennzeichnen, schreibt man, falls man sich nicht auf eine Norm bezieht, den Zeitraum zum L_{eq} hinzu, wie: $L_{eq(8)}$. Die VDI 2058 sah schon 1971 während der Nachtzeit für die Berechnung des Mittelungspegels außerdem nicht mehr 8 Stunden, sondern nur noch eine Stunde als Bezugszeit vor; das bedeutet: Ein lautes Schalleinzelereignis kann nicht mehr über 8 Stunden ausgeglichen werden.

Ein in der amerikanischen Literatur vielzitierter L_{eq} ist der Day-Night-Sound Level, ein L_{eq} über 24 Stunden, bei welchem den einzelnen Schalldruckpegeln zwischen 22 und 7 Uhr immer 10 dB hinzuaddiert werden. Man findet in der Literatur dafür folgende Schreibweisen: L_{DN}, L_{dn} oder DNL.

5.4.2 Die Berücksichtigung weiterer Lästigkeitsmerkmale von Geräuschen

Wir haben weiter oben begründet, warum wir im folgenden Abschnitt nur beispielhaft auf einige wenige Faktoren der Lästigkeit eingehen. Die VDI 2058, Blatt 1 und 2, (1985), die VDI 3722, die DIN 45 645 Blatt 1, DIN 45 641 (1976) sowie die ISO R 1996 (1982/83) haben verschiedene Vorschläge dazu unterbreitet. Die VDI 2058, Blatt 1, gebraucht übrigens nicht den Begriff der Lästigkeit, sondern jenen der *Auffälligkeit* und operationalisiert ihn folgendermaßen: "Ein Geräusch ist auffällig, wenn es z.B.

(a) Das Hintergrundgeräusch insgesamt oder in einzelnen Frequenzbereichen um 10 dB oder mehr *überschreitet,*

(b) in *Zeiten der Ruhe und Erholung* (z.B. nachts, abends, am frühen Morgen oder am Wochenende) auftritt,

(c) sich durch besondere *Ton-* oder *Impulshaltigkeit* aus dem Hintergrundgeräusch oder aus dem gleichmäßigen Grundgeräusch der Anlage heraushebt,

(d) in seiner Art in der *betroffenen Umgebung* fremd oder neu ist" (S. 2).

Anhand dieser 4 Kriterien werden wir nun kurz die Vorgehensweise unter Verwendung der genannten Normen und Richtlinien erläutern:

Die Berücksichtigung von Einzeltönen.

Bisher sind wir immer undifferenziert von Schallereignissen ausgegangen, die wir über ein (A)-Filter pauschal bewerten. Im Alltag jedoch treffen wir auf Geräusche, die sich oft so anhören, als ob aus einem Hintergrundgeräusch ein Ton herausragt, der dann als besonders störend empfunden wird; dies kann man gelegentlich bei Maschinen beobachten, die einen Grundgeräuschpegel erzeugen; zu diesem Pegel gesellt sich dann das Geräusch eines Maschinenteiles, das sich aus dem Grundgeräusch heraushebt. Wie kann man diese tonhaltigen Geräusche bei der Bewertung berücksichtigen?

Ein Weg führt über die differenzierte Analyse von Geräuschen auf der Grundlage von Terzen. Um dies praktisch zu bewerkstelligen, schließen wir an unseren Schallpegelmesser ein Terzfilter an und ermitteln für jedes Terzband den dB(A)-Wert; für solche Analysen wurden im Laufe der Jahre Terzbänder definiert (vgl. dazu DIN 45 652 und DIN 45 401). Angenommen, wir hätten auf diese Weise ein Geräusch mit folgenden Eigenschaften der Abbildung 5.15 gemessen.

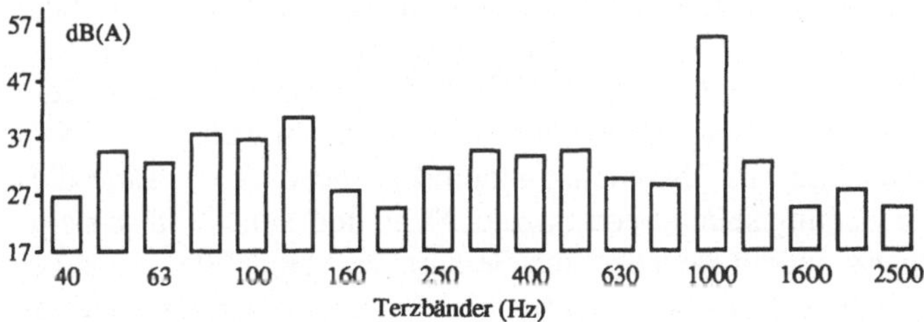

Abb. 5.15: Geräuschbeispiel.

Welche Entscheidungskriterien für Tonhaltigkeit gibt es nun? Ein Prinzip lautet: Wenn ein Terzband sehr deutlich seine beiden Nachbarterzbänder übersteigt, dann können wir von Tonhaltigkeit ausgehen. Was ist ein *deutlicher* Überstieg? Dies muß man für einzelne Terzbandgruppen differenziert festlegen; bewährt haben sich beispielsweise (vgl. Brüel und Kjaer, Messung von Verkehrs- und Nachbarschaftslärm):

(a) Für Bänder zwischen 25 - 125 Hz: 15 dB

(b) Für Bänder zwischen 110 - 400 Hz: 8 dB

(c) Für Bänder zwischen 500 - 10.000 Hz: 5 dB

In unserem Falle übersteigt tatsächlich ein Band bei 1000 Hz die Nachbarbänder wesentlich. Die VDI 2058 Blatt 1 (S. 9) macht folgende Festlegung: "Wenn sich aus dem Anlagengeräusch mindestens ein Einzelton deutlich hörbar heraushebt, ist die dadurch hervorgerufene erhöhte Störwirkung durch einen Zuschlag zu dem jeweiligen Mittelungspegel der dafür infrage kommenden Teilzeiten zu berücksichtigen. Dieser Zuschlag beträgt je nach Auffälligkeit des Tons 3 oder 6 dB(A)."

Was als "deutlich hörbar herausgehoben" anzusehen sei, wird jeweils in den Normen definiert; Ein Hinweis für den Nicht-Physiker: Natürlich ist hier eine Menge Grundlagenforschung zu leisten, bis man eine solche Definition geben kann. Aus der Alltagserfahrung kann man auch schon ableiten, daß das Heraushören eines Tones zwar stört, aber keinen physiologischen Hörschaden verursachen wird; wollte man deshalb *diese* Art der Schädigung erfassen, so bräuchte man keinen Tonzuschlag zu machen. Daran erkannt man: Wenn man die Tonhaltigkeit auch dann noch in Rechnung stellt, wenn jemand ein Geräusch als lästig empfindet, so kommt man dem Betroffenen natürlich entgegen; politisch kann man hier beinahe beliebig viele Größen berücksichtigen, wenn diese Großzügigkeit nicht wiederum andere Personen in deren Freiheit und Grundrechten berühren würde - abgesehen von der Finanzierungsfrage.

Die einzelnen Normen legen weiter fest, wie ein solcher Wert zu behandeln ist: Im allgemeinen führen solche Töne dazu, daß dem L_{eq} ein Zuschlag hinzuaddiert wird; oder es wird bei Grenzwertfestlegungen für diesen Ton eine Sonderbestimmung eingeführt; eine solche Sonderbestimmung könnte lauten: Wenn der zulässige Grenzwert $L_{eq}=65$ dB(A) beträgt, dann darf ein Ton nicht mehr als 60 dB(A) betragen.

Will man diese Vorschrift anwenden, so wird man schnell erkennen, wie wichtig bei jeder Messung nicht nur das Ablesen eines Endwertes ist, sondern die detaillierte Analyse des zeitlichen Verlaufsbildes eines Geräusches. Zwar haben wir heute die Möglichkeit, diese Analyse samt ihrer jeweiligen Entscheidungen an Geräte zu delegieren, wichtig bleibt jedoch die Kenntnis dieser Entscheidungslogik.

Während die Maßnahme eines Tonzuschlages bislang als gerechtfertigt betrachtet wurde, erhebt sich neuerdings dagegen Kritik, welche soweit geht, Tonhaltigkeit in bestimmten Fällen sogar als lästigkeitsmindernd zu bezeichnen. Eine diesbezüglich einschlägige Untersuchung stammt von Suzuki, Kono und Sone (1987); sie prüften die Lautheit und Noisiness, indem sie Töne aus Geräuschen herausfilterten und so gefilterte und ungefilterte tonhaltige Geräusche verglichen. Sie konnten zeigen, daß die Unterschiede gefilterter und ungefilterter Geräusche bei Lautheit und Noisiness geringer waren als beim L_A, LL, PLdB (Stevens' Mark VII), PNdB (Kryter); diese Maße überbewerten die Töne; deshalb wagen die Autoren sogar den Vorschlag, die Tonhaltigkeit *gelegentlich* als lästigkeitsmildernd in Form eines Abschlages einzuführen. Um diesen Befund richtig einzuordnen, sollte man den gesamten Untersuchungshintergrund kennen: Suzuki, Kono und Sone (1988) stellte fest, daß bei Geräuschen mit Tönen, die frequenzmäßig weit auseinanderliegen, die A-Bewertung zu einer *Unter*schätzung der Lästigkeit führt; liegt der Ton frequenzmäßig jedoch sehr nahe am Hauptgeräusch, so führt die übliche Tonkorrektur zu einer *Über*schätzung der Lästigkeit; die obige Aussage von Suzuki und Sone gilt eben nur für diesen speziellen Fall; die im 4. Kapitel dargelegte Methode von Zwicker wird diesem Fall dann besser gerecht.

Die Berücksichtigung des Impuls-Charakters.
Wenn man impulshaltige Geräusche FAST-bewertet mißt, so muß man pro Teilzeit 3 oder 6 dB(A) zuschlagen. Die Definition dessen, was als Impuls zu werten ist, findet man in den o.g. Normen; so kann man festlegen, daß ein Geräusch ab einer bestimmten Anstiegsgeschwindigkeit als impulsförmig zu behandeln sei. Aber wie soll man die Grenzen

zwischen impulsförmigen und nicht-impulsförmigen Geräuschen *rechtfertigen*? Eine bislang unbeantwortete Frage.

Auf eine *begründbare* Grenze der Anstiegsgeschwindigkeit gehen Spreng, Leupold und Emmert (1987, S. 41 ff.) ein: "Wenn bei Werten über 100 dB zwischen 30 und 50 dB/sec Anstiegsgeschwindigkeit registriert werden, so kann der natürliche Schutzmechanismus des Ohres (Mittelohrreflex) nicht mehr wirken, weil dessen Reaktionsgrenze bei 15 dB/s liegt. Tieffluglärm von solcher Plötzlichkeit trifft deshalb immer "readaptierte Ohren in ihrer vollen Empfindlichkeit" (Spreng, Leupold und Emmert (1987, S. 18). Reichardt (1966, S. 102) hatte schon erklären können, warum Impulsgeräusche das Gehör mehr in ruhigen als in lauten Umgebungen schädigen können: Durch die laute Umgebung ist der akustische Schutzreflex immer schon tätig und vermag dem Ohr einen Schutz zu gewähren. Bei raschen tieffrequenten Impulsgeräuschen wird der Schutzreflex zu spät ausgelöst.

Die Akustikforschung der Gegenwart arbeitet am Problem einer operationalen Definition der Impulsförmigkeit von Geräuschen weltweit, ein Problem, welches innerhalb der Psychologie vor allem innerhalb der Zeitwahrnehmung thematisch ist. Insbesondere einige japanischen Institute arbeiten an diesem Problem sehr intensiv (vgl. dazu Sone, Izumi, Kono, Suzuki, Ogura, Kumagai, Miura, Kado, Tachibana, Hiramatsu, Namba, Kuwano, Kitamura, Sasaki, Ebata, Yano 1987). Sie haben seit 1982 eine Forschergruppe gebildet, welche an verschiedenen Universitäten Japans dieselben Fragen mit demselben Untersuchungsdesign in einem Ringversuch (Round Robin Test) zu lösen versuchen. Die besondere Behandlung von Impulseigenschaften von Geräuschen wird bei der Bewertung der Belastung durch Sportanlagen, Tennisplätze, Schießplätze, Boden-Luftschießplätze und Tiefflug immer bedeutsamer (vgl. dazu die ISO R 1996).

Die Berücksichtigung besonderer Umstände.
Schreiber (1984, S. 150) berichtet, daß beipielsweise in die DIN 18 005 ein Zuschlag für Immissionsorte in der Nähe von Straßenkreuzungen und -einmündungen neu aufgenommen wurde. Durch die anfahrenden Fahrzeuge fühlen sich die Anlieger sehr belästigt und erhalten damit einen besonderen Schutz.

Wir können uns zusammenfassend den Unterschied zwischen einem L_{eq} und einem L_r klarmachen. Dazu benützen wir am besten das Formular eines Meßprotokolls der VDI 2058, Abbildung 5.16).

Dieses Protokoll der Abbildung 5.16 zeigt, daß man für jedes Intervall bzw. jede Teilzeit dann zusätzlich die Zu- und Abschläge einträgt und dann nach dem üblichen Verfahren zu Ende rechnet.

5.5   Die Bewährung einzelner Mittelungsverfahren

Die vorausgegangenen Erörterungen dürften zur Genüge belegen, wie sehr die Bewährung eines Verfahrens nicht an einem absoluten Wahrheitskriterium, sondern immer am

Nr. der Teilzeit	Mittelungspegel L_{mj}	Zuschlag für Ruhezeiten nach Abschnitt 5.4	Zuschlag für Einzeltöne nach Abschnitt 5.5	Zuschlag für Impulse nach Abschnitt 5.6	Abschlag für Fremdgeräusche nach Abschnitt 5.3	Σ	$\Delta L_j = L_j - L_0$	g_i	Dauer der Teilzeit T_j	$g_i T_j$
	dB (A)	dB (A)	dB (A)	dB (A)	dB (A)	dB (A)	dB (A)	–	min	
1	60	+6	+6	–	–	72	+12	16	60	960
2	40	–	–	–	–	40	−20	0,01	90	0,9
3	65	–	+3	–	–	68	+ 8	6,3	180	1134
4	60	–	–	–	–	60	0	1	60	60
5	50	–	–	–	–	50	− 10	0,1	30	3
6	74	–	–	–	–′	74	+14	25	30	750
7	50	–	–	–	–	50	− 10	0,1	30	3
Σ										2910,9

Abb. 5.16: Schema eines Meßprotokolls (aus: VDI 2058, Blatt 1, S. 12).

Verwendungszweck zu prüfen ist. Was für den einen Zweck volltauglich erscheint, kann sich für einen anderen als völlig untauglich erweisen. Soll man sich jedoch mit einem solchen Wissensstand zufriedengeben? Die Antwort liegt auf der Hand: Sowohl aus wissenschaftlicher als auch praktisch-anwendungsorientierter Sicht scheint es wünschenswert, ein Verfahren zu haben, welches die Verschiedenartigkeit der einzelnen Verfahren integriert und gleichzeitig erlaubt, alle Verfahren ineinander überzuführen. Dies erscheint uns als ein zwar schwieriges, aber trotzdem lohnendes Forschungsziel. Ein sehr gründlicher Vergleich zahlreicher einschlägiger Bewertungs- bzw. Beurteilungsverfahren stammt von Peter Schaefer (1978); diese Analyse wird von ihm so gründlich vorangetrieben, daß er in der Lage ist, einen integrativen Ansatz zum Vorschlag zu bringen.

Vergleich von L_{eq} und Summenhäufigkeitspegel.
Namba, Kuwano und Kato (1978) haben einem solchen Vergleich verschiedene Untersuchungen an fluktuierenden Verkehrsgeräuschen gewidmet. Die Ergebnisse erscheinen uns ihrer Klarheit wegen einer genaueren Betrachtung wert. Sie wählten 7 Verkehrsgeräusche, welche Versuchsteilnehmern jeweils 30 s dargeboten wurden, mit folgenden Schallpegelverläufen der Abbildung 5.17. Die Tabelle 5.11 gibt die physikalisch gemessenen Werte der 7 Geräusche wieder.

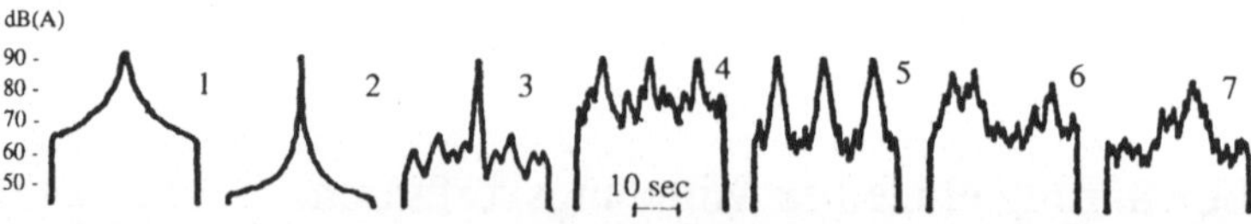

Abb. 5.17: Schallpegelverläufe von 7 Verkehrsgeräuschen. 1 = vorbeifahrendes Fahrzeug in 7,5 m Distanz bei 50 km/h Geschwindigkeit, 2 = vorbeifahrendes Fahrzeug in 7,5 m Distanz bei 80 km/h (aus: Namba, Kuwano und Kato 1978, fig. 1, p. 3).

Tabelle 5.11: Meßwerte der 7 Verkehrsgeräusche (nach: Namba, Kuwano und Kato 1978, p. 3).

Geräusche	L_{eq}	L_5	L_{10}	L_{20}	L_{50}
1	74,4	82,0	77,5	72,0	64,1
2	63,6	62,5	56,5	50,9	43,8
3	68,7	71,4	61,3	58,5	55,0
4	77,5	84,2	81,9	77,2	73,0
5	76,6	84,3	81,8	76,9	63,8
6	72,9	79,0	77,1	74,3	66,0
7	67,5	74,3	71,1	68,2	59,0

Betrachten wir einmal nur die Werte der beiden vorbeifahrenden Fahrzeuge bei 50 und 80 Stundenkilometern: Beim langsamer fahrenden Auto steigen die Energieanteile zwar langsamer, aber wirken länger, so daß der L_{10} (77,5) eher noch gegenüber dem L_{eq} (74,4) angehoben ist. Beim schnelleren Fahrzeug haben wir eine kurzfristige Pegelspitze, die jedoch nicht mehr so sehr ins Gewicht fällt; der L_{10} (56,5) fällt hier gegenüber dem L_{eq} (63,6) ab.

Vergleicht man die L_{eq}- und L_N-Werte aller Geräusche, so ist deutlich zu erkennen, daß der Belastungswert merklich ansteigt, je geringer der Summenhäufigkeitspegel ist; im extremen Fall würde der Summenhäufigkeitswert wieder mit dem Maximalpegel zusammenfallen; d. h. je kleiner der %-Wert (N) beim Summenhäufigkeitspegel ist, umso größer ist die Wahrscheinlichkeit, seltene Pegelspitzen zu erfassen. Die Abbildung zeigt auch, daß die Struktur der einzelnen Geräusche über alle Bewertungsverfahren hinweg unverändert bleibt. Das bedeutet: Die einzelnen Verfahren weisen allen 7 Geräuschen denselben Rangplatz zu; sie bewerten diese nur unterschiedlich streng.

Was Namba und seine Mitarbeiter an einem halbminütigen Geräusch zeigen konnte, bestätigt sich beispielsweise auch in großen Feldstudien, wie etwa jener von Finke, Guski und Rohrmann (1980, S. 55) in der Abbildung 5.18.

Welches Mittelungsverfahren erweist sich als am besten tauglich? Um diese Frage zu beantworten, muß man ein externes Validitätskriterium wählen; in der Lautheit, Lästigkeit und Beschwerdehäufigkeit haben wir schon solche Kriterien kennengelernt; doch bleibt die Entscheidung über die Auswahl und Abgrenzung von solchen Kriterien ein offenes Problem, nicht zuletzt deswegen, weil sich die Betroffenen die Antwort darauf für ihre eigene Situation und Person vorbehalten; Namba und Mitarbeiter (1978) entschieden sich für die Lautheit und ließen die o. g. Geräusche einmal nach der Methode des Magnitude Estimation beurteilen; zum anderen glichen die Vpn die Geräusche an einem Rosa-Rauschen ab. Bei diesem zweitgenannten Verfahren hört eine Vp das Verkehrsgeräusch und vergleicht es anschließend mit einem Dauergeräusch; dabei verändert die Vp dessen Lautheit solange, bis sie meint, beide Geräusche seien gleich laut. Diesen Punkt nennt Namba in bewährter psychophysischer Tradition *Punkt subjektiver Gleichheit bzw. Gleichwertigkeit* (Point of Subjective Equality, abgekürzt PSE). Damit sind wir zu prüfen in der Lage, inwieweit die einzelnen Bewertungsverfahren mit dem PSE konform gehen. Die beiden Abbildungen 5.19a und b zeigen die Beziehungen des L_{eq}, L_{10} und L_{50} zum PSE.

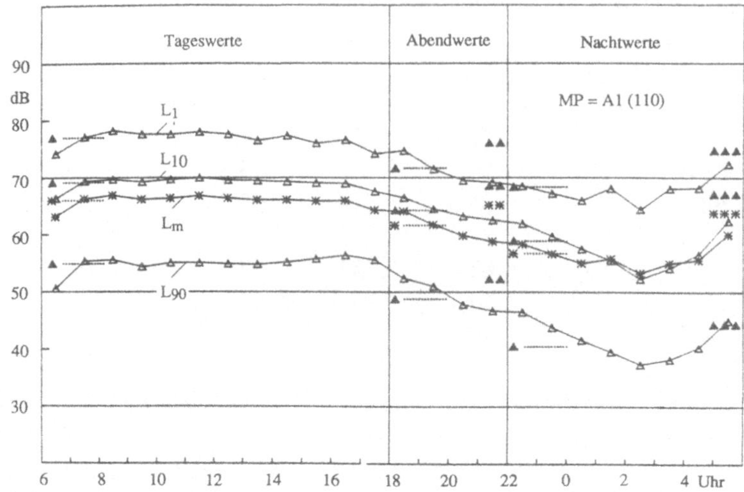

Abb. 5.18: Gemessene Lärmmeßwerte in der Stadt Hamburg nach verschiedenen Integrationsverfahren: Verlauf der 1%-, 10%- und 90%-Werte der Summenhäufigkeitsverteilung (L_1, L_{10}, L_{90}) und des Mittelungspegels L_m als Funktion der Tageszeit (aus: Finke, Guski und Rohrmann 1980, S. 55).

Den Abbildungen 5.19a und b ist zu entnehmen, daß sich für veränderliche und unstete Geräusche der L_{eq} besser als die Summenhäufigkeitspegel L_{10} und L_{50} eignet. Als vor fünfzehn Jahren Namba und seine Mitarbeiter den L_{eq} als angemessene Methode zur Erfassung der Schallbelastung bezeichneten, mußten sie sich vor allem auf Befunde an recht kurzen Schallereignissen berufen. Da sie jedoch zwischenzeitlich sehr intensiv ebenso Geräusche unter den üblichen Alltagsbedingungen untersuchten, konnten sie ihre Aussage unter Verweis auf diese Daten beibehalten. Als Beleg dafür dienen die Abbildungen 5.20a und b; hier wurde wirklicher Straßenverkehrslärm verwendet.

Namba und Kuwano kommen zum Schluß, dem L_{eq} als besten Kompromiß beizubehalten und für jedes Geräusch einen eigenen Grenzwert festzulegen; die beiden Autoren verweisen in diesem Zusammenhang auf eine Studie von Rice aus Southampton (1977), der in einstündigen Sitzungen Flugzeugschall und Straßenverkehr beurteilen ließ und dabei belegen konnte, daß der L_{eq} mit einem abschließenden Insgesamturteil der Lästigkeit sehr hohe Übereinstimmung erzielte.

Die zahlreichen Experimente von Namba haben ohne Zweifel auch dazu beigetragen, den L_{eq} weltweit als valides Belastungsmaß weiterhin zu verwenden. So bleibt die Frage, ob damit die Diskussion über die Tauglichkeit der Verfahren als endgültig abgeschlossen zu betrachten sei.

Die Antwort lautet: Beileibe nicht, weil das Abgleichkriterium (hier ein unverändertes Rosa-Rauschen) auch wieder willkürlich gewählt worden ist; d. h. aber nicht, daß ohne Grund gewählt worden wäre.

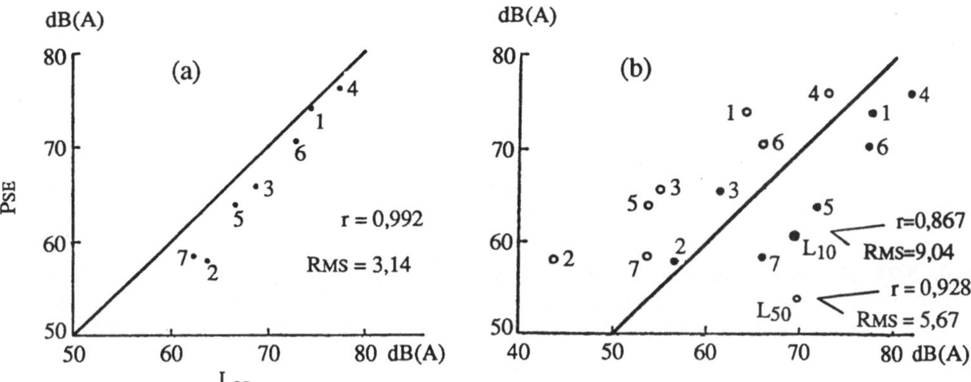

Abb. 5.19a und **b**: Beziehung zwischen dem Punkt subjektiver Gleichheit (PSE) und dem (a) L_{eq}, sowie (b) dem L_{10} (ausgefüllte Kreise) und dem L_{50} (offene Kreise) (aus: Namba, Kuwano und Kato 1978a, fig. 4 und 5, p. 5).

Man braucht irgendeinen Bezugsreiz, auf den man alle anderen Geräusche beziehen kann - ähnlich wie der 1000 Hz mit 94 dB-Ton bei der Kalibrierung von Schallpegelmessern. Man findet übrigens bei der Behandlung der Grenzwertproblematik in der Kalibrierungsidee Berglunds sehr verwandte Gedanken wieder (Berglund 1981). Wir wagen angesichts des Forschungsstandes die Vorhersage, daß die Diskussion um die Wahl des angemessenen Bezugsreizes die Akustiker in den kommenden Jahren noch sehr beschäftigen wird. Eine ähnliche Situation finden wir in der objektiven Audiometrie, als es darum ging, die physikalischen Eigenschaften der Clique-Töne festzulegen.

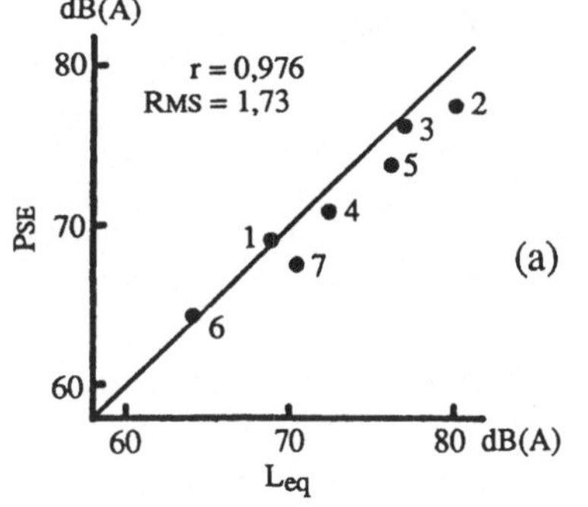
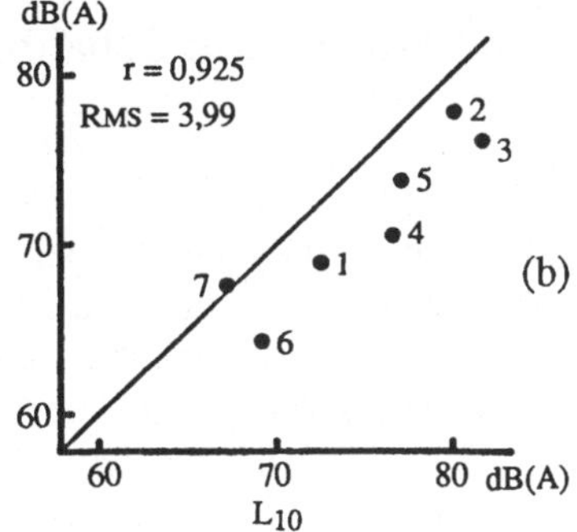

Abb. 5.20a und **b**: Beziehung zwischen dem Punkt subjektiver Gleichheit (PSE) und (a) dem L_{eq} und (b) dem L_{10} in einem Experiment, bei dem echte Straßenverkehrsgeräusche verwendet wurden (aus: Namba, Kuwano und Kato 1979, fig. 7 und 8, p. 7).

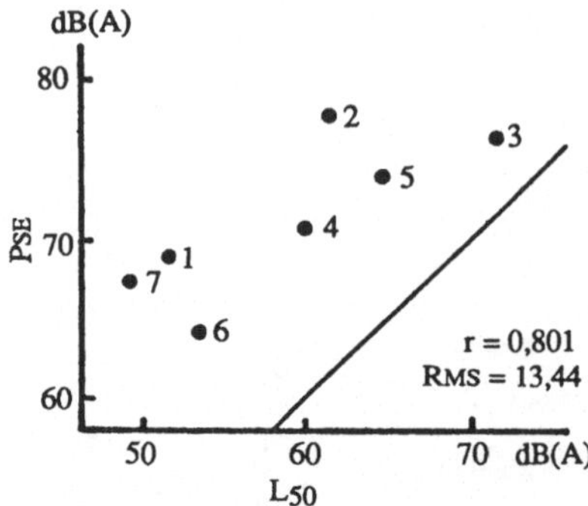

Abb. 5.21: Beziehung zwischen dem Punkt subjektiver Gleichheit (PSE) und dem L_{50} in einem Experiment, bei dem echte Straßenverkehrsgeräusche verwendet wurden. Die Werte des L_{50} sind zu niedrig, um die subjektiven Urteile vorauszusagen (aus: Namba, Kuwano und Kato 1979, fig. 9, p. 7).

Rückblickend ein Hinweis: Man wird vielleicht einwenden, mit der A-Bewertung sei doch dem Phänomen der Lautheit schon Rechnung getragen worden; das ist grundsätzlich richtig. Unsere Darlegungen dürften jedoch auch verdeutlicht haben, daß einem über längere Zeitdauern irgendwie gemittelten repräsentativen *Einzelwert* berechtigtermaßen mißtrauisch begegnet wird: Repräsentiert er noch die Gesamtlautheit bzw. Gesamtlästigkeit? Dies wollte Namba wissen. Sowohl die beurteilten Geräusche als auch sein Bezugsgeräusch waren anfänglich zeitlich sehr kurz gewählt, später jedoch wesentlich längerdauernder und damit auch alltagsnaher.

Ein Hinweis für den Psychologen: Die weitere Aufklärung dieser Art von Problemen fällt jedoch weniger dem Physiker als dem Psychologen zu, der sich in Zukunft intensiv mit dem Einfluß der Zeit auf Wahrnehmungs- und Gedächtnisprozesse beschäftigen muß.

5.6   Das Problem der Schallbeurteilung über die Zeit

Geräusche wirken im Alltag oft über lebenslange Zeiträume: Autobahnen, Flughäfen, benachbarte Betriebe und Straßen überdauern meist ein individuelles Leben. Die Frage erhebt sich hier, inwieweit sich die Dauer eines Geräusches auf das Lästigkeitsurteil auswirkt. Die oben beschriebenen Verfahren versuchen alle, der Zeitdauer Rechnung zu tragen; In der Literatur wird gelegentlich berichtet, daß die Dauer eines Geräusches keinen Einfluß auf dessen Beurteilung nehme; so verweist beispielsweise Bosshardt (1988, S. 21) auf ein Ergebnis von Kryter, wonach die subjektive Lautheit nicht von der Dauer und spektralen Komplexitätsmerkmalen des Schalles beeinflußt werde - im Gegensatz zum Urteil über Noisiness: hier würden sich sowohl die Dauer als auch die spektrale Gestalt als ausschlaggebend erweisen. Bosshardt (S. 115) bemerkt dann später "für das Ausmaß

der Belästigungseinschätzung ist die Dauer, die der Belästigte einer sprachlich beschriebenen (wie auch einer real erfahrenen) Geräuschquelle ausgesetzt ist, irrelevant." Dazu
möchten wir jedoch hinzufügen: Dies erscheint uns als ein Produkt einer bestimmten
Versuchsinstruktion; wenn wir ein Geräusch nach Lästigkeit beurteilen sollen, so bezieht
sich unser Urteil immer auf einen bestimmten Zeitpunkt, zu dem wir dieses hören; natürlich können wir ebenso immer einen bestimmten Zeitraum wählen, über den hin wir ein
Geräusch als Beurteilungs-Einheit betrachten. Wenn dies in der Instruktion nicht klar
ausgedrückt ist, so hat jede Person individuelle Entscheidungsmöglichkeiten. Dies ist natürlich insbesondere der Fall, wenn Geräusche längere Zeit andauern. Wie sehen nun aber
die empirischen Befunde zu dieser Problemstellung aus?

5.6.1   Befunde aus Langzeitbeurteilungsexperimenten

Die dazu in den letzten Jahren wohl umfangreichsten Befunde stammen von Namba und
Kuwano von der Staatsuniversität Osaka; die dafür entwickelte Methode firmiert in der
Akustikliteratur unter dem Namen "method of continuous judgment by category"; die
grundsätzliche Darlegung der Methode findet sich in Namba und Kuwano (1985): Bei
dieser Methode beurteilen die Personen mit Hilfe eines Beurteilungspultes Geräusche beliebiger Dauer nach einer Kategorie, wie beispielsweise Lautheit ("sehr leise" bis "sehr
laut"); hierbei muß die Person nur dann ein Urteil abgeben, wenn sie meint, daß sich die
Lautheit verändert hat (Namba 1987, p. 219). Hierbei geht es um die Frage, welche Beziehungen zwischen der *wahrgenommenen zeitvarianten Lautheit* und der *wahrgenommenen äquivalenten Dauerlautheit*" (engl. equivalent steady loudness) (Fastl 1990) besteht.

Gleichzeitig mit Namba und Kuwano haben verschiedene deutsche Forschergruppen
die Untersuchung kontinuierlicher Schallbeurteilungsprozesse in Angriff genommen (vgl.
dazu Weber 1990; Schulte-Fortkamp und Weber 1990; Weber und Schulte-Fortkamp
1988; Fastl 1989, 1990); diese Gruppen arbeiten teilweise mit unterschiedlichen Skalierungsmethoden; ein erster Überblick darüber findet sich in Fastl (1989 b); durch die Koordination der Gruppen anläßlich des Internationalen Akustikerkongresses in Belgrad
1989 und des Fünften Oldenburger Symposions zur psychologischen Akustik (Schick,
Hellbrück und Weber 1989) soll die theoretische und experimentelle Arbeit weiter gemeinsam vorangetrieben werden.

Mit Hilfe dieser Methode ließen Namba und seine Mitarbeiter die Lärmigkeit von
Flugzeugen (Namba und Kuwano 1980), Lautsprechern (Namba und Kuwano 1986) sowie Straßenverkehr (Kuwano und Namba 1985; Namba, Kuwano und Nakamura 1978)
beurteilen. Was haben Namba und Kuwano unternommen? Und zu welchen Ergebnissen
sind sie gelangt?

Sie ließen Straßenverkehr 20 Minuten lang beurteilen und erhielten ein Protokoll folgender Form (Kuwano und Namba 1985, fig. 2, p. 28), wie in Abbildung 5.22 wiedergegeben:

Der Abbildung 5.22 ist zu entnehmen, daß die Urteile dem Geräusch immer etwas
nachhinken, was eine Selbstverständlichkeit darstellt, da ja zu jedem Urteil eine gewisse

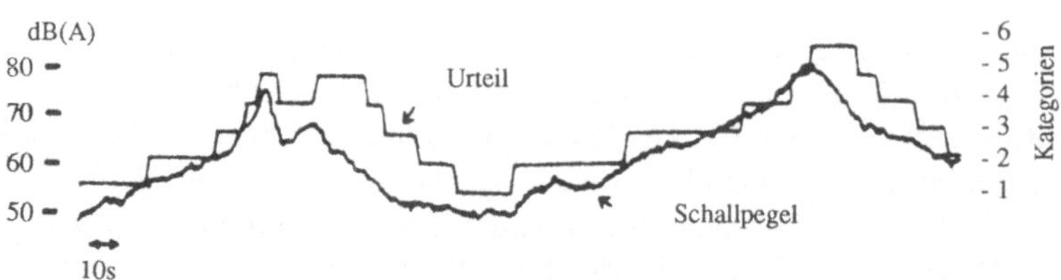

Abb. 5.22: Ein Verkehrsgeräusch wurde jede 100. ms am Ohr gemessen (aus: Kuwano und Namba 1985, fig. 2, p. 28).

Entscheidungszeit notwendig ist. Diese verzögerte Antwort verzerrt das Bild darüber, welchen Schall eine Person gemeint habe, als sie ihr Urteil abgab. Deshalb bestand die erste Aufgabe darin, diese Reaktionszeit oder Entscheidungszeit zu eliminieren. Anhand der folgenden Abbildungen 5.23a und b (aus: Kuwano und Namba 1985, fig. 3 und 4, p. 29) werden wir die Methode erläutern:

Wenn man nun einfach, wie im oberen Teil der Abbildung 5.23 Ia, ein Urteil auf den zeitgleichen Schallpegel beziehen würde, dann ergibt dies das o.g. falsche Bild.

Man muß deshalb wie in Abbildung 5.23a das Urteil in einem Zeitabstand (TL) auf den Pegel beziehen; hier beträgt der Zeitabstand 0.3 ms. Wenn man so verfährt, bekommt man meist eine Funktion der Art, wie in Abbildung 5.24 I (Kuwano und Namba 1985, fig. 5, p. 29).

Bei der Person in der Abbildung 5.24 II wird die Beziehung zwischen Urteil und Schallpegel am höchsten, wenn die Reaktionszeit um 1 s liegt, dabei liegt die interindividuelle Streuung der Reaktionszeiten zwischen 0.4 bis 5 s.

Die weitere Frage, die sich jedoch ergibt, lautet: In welchen Zeitabschnitten soll man die Schallpegel zu sinnvollen Einheiten zusammenfügen? Kuwano und Namba rechneten systematisch alle Integrationszeiten (TI) zwischen 0.5 und 6 s für die Schallpegelwerte. In der Abbildung 5.24 II ist der Zeitabstand (TL) zwischen dem physikalischen Pegel und dem Urteil TL = 0, während er im unteren Teil TL = 0.3 s beträgt. Damit kann man prüfen, bei welchem Zeitabstand (TL) und welcher Integrationszeit (TI) die Korrelation zwischen Schallpegel und Urteil am höchsten ist. Den Befund der beiden Autoren gibt die Abbildung 5.25 wieder (aus: Kuwano und Namba 1985, fig. 7, p. 32).

Danach erweist sich eine Integrationszeit TI = 2.5 s bei einem Pegel/Urteil-Zeitabstand von 0 s als optimal. Kuwano und Namba interpretieren den Wert von TI = 2.5 s als Hinweis auf die Wirkung von "psychologischer Gegenwart" im Sinne der Theorie der Zeitwahrnehmung von Fraisse (1957). Damit haben wir in der Akustik einen aus psychologischer Sicht erstmals begründeten Hinweis auf eine Integrationszeit bei der Mittelung des Schallpegels. Wir erinnern hier nochmals an den Ansatz des Taktmaximalpegels, bei dem Meurers eine Mindestintegrationszeit vorschlug, um der Wirkung, vor allem der Nachwirkung eines Schallpegels, Rechnung zu tragen; allerdings werden bei Kuwano und Namba die Schallpegel innerhalb der Integrationszeit anders als beim Taktmaximalpegel integriert.

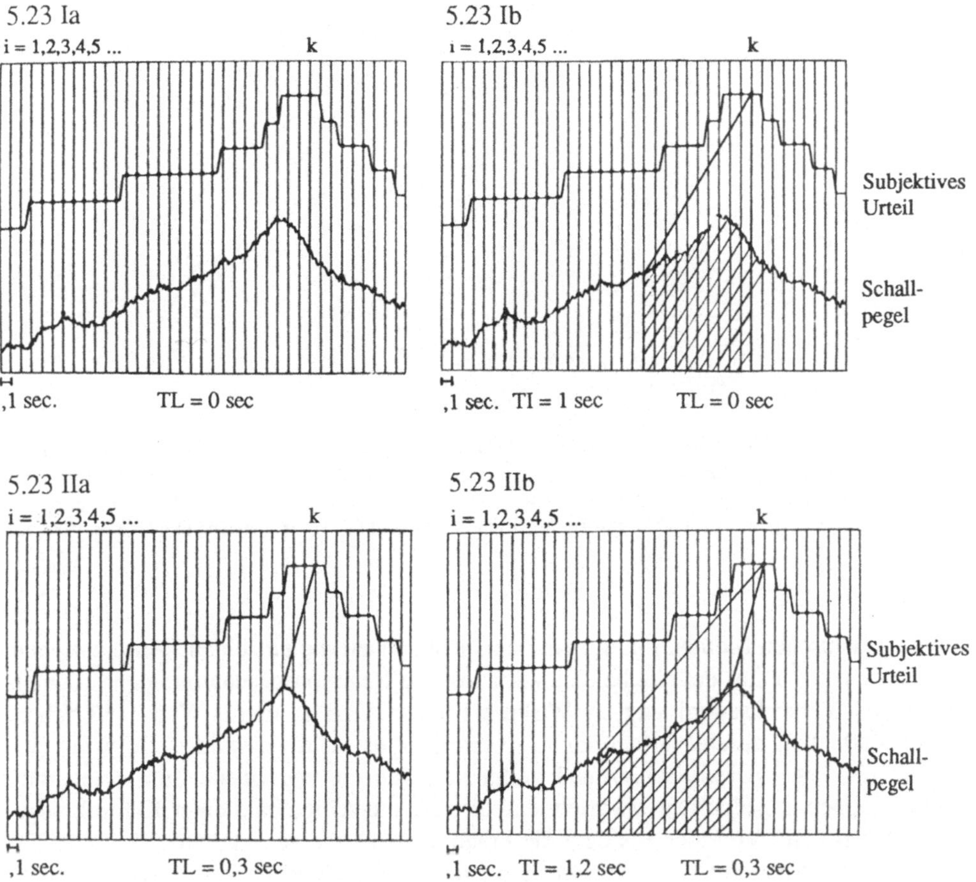

Abb. 5.23 a und **b**: Beispiele. In den Abbildungen bedeuten die beiden Punkte bei den subjektiven Antworten immer 1 Urteil in jeder ms. Erläuterungen im Text (aus: Kuwano und Namba 1985, fig. 3 und 4, p. 29).

Neuerdings hat nun Weber (1990) in seiner Untersuchung zur kontinuierlichen Lautstärkebeurteilung ebenfalls eine Integrationszeit abgeleitet; sie liegt bei ihm zwischen 0,5 und 1,5 s; die Differenz zu Namba und Kuwano erscheint zunächst erheblich, wird jedoch u.E. durch die Unterschiedlichkeit der Versuchsinstruktionen erklärbar.

Namba und Kuwano halten ihre Versuchspersonen an, mit Hilfe eines Antwortpultes die entsprechenden Kategorien fortlaufend abzugeben; dabei soll die Vp nur bei einem merklichen Wechsel des Lautheitseindrucks ein neues Urteil abgeben. Weber verwendet dagegen einen Schieber, den man schnell hin- und herschieben kann. Das bedeutet: wechselt ein Geräusch sehr schnell seine Lautstärke, so kann man nach Webers Methode mit größerer Geschwindigkeit als bei Namba und Kuwano folgen.

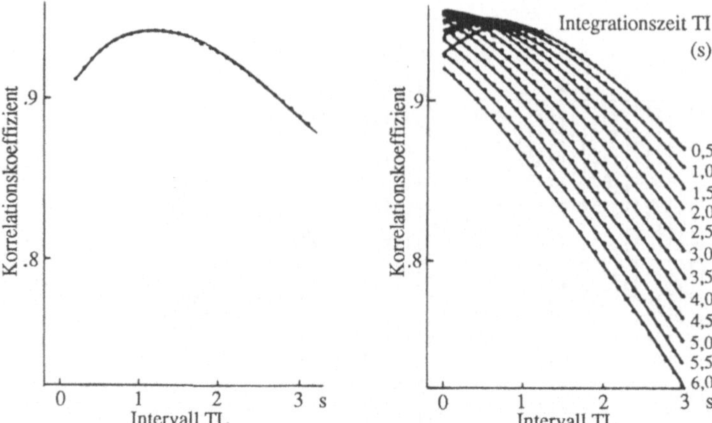

Abb. 5.24a und **b:** (a) Ergebnisse der Analyse; der Korrelationskoeffizient wurde berechnet zwischen den momentanen Schallpegeln und den momentanen Urteilen, indem das Intervall (TL) jeweils ansteigend-gleitend verändert wurde; bei TL = 1 ergab sich die höchste Korrelation (aus: Kuwano und Namba 1985, fig. 5, p. 29). (b) Verhältnis von Integrationszeit (TI) zum Pegel-/Urteil-Zeitabstand (TL) (aus: Kuwano und Namba 1985, fig. 7, p. 32).

Bei der japanischen Methode muß man dann sehr schnell die einzelnen Werte antippen. Danach sieht es so aus, daß die beiden Verfahren die Reaktionsgeschwindigkeit in unterschiedlicher Versuchsanordnung zur Wirkung bringen. Und da man in Webers Verfahren der Reizdarbietung rascher folgen kann, so erscheint es nicht verwunderlich, wenn sich bei ihm der Pegel-/Urteil-Zeitabstand verkürzt; durch die begonnene Zusammenarbeit beider Gruppen ist jedoch zu erwarten, daß dieser Unterschied bald einer Klärung zugeführt werden wird. Von hier aus liegt die Frage nahe, ob die gemittelten continuous-Urteile mit dem Insgesamt-Urteil (overall judgment) am Ende einer 20-minütigen Schalldarbietung übereinstimmen oder ob sie divergieren.

Zunächst noch eine Anmerkung zur Terminologie: Im deutschen Sprachbereich scheint sich vor allem aufgrund der Publikationen von Fastl und Zwicker folgender Begriffsgebrauch einzubürgern: Bei continuous judgments wird die *wahrgenommene zeitvariante Lautheit* beurteilt, während sich das overall judgment auf die *wahrgenommene äquivalente Dauerlautheit* bezieht; Weber (1990) führte zusätzlich den Begriff des *momentanen Lautstärkeurteils* ein; dieses definiert er als den Medianwert der wahrgenommenen zeitvarianten Lautheit über einen Zeitraum von 12,8 Sekunden.

Kuwano und Namba berichten eine durchgehende Tendenz, wonach die gemittelten Einzelurteile etwa um 0.7 Einheiten (auf der 7-stufigen Lautheitsskala) den Pegel als leiser bewerten als das Insgesamt-Urteil. Diesen Befund konnte Fastl (1989 b) für leise und laute Straßenverkehrsgeräusche bestätigen. Die Unterschiedlichkeit beider Urteilsmethoden mag den Psychologen dazu anregen, über die Rolle des Gedächtnisses bei der Schallbeurteilung weitere Hypothesen zu bilden.

Um herauszufinden, ob bestimmte physikalische Eigenschaften von Einzelpegeln dafür besonders verantwortlich sind, kamen sie auf die Idee, systematisch alle jene Schall

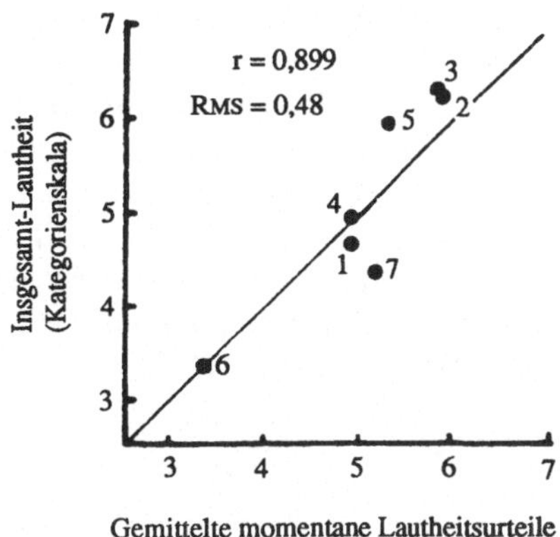

Abb. 5.25: Beziehungen zwischen der Insgesamt-Lautheit und dem Mittelwert der momentanen Lautheiten (auf der Basis von Kategorienskalen), wobei Werte von mehr als 30 dB unter Spitzenpegel unberücksichtigt blieben; weitere Erläuterungen im Text (aus: Kuwano und Namba 1985, fig. 14, p. 35).

pegel herauszuschneiden, die 10 dB *unter* dem jeweiligen Spitzenpegel lagen. Diese Maßnahme führte jedoch dazu, daß dann die gemittelten continuous-Urteile höher als das Insgesamt-Urteil ausfielen. Eine Balance ergab sich erst bei einem Herausschnitt aller Pegel, die 30 dB unter dem jeweiligen Spitzenwert lagen, wie die Abbildung 5.25 (aus: Kuwano und Namba 1985, fig. 14, p. 35) zeigt.

Dieses Ergebnis belegt nach Ansicht der Verfasser ganz deutlich, daß für die Beurteilung der Insgesamt-Lautheit eines Geräusches Meßwerte von mehr als 30 dB unter Spitzenpegel bedeutungslos scheinen. Es sind danach die ganz lauten Geräuschperioden, welche für unser endgültiges abschließendes Urteil maßgeblich sind. Psychologisch wäre nun aufschlußreich, inwiefern sich ähnliche Phänomene in Gedächtnisexperimenten finden ließen.

Eine weiterführende Anmerkung: Beim Continuous-Judgement im Sinne von Kuwano und Namba ergibt sich unserer Erfahrung nach folgendes Problem: Wenn man über längere Zeit urteilt, dann zieht man es erfahrungsgemäß vor, nicht mehr nur in der kategorialen Mannigfaltigkeit zu urteilen, sondern man stellt sich zunächst die Aufgabe in etwa folgender Art "verändert sich die Lautheit nach oben oder unten"; erst wenn man diese Frage beantwortet hat, versucht man eine kategoriale Zuordnung.

Auf dem Hintergrund dieser Erfahrung erscheint es naheliegend, nach einer Methode zu suchen, bei der man dann nur noch beurteilt, ob ein *Wechsel* stattgefunden hat oder nicht; mit dieser Methode kann man prüfen, ob eine Person in der Lage ist, ein Geräusch nach einer vorgegebenen Kategorienskala zu differenzieren. Diesen Weg hat Kado (1981) unter Nambas Anleitung eingeschlagen. Allerdings verzichtet diese Methode auf eine Zuordnung von verbalen Kategorien zu physikalischen Werten; man kann aber die Urteile selbst in eine Rangordnung bringen und diese dann zu den physikalischen Werten in Beziehung setzen.

Die Bedeutung der soeben dargelegten Arbeiten von Namba und Kuwano besteht unseres Erachtens darin, psychologischerseits eine Methode entwickelt zu haben, welche den Integrationsprozeß der Lautheit über die Zeit zu differenzieren gestattet - natürlich mit dem Ziel, jenes Schallbewertungs- und Integrationsverfahren herauszufinden, welches am besten den Immissionsaspekt nach Lautheit und Lästigkeit repräsentiert. Standen in den anfänglichen Arbeiten am Ende der siebziger Jahre noch der L_{eq} und Summenhäufigkeitspegel im Vordergrund der Betrachtung, so richteten sie in Zusammenarbeit mit der Arbeitsgruppe von Zwicker die Aufmerksamkeit auf das Lautheitsmeßverfahren von Zwicker. Erste Ergebnisse von Fastl, Zwicker, Kuwano und Namba (1989) liegen vor.

5.6.2   Stille und Ruhe in Schallbewertungsverfahren

Die bisherige Auseinandersetzung hat gezeigt, daß der L_{eq} durchaus ein Gesamtmaß der Belastung darstellen kann. Das Taktmaximalpegel-Verfahren nimmt das obere Extrem eines Schallpegelverlaufes ins Visier; auf der anderen Seite erleben Schallpegelverläufe zeitliche Unterbrechungen, es treten Pausen auf.

Bei der Berechnung des energieäqivalenten Dauerschallpegels und Beurteilungspegels haben wir die Funktion des Halbierungsparameters kennengelernt; damit wird eine Bewertung von Pausen vollzogen, aber doch eben sehr schematisch. Wenn man die Auswüchse eines solchen Schematismus studieren will, so kann man auf einige literaturbekannte Fallbeispiele zurückgreifen, die wir schon verschiedentlich erläutert haben (bei Finke 1980; Krause 1978; Fleischer 1978, 1979 und 1980; in den verschiedenen Abhandlungen von Meurers). Sind 10 einminütige Pausen, verteilt auf 1 Stunde, wie eine 10-minütige Pause zu behandeln? Oder gibt es hier doch qualitative Unterschiede zwischen Pausen und deren Einbettung in Geräusche? Wir werden nachfolgend auf solche Fragen eingehen und beginnen mit dem Vorschlag von Fleischer (1978). Ebenso haben auch Guski, Pasligh und Wühler (1987) verschiedene Ansätze veröffentlicht.

5.6.2.1   Der Vorschlag von Fleischer

Gerald Fleischer (1978, S. 70) verdeutlicht seine Idee anhand der Abbildung 5.26. Danach erweist sich der äquivalente Dauerschallpegel dann als Problem, wenn der Schall einzelner Lärmspitzen mit Pausen vermischt ist: "Je seltener die Lärmspitzen , d.h. je länger die lärmfreien dazwischen liegenden Pausen sind, desto geringer wird die Lästigkeit im Vergleich zu einem Dauerlärm gleichen Dauerschallpegels" (S. 70). Fleischer schlägt die Einführung eines *Erholungspegels* vor; dieser kann beispielsweise 40 dB(A) betragen. Dieser Pegel soll das Fehlen von Lärm kennzeichnen. Die Lästigkeit eines Geräusches hängt davon ab, wieviel mal ein solcher Erholungspegel über- bzw. unterschritten wird. Auf diese Weise würde man in der Schallbewertung immer eine *Zweiwertangabe* mit folgenden Größen machen: (a) dem Erholungspegel, sowie (b) dem zulässigen Lärmpegel. Entsprechend wäre es möglich, den Zeitanteil am Erholungspegel festzusetz-

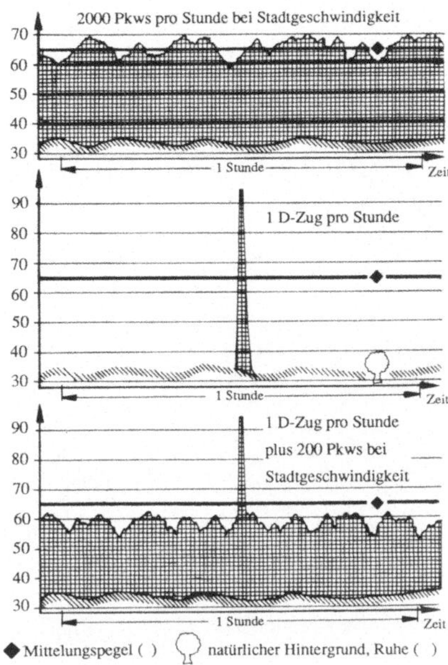

Abb. 5.26: Pegelverlauf dreier Situationen gleichen Mittelungspegels. Lärm ist gerastert gezeichnet. Die Angaben beziehen sich auf freie Schallausbreitung und eine Entfernung von 25 m von der Straße, bzw. vom Gleis. Bei den Autos ist eine Geschwindigkeit von 50 km/h und bei dem D-Zug eine von 160 km/h zugrundegelegt. - Das reine Mittelungsverfahren kann zwischen diesen drei Situationen nicht unterscheiden (aus: Fleischer 1978, Abb. 1, S. 70).

en. Fleischers leidenschaftliches Plädoyer gegen das Dezibel-Maß führt zum Vorschlag der sog. *durchschnittlichen Schall-Einheit* (abg. SE), die er als 65 dB(A) definiert. Um dem Normalbürger das Verständnis zu erleichtern, schlägt er folgende Zuordnung der Abbildung 5.29 vor; dem Verfahren liegt eine ähnliche Idee zugrunde, wie jene, welche bei Stevens zur Konstruktion der Sone-Skala geführt hat.

5.6.2.2 Der Vorschlag von Guski

Guski ließ zu *Ruhe* und *Lärm* Begriffe assoziieren und fand, daß die Ruheassoziationen vor allem mit solchen der Erholung und Entspannung verbunden waren, während Lärm die Gedanken immer auf Lärmquellen lenken ließ. Diese Vorstudie zeigte, daß Lärm und Ruhe nicht einfach polar zueinander stehen; Ruhe ist nicht nur das Fehlen von Lärm, sondern stellt einen Zustand mit eigenen Qualitäten dar.

Hier erinnern wir an die Bemerkung von Carl Stumpf, daß es verschiedene Formen von Stille gibt: Die Stille des Meeres erscheint von anderer Art als die Stille im Hochgebirge oder jener, von der sich ein Beter in der vom Trubel umgebenen Großstadtkirche umfangen fühlt.

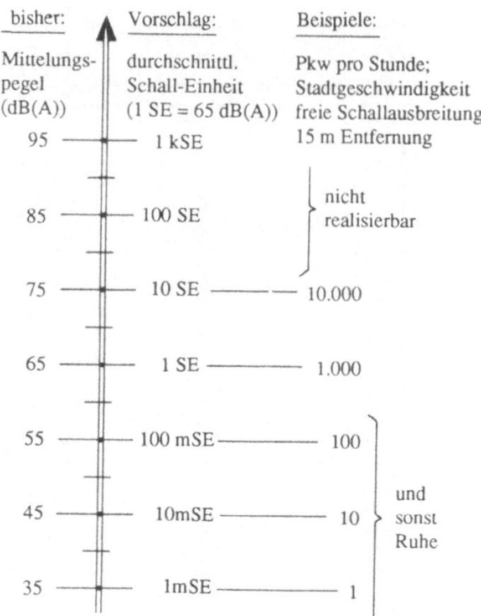

Abb. 5.27: Vorschlag zum Ersatz der Dezibel-Angaben durch eine lineare Größe. Es handelt sich um eine Sprachregelung zum Gebrauch in der Öffentlichkeit. Rechts sind die Angaben durch Pkw-Zahlen pro Stunde erläutert. Mehr als durchschnittlich 10 SE sind deshalb nicht realisierbar, weil keine Straße den dafür nötigen riesigen Pkw-Durchsatz ermöglicht. Es bedeuten in der Abbildung: mSE = Milli-Schalleinheit, kSE = Kilo-Schalleinheit (aus: Fleischer 1980, S. 154).

Die Stille in der Wüste, im Luftballon, am Abend vor dem Hause, auf dem Lande sind nicht einfach dasselbe. Eingedenk *solcher* Unterschiede dürfte die Schwierigkeit einleuchten, durch reine Zeitanalysen zu einer Bewertung von Zeit, hier von Ruhezeiten, zu kommen; Zeit ist immer gefüllt, gestaltet bis hin zu unterschiedlichen Formen der Langeweile; Zeitabschnitte, beispielsweise eines Tages oder einer Woche, besitzen weiterhin ganz unterschiedliche Wertigkeiten. Angesichts dieser grundsätzlichen Schwierigkeiten erscheint uns das Unternehmen von Guski als sinnvoller Start zu einem hohen Ziel; insbesondere einer Psychologie eröffnen sich damit Möglichkeiten, ihr Wissen über Zeitwahrnehmung und Zeitbewertung einzubringen.

Guski, Pasligh und Wühler (1987, S. 11) gingen von folgenden Fragen aus: "Wann werden Pausen in diskontinuierlichen Schallverläufen wahrgenommen? Reicht es, wenn ein Schall nur für einige Sekunden unterbrochen ist, oder braucht man dafür einige zusammenhängende Minuten? Müssen diese Pausen eine bestimmte 'Tiefe', d.h. einen Mindestabstand des Pausen-Pegels vom Lärm-Pegel haben? Müssen überhaupt Pausen wahrgenommen werden, um sich auf das Verhalten (z.B. bei Leistungen) auszuwirken?"

In einem Vorversuch, der als Lektüre eines Textes von Rühmkorf ('Der Agent und die Elfe') deklariert war, wurden Vpn mit Schreibmaschinengeräuschen nach dem Schema der Abb. 5.28 beschallt (aus: Guski 1988, Bild 1, S. 71).

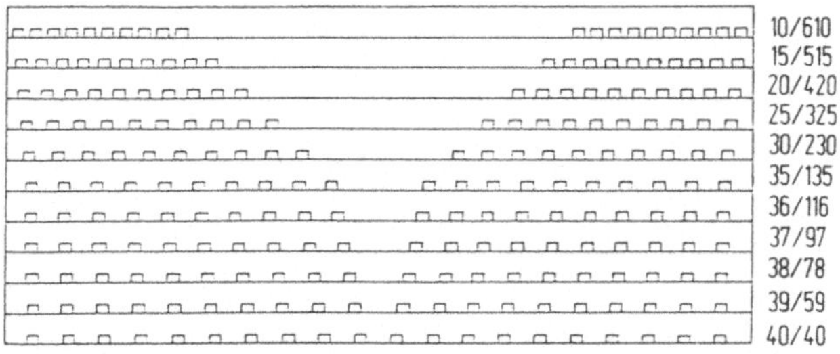

Abb. 5.28: Geräuschabfolge für die 11 Geräuschvarianten der Voruntersuchung. Jedes Rechteck stellt einen Geräuschblock dar. Die rechts stehenden Zahlen geben die Länge der kurzen und langen Pausen in ms an (aus: Guski 1988, Bild 1, S. 71).

Zur Erläuterung der Abbildung 5.28 sei noch hinzugefügt: Diese Geräuschmuster wurden jeweils 10 mal wiederholt. Im Anschluß an den Versuch wurden die Personen befragt: "Gab es zwischendurch eine längere Pause?" Die Abbildung 5.32 (aus: Guski 1988, S. 71) zeigt, daß die meisten Vpn diese Frage bejahten. Eine beachtliche Anzahl äußerte Unsicherheit, die allerdings bei Pausenlängen zwischen 2 und 3 s aufzuhören scheinen; ab 6 s scheint es keinen Teilnehmer zu geben, der die längeren Pausen nicht bemerkt hätte; allerdings bleibt hier unklar, in welcher Weise nachträglich eine Zuordnung zu den einzelnen Versuchsdurchgängen möglich sein sollte; wir halten dies bei so kurz aufeinanderfolgenden Darbietungen gedächtnismäßig kaum für nachvollziehbar.

Guski, Pasligh und Wühler (1987) wiederholten den Versuch dann mit Verkehrsgeräuschen, wobei sich interindividuelle Differenzen der Pausenwahrnehmung auch noch bei langen Pausen (ab 7 min) herausstellten. Wir vermuten, daß diese Differenzen jedoch Versuchsartefakte sind: Die Instruktion verfremdet die eigentliche Aufgabe übermäßig. Das Lesen des Textes könnte mit zuwenig klaren Vorgaben eingeführt sein, sodaß es in das Belieben der Person gestellt ist, was eigentlich von ihr erwartet wird: Sie kann sich darauf ganz konzentrieren; sie kann die Lektüre aber ebenso auch nebenbei betreiben, um sich zu entspannen.

So verwundert es nicht, wenn dann ein gesteigertes Interesse am Text das Bemerken von Pausen behindert. Aus diesem Bedenken heraus änderten die Autoren bei den nächsten Versuchen den Text, um das Interesse nicht allzu groß werden zu lassen; außerdem verkürzen sie die Versuchsreihen, um den Versuchspersonen eine bessere gedächtnismäßige Zuordnung ihrer Pausenurteile zu ermöglichen; die nachfolgende Abbildung 5.30 enthält die Ergebnisse.

Wenn Guski, Pasligh und Wühler (1987) und Guski (1988) die Abbildung 5.30 so interpretieren "die Unsicherheit der Pausenwahrnehmung, die in der Voruntersuchung und im ersten Experiment beobachtet wurde, stieg mit wachsender Pausendauer nicht wieder an" (1987, S. 26), so bleibt die Frage, warum bei 515 s die Streuungen noch so groß sind. Sie können auch keinen systematischen Trend nachzuweisen.

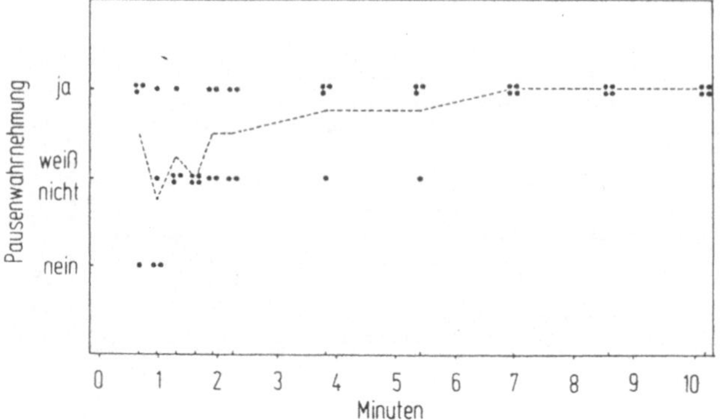

Abb. 5.29: Zusammenhang zwischen Pausenlänge und Fremdurteil über Pausenwahrnehmung (aus: Guski 1988, Bild 2, S. 71).

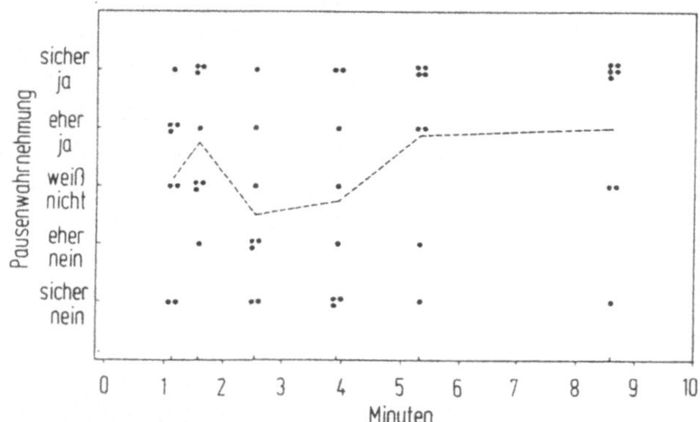

Abb. 5.30: Zusammenhang zwischen Pausenlänge und Fremdurteil über Pausenwahrnehmung in Experiment 2 (regelmäßige und unregelmäßige Varianten zusammen) (aus: Guski 1988, Bild 4, S. 72).

In einem weiteren Versuch mit Leistungscharakter konnten sie dann nachweisen, daß die Vpn "keinerlei Überblick über die Zeitstruktur der dargebotenen Geräusche hatten" (S. 41). Sie bestätigten damit etwas, was man bei solchen Versuchen mit untrainierten Vpn beinahe sicher voraussagen kann: Man verliert leicht den Überblick, weiß nicht mehr, wo eine Aufgabe anfängt und endet. Wie sind die Ausgangsfragen von Guski, Pasligh und Wühler vorläufig zu beantworten? Es sind Hinweise auszumachen, wonach eine Pause etwa 4-5 Minuten dauern muß, um als Pause erinnert zu werden; je interessanter eine Arbeit ist, umso weniger wichtig scheinen die Pausen zu werden. Sie werden dann gar nicht mehr wahrgenommen.

5.6.2.3 Pausen als Problem bei kontinuierlich und diskontinuierlich wirkenden Geräuschen

Von welch praktischer Relevanz Fragen der vorhin dargelegten Art sind, ersieht man leicht an der Arbeit von Möhler (1988), in der anläßlich der Bonusdiskussion für die Bundesbahn die Pausenstruktur von Schienen- und Straßenverkehrsgeräuschen verglichen wird. In dieser Studie wird folgende Situation angenommen: In 25 Meter Entfernung von einem Wohnhaus führt eine Straße und eine Bahnlinie vorbei. Wenn man nun einmal für beide Verkehrsarten einen Mittelungspegel von 60 dB(A) unterstellt, so erhalten wir Werte der Tabelle 5.12 in den anderen Beschreibungsgrößen (Möhler 1988, S. 12).

Die Tabelle 5.12 zeigt: "Bei gleicher Schallemission ist - je nach Fahrzeugart und Geschwindigkeit - die Anzahl der Vorbeifahrten und damit die Anzahl der allerdings sehr kurzen Ruhepausen beim Straßenverkehr um den Faktor 50 bis 1500 höher als beim Schienenverkehr. Bei gleicher Schallemission von z.B. 60 dB(A) beträgt die durchschnittliche Pausenlänge zwischen zwei Vorbeifahrten zwischen ca. 1 s und ca. 56 s beim Straßenverkehr und zwischen ca. 1 Stunde und 5 Stunden beim Schienenverkehr" (Möhler 1988, S. 11).

Wenn man die Lärmquellen untersucht, so wird der Schienenlärm auch als lästiger erlebt. Was aber ereignet sich mit dem Lästigkeitsurteil, wenn Schienen- und Straßenverkehr, wie oben schon beschrieben, gleichzeitig auftreten? Die überraschende Antwort lautet: Die Pausen beim Schienengeräusch werden nicht in einer Art von Gesamt-Belästigungs-Bilanz verarbeitet, sondern der Verkehrslärm während der Schienengeräuschpausen wird als *noch* lästiger erlebt; und auf dem Hintergrund des Verkehrsgeräusches wird das Geräusch der Bahn um nochmals ein Stück weniger lästig als normal erlebt. Das bedeutet: Die Anwohner vermerken sehr wohl die Wohltat einer Pause; wenn verschiedene Geräuschquellen gleichzeitig wirken und eine Quelle dabei besonders ausgeprägte Pausen zeigt, so rechnen sie dieser Quelle die Pause doppelt hoch an, während sie der fortdauernden Quelle den Lärm doppelt "ankreiden".

Bevor wir diesen methodischen Abschnitt über Schallbewertung unter Pausengesichtspunkten beschließen, müssen wir aber erneut die Forschungslage abstecken, um einem unbegründeten Optimismus dergestalt vorzubeugen, der meint: Je mehr Pausen, umso weniger Belästigung. Es gibt in Wirklichkeit mehrere Untersuchungen, die belegen, daß *kontinuierliche* Geräusche angenehmer als *unterbrochene* sein können; auch diese Eigenschaftsdimension könnte in einem Beurteilungspegel Berücksichtigung finden; es kommt hier also noch auf andere Faktoren an, deren Erforschung seit wenigen Jahren unter dem Thema des sog. *event perception* erfolgt. Allerdings sei vorsorglich schon hier auch darauf hingewiesen, daß man in der Akustikliteratur den Begriff des kontinuierlichen Geräusches recht unterschiedlich versteht: Während die einen das Geräusch der Eisenbahn als diskontinuierlich bezeichnen (so noch Kastka), ordnet es Höger 1987 den kontinuierlichen Geräuschen zu (zusammmen mit Flug- und Straßengeräuschen); wir verkennen zwar nicht, daß bei Höger die Dimension "kontinuierlich vs. diskret" definiert ist, aber trotzdem sollte der Begriff "kontinuierlich" eine einigermaßen klare Bedeutung haben; ansonsten wäre es besser, diesen Begriff doch lieber rein physikalisch zu definieren. Aber auch hier zeigt sich wieder, wie sehr die Abgrenzung kontinuierlich-diskontinuierlich letztendlich eine Frage des Erlebens von Personen darstellt. Es hängt wieder vom Bezugssystem einzelner Personen ab.

Tabelle 5.12: Vergleich der Vorbeifahrten von Kfz und Zügen (aus: Möhler 1988, Tab. 1, S. 12).

Züge:

Pegel $L_{m,E}$ dB(A)	60	60	60	60
Kurve	1	2	3	4
Anzahl N/h	0.9	0.2	0.4	1.1
Geschwind. V/Länge				
km/h/m	200/300	160/350	80/700	100/200
Vorbeifahrt je Zug sec	8.1	11.2	38.3	12.6
Vorbeifahrt je h sec	7.3	2.2	15.3	13.9
Pause ges. je h sec	3593	3598	3585	3586
Durchschn. Pausenlänge	3992	17990	8962	3260

Kraftfahrzeuge:

Pegel $L_{m,E}$ dB(A)	60	60	60	60
Kurve	1	2	3	4
Anzahl N/h	60	80	180	300
Geschwind. V/Länge				
km/h/m	120	100	50	50
Vorbeifahrt je Zug sec	4.5	5.4	10.8	10.8
Vorbeifahrt je h sec	270	432	1944	3240
Pause ges. je h sec	3330	3168	1656	360
Durchschn. Pausenlänge	56	40	9	1

6 Vom Artikulations-Index zum Sprachverständlichkeits-Pegel

Allgemeines: Bei diesen Bewertungsverfahren steht nicht direkt die beurteilte Lautheit oder Lästigkeit im Vordergrund, sondern die Leichtigkeit bzw. Schwierigkeit des Verstehens von gesprochenem Wort, wenn gleichzeitig andere Geräusche auftreten. Hier handelt es sich um durchaus lebensnahe Erscheinungen, denn im Alltag leben wir meist mit Hintergrundgeräuschen; die absolute Stille der Einsamkeit bleibt den seltenen Gelegenheiten unseres Lebens vorbehalten - noch schlimmer: Wir scheinen die Stille nicht mehr zu ertragen und umgeben uns deshalb kontinuierlich mit Geräuschen (vgl. dazu Liedtke 1985). Bevor wir auf die einzelnen Verfahren eingehen, machen wir uns nochmals klar, welche Problemkonstellationen in unserem Bereich als typisch anzusehen sind. Gehen wir einmal von einer ganz einfachen Gliederung von Schallereignissen aus: Sprache, Musik und Geräusche. Diese Geräusche betrachten wir einmal als Hintergrundgeräusche für einen Sprecher; damit konnen wir u. a. folgende Grundsituationen charakterisieren:

Sprache stört Sprache.
Die Phänomene dieses Falles sind Gegenstand des Cocktail-Party-Problems, wobei hier allerdings Fragen der Aufmerksamkeitsverteilung bei der Wahrnehmung bedeutungshaltigen Schalls das Thema bilden. Hierbei geht es um die Frage, welche Bedingungen es uns ermöglichen, aus einem physikalischen Frequenzgemisch sinnvolle, d.h. bedeutungsvolle Geräusche herauszuhören.

Musik stört Sprecher und Hörer.
Dieses Phänomen kennen wir alle zur Genüge aus eigener Erfahrung, wenn wir uns einen Abend in einem geschlossenen Raum mit einer Tanzkapelle abquälen; man kann sich mit seinem Nachbarn nur noch unterhalten, wenn man ihm ins Ohr hineinschreit. Leider hat sich mit diesem Problem noch kaum jemand beschäftigt - bis auf den Entwurf der DIN 15 905, Teil 5 *Tontechnik in Theatern und Mehrzweckhallen* (Entwurf 1988), in dem Vorschläge zum Schutz des Publikums vor Hörschäden unterbreitet werden. Meist nehmen Sozialwissenschaftler dieses Problem nur zum Anlaß einer Kritik an der lärmappetenten Jugend sowie der Kultur überhaupt.

Wir werden uns im nachfolgenden Kapitel vor allem mit zwei weiteren Grundsituationen auseinandersetzen, nämlich: *Geräusche stören Sprecher und Hörer* und *Sprache stört durch Verständlichkeit.*

6.1 Geräusche stören Sprecher und Hörer

Derartige Fälle sind typisch für viele Alltags- und Berufssituationen: Man will sich auf dem Balkon unterhalten, und da setzt ein Nachbar seinen Rasenmäher in Betrieb; Industrieanlagen erschweren Gespräche der Bedienungsmannschaften. Geräusche überdecken die Sprache mit der Folge: (a) für den Hörer verringert sich die Verständlichkeit, (b) für den Sprecher erhöht sich die Anstrengung; er muß mit lauter oder wenigstens gehobener Stimme sprechen. Hans Lazarus (1986, S. 156) gibt folgenden Richtwert: Wenn der Störschallpegel mehr als 40 dB(A) erreicht hat und die eigene Stimme 55 dB(A) laut ist, so führt jede Störschallpegelerhöhung von 1 dB zu einer Erhöhung der Stimmenlautstärke von 0,5 dB. Die Abbildung 6.1 aus Lazarus (S. 158) verdeutlicht diesen sogenannten *Lombard-Effekt.*

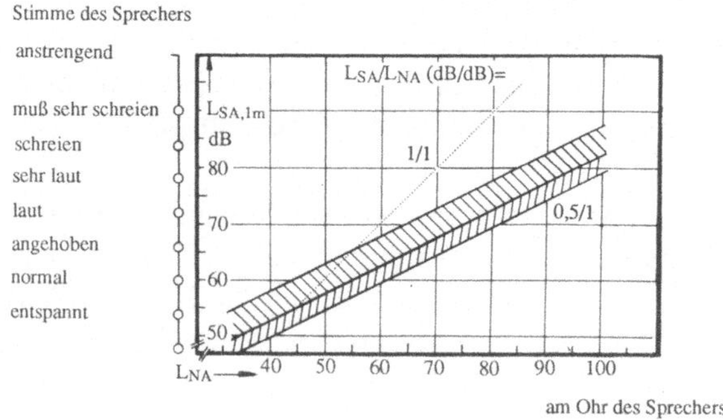

Abb. 6.1: Der Sprechpegel ($L_{SA,1m}$) bzw. die Sprechweise des Sprechers in Abhängigkeit vom Geräuschpegel (L_{NA}) am Ohr des Sprechers pro 1 dB Anstieg des Geräuschpegels c=L_{SA}/L_{NA}=0.5 dB/1 dB (Lombardeffekt) und a=1 dB/1 dB beispielsweise für Lehrer/-innen (aus: Lazarus 1986, S. 158).

Ein daraus abgeleitetes Anliegen geht dahin, zu erkunden, wie man beispielsweise störende Geräusche verringern-, sowie ohne Anstrengung sprechen und ohne Verständlichkeitsverlust hören kann. Die auf diesem Gebiet maßgeblichen Arbeiten sind in den letzten 10 Jahren von Hans Hörmann konzipiert und dann von Hans Lazarus und Gerda Lazarus-Mainka durchgeführt und weiterentwickelt worden.

Sowohl der Artikulationsindex als auch der Sprachverständlichkeitspegel haben nicht den Sprecher, sondern die Störung des Hörers im Auge. Finke und Martin (1974) beschreiben das Problem folgendermaßen: "Die Verfahren wurden entwickelt, um die Verständigung auf störanfälligen Übertragungswegen in lärmerfüllter Umgebung (in Büroräumen oder in Kommandoanlagen auf Schiffen, in Fahrzeugen und Industrieanlagen) zahlenmäßig zu erfassen und um eine hinreichende Verständigung sicherzustellen. Zwei

Verfahren haben zur Beurteilung der Sprachverständlichkeit besondere Bedeutung erlangt: der Articulation Index (AI) und der Speech Interference Level (SIL)" (S. 130).

Es war wohl die Arbeit von N. R. French und J. C. Steinberg aus Bells Telephone Laboratories, New York, (1947), in der erstmalig ein Verfahren vorgestellt wurde; sie wiederum bezeichnen H. Fletcher als den Schöpfer dieser Idee lange vor ihnen. Das Anwendungsinteresse in Bell Telephon Laboratories bestand zunächst in der Entwicklung von Telefonsystemen von hoher Verständlichkeit; darauf kommt es beim Telefonieren an. Ein Maß der Sprachverständlichkeit ermöglichte eine Art von Messung der Übertragungsqualität von Telefonen. Neben dem Natürlichkeitsgrad einer Stimme ist deren Lautheit für die Verständlichkeit besonders bedeutungsvoll.

6.1.1 Der Artikulationsindex

Der Artikulationsindex (AI) wurde auch im Rahmen der Beruhigung innerhalb von Militärflugzeugen weiterentwickelt; man befürchtete nämlich, daß sich der große Lärm in den Kampfflugzeugen auf die Piloten nachteilig auswirkt (S. S. Stevens hat sich damit ausführlich beschäftigt).

In der heutigen Zeit scheinen sowohl die Fluggeräusche, als auch die akustischen Warnsignale, die Gespräche zwischen der Flugzeugbesatzung zu unterbrechen und die Piloten in ausgeprägter Weise zu belasten (vgl. dazu Patterson 1983); auch Matschke und Pösselt (1987) konnten für den regulären Flugbetrieb im Seenotrettungsdienst zwischen 90 und 120 dB(A) nachweisen; und Veit (1988) registrierte Durchschnittswerte bei Piloten von Verkehrsflugzeugen einen Mittelungspegel am Ohr zwischen 78 und 83 dB(A), sodaß bei einem notwendigen Zuschlag von 10 dB für noch verstehbare Sprache, der Arbeitsplatz eines Piloten einen klassischen Lärmarbeitsplatz darstellt.

Früh jedoch trat ein neues Anliegen in den Vordergrund: Man wollte, daß sich in den zivilen Passagiermaschinen Personen einigermaßen unterhalten konnten. Sowohl die vorhin schon erwähnten Bell-Labs. als auch das Psycho-Akustische Labor von Stevens haben dazu die Grundlagenforschung geleistet.

In einem Beitrag für das Periodicum Trans. American Society of Mechanical Engineers beschreibt Beranek, damals noch ein junger Ingenieuer und Dozent in Harvard, das Verfahren: French und Steinberg maßen 7 männliche Stimmen und teilten das Spektrum in 20 solche Bänder, die für die Verständlichkeit von Sprache alle gleich bedeutsam sind; sie übertrugen diese Ergebnisse in die Abbildung 6.2 (Beranek 1947, p. 98).

In der Abbildung 6.2 erkennt man auf der Abszisse die Mitten der 20 Frequenzbänder und auf der Ordinate den mittleren Schalldruckpegel mit Minimal- und Maximalausprägungen; wenn ein Hörer Sprache hundertprozentig verstehen will, dann muß er die ganze schraffierte Fläche hören können. Die Sprechsituation der Abbildung 6.2 war so gestaltet: der Sprecher sprach laut, sein Mund befindet sich 3 Fuß (91,5 cm) vom Ohr des Hörers entfernt. Beranek maß nun den Lärm auf einem Sitzplatz einer Douglas DC-B3, wie die Abbildung 6.3 (Beranek 1947, p. 98) zeigt.
Wie gelangt man zu einem AI-Maß?

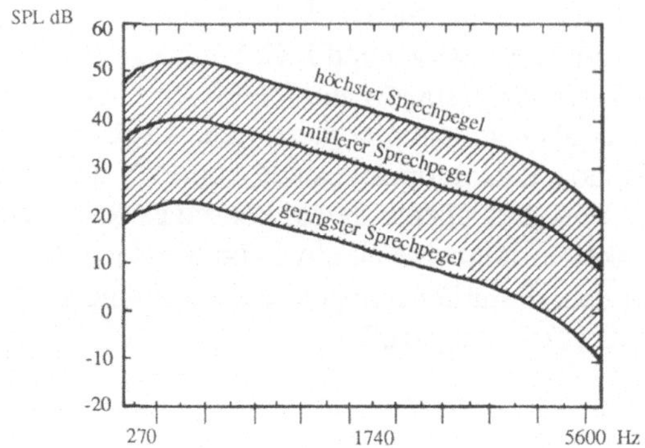

Abb. 6.2: Mittenfrequenz der Bänder gleicher Bedeutung für die Sprachverständlichkeit (aus: Beranek 1947, p. 98)

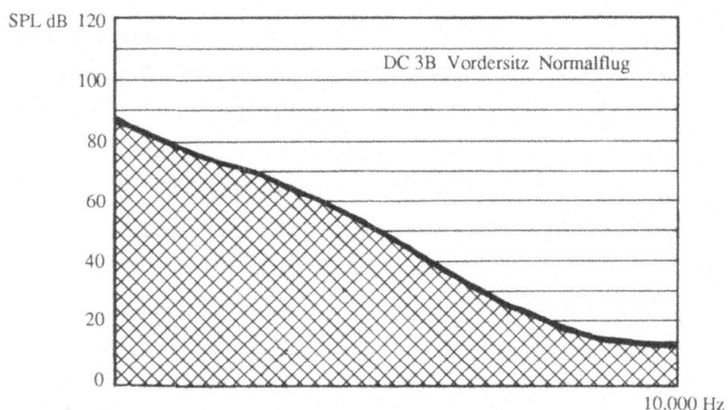

Abb. 6.3: Lärmpegel in einer Douglas DC-B3, Transportflugzeug bei normaler Reisegeschwindigkeit (aus: Beranek 1947, p. 98)

(1) Beranek vereinfachte das Verfahren von French und Steinberg dadurch, daß er die 20 Geräuschbänder durch 8 Oktavbänder zwischen 37 und 9600 Hz ersetzte.

(2) Man mißt den Schall, wie in Abbildung 6.3, und legt dieses Lärmspektrum auf das Sprachspektrum der Abbildung 6.2.

Nun wird man aber sofort einwenden, daß in der Praxis ein solches Schema nicht zu gebrauchen wäre, weil ja hier die Sprecher unterschiedlich laut sprechen und die Entfernungen zwischen Hörer und Sprecher variieren. Wie trägt man diesem Umstand Rechnung? Beranek löst das Problem so: wenn ein Sprecher übermäßig laut spricht oder/und wenn er ganz an den Hörer heranrückt, dann verschiebt sich die Hüllkurve der Abbildung

6.2 einfach nach oben; d.h. die Wahrscheinlichkeit, vom Lärm verdeckt zu werden, wird geringer. Beranek (1947, fig.4, p. 99) bietet folgendes Hilfsschema der Abbildung 6.5 an, um die Entfernung und die Sprecher-Lautstärke zu berücksichtigen.

Legt man nun das Lärmspektrum über das Sprachspektrum, so kommt es zu Überdekkungen, wie das Beispiel der Abbildung 6.4 zeigt.

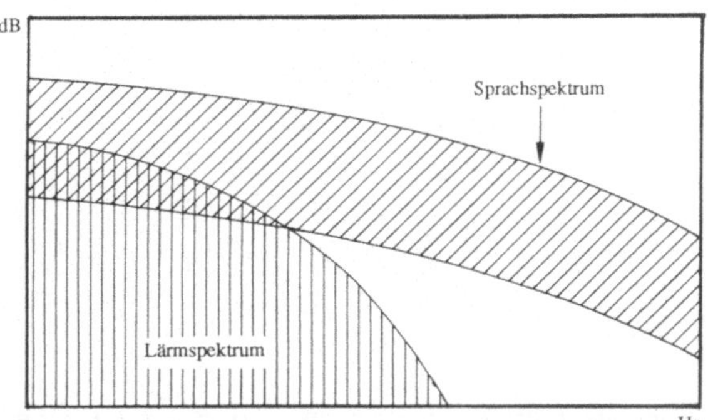

Abb. 6.4: Beispiel einer Überdeckung von Sprachspektrum und Lärmspektrum

In der Abbildung 6.5 ist auf der Abszisse die Stimmenlautstärke des Sprechers aufgetragen (Lautstärke wird hier subjektiv bestimmt); auf der Ordinate ist der Abstand zwischen Sprecher und Hörer in feet und inch (1 ft = 30,48 cm; 1 inch = 2,54 cm) aufgetragen.

Angenommen: jemand spricht aus 20 inch (50,8 cm) Entfernung sehr laut, dann muß er das Sprachspektrum der Abbildung 6.2 etwa um 10 dB auf der Ordinate nach oben schieben; bei 10 inch wären es etwa 17 dB.

(3) Nun kann man Sprach- und Lärmspektren aufeinanderlegen; der vom Lärmspektrum unbedeckte Teil des Sprachspektrums heißt Artikulations-Index (AI) und kennzeichnet den prozentualen Anteil dieser Fläche am Gesamt-Sprachspektrum. Wie groß muß dieser Anteil sein, damit Sprache noch verständlich bleibt? Beranek nennt folgende Richtwerte:

Über 60 % AI : Sprache kann mühelos verstanden werden.
Unter 30 % AI: Sprache kann nur unter beträchtlichen Anstrengungen verstanden werden.
In Anbetracht dieser beiden Grenzen nennt Beranek einen AI von 40 % als hinreichende untere Grenze für ein einigermaßen verständliches Gespräch.

Hier sollten wir uns nochmals daran erinnern, daß "Verständlichkeit" eines Textes je nach Hörer ganz unterschiedlich ausfallen kann; ein intelligenter Hörer ist viel mehr in der Lage, unvollständig gehörte Teile zu ergänzen als ein weniger Intelligenter. Außerdem ist ein unvollständiges Wort innerhalb eines Satzes immer noch verständlich, weil es aus dem Sinn erschließbar erscheint; deshalb arbeitet man in der Sprachverständlichkeitsforschung mit Logatomen (sinnlose Silben mit der Struktur Konsonant - Vokal - Konso-

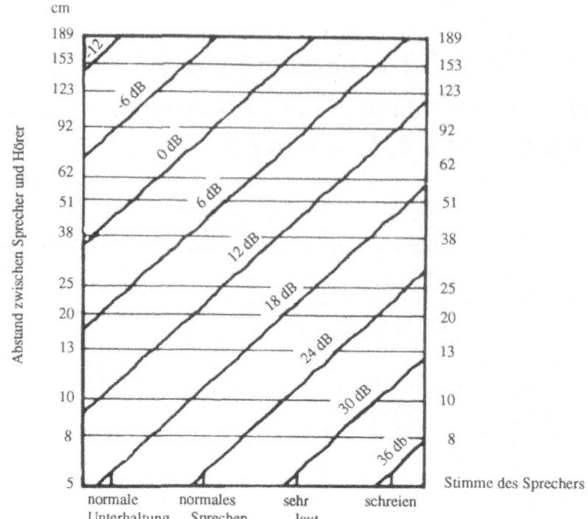

Abb. 6.5: Konturen, um die schraffierte Stelle in Abb. 6.2 auf Koordinatenpapier richtig zu lokalisieren, entsprechen dem Schallpegel des Sprechers und der Entfernung zwischen Sprecher und Zuhörer (aus: Beranek 1947, p. 99).

nant), standardisierten Silben und Sätzen (vgl. dazu Sotschek 1986). In den Normen wird definiert: 90 % aller Worte oder 50 % aller Logatome müssen verstanden werden, um einen Sprachtext als verständlich bezeichnen zu können.

Am Ende seines Beitrages von 1947 empfiehlt Beranek (1947, p. 100) jedoch, den AI (gemessen in % des Sprachspektrums) zu vereinfachen - zu einem Speech-Interference level in decibels; davon soll gleich anschließend die Rede sein. Bei diesem Verfahren wird der Störschall nicht mehr so fein spektral differenziert; es werden dann nur noch die Lautheitspegel von Stimme und Störgeräusch (in dB) miteinander verglichen.

6.1.2 Sprachverständlichkeitspegel in Dezibel

Beranek vereinfachte den Articulation Index zum Zwecke der Bewertung von Lärm in den Flugzeugkanzeln. Bei diesem Verfahren wird der Störschall nur noch in die 3 Oktavbänder 600 - 1200, 1200 - 2400, 2400 - 4800 eingeteilt; die Schallpegel der 3 Oktaven werden gemittelt. Dieser Mittelwert wird in Beziehung gesetzt zu normaler, erhobener und lauter Sprache; berücksichtigt wird dabei der Abstand zwischen Hörer und Sprecher. Beranek (1947, p. 100) nennt die Richtwerte der Tabelle 6.1.

Beranek selbst sowie andere Akustiker haben einige Änderungen, wie z. B. andere Frequenzbereiche, vorgeschlagen; erwähnenswert erscheint der Vorschlag von Klumpp und Webster (1963) von der US-Marine, San Diego: Die 3 Oktavmitten sollten bei 500, 1000 und 2000 Hz liegen; damit waren sie besser in der Lage, den tieffrequenten

Schiffslärm zu berücksichtigen; in Abhebung vom SIL wurde dieser neue Vorschlag "Preferred Speech Interference Level (PSIL)" genannt.

Tabelle 6.1: Maximalwerte von Störgeräuschen, welche nicht überschritten werden dürfen, wenn Sprache zufriedenstellend verständlich sein soll:

Abstand zwischen Sprecher - Hörer in m	Stimmenlautstärke des Sprechers in dB		
	laut	besonders laut	Schreien
0,15	77	83	89
0,30	71	77	83
0,60	65	71	77
0,91	61	67	73
1,20	59	65	71
1,52	57	63	69
1,83	55	61	67

Zur Prüfung der Sprachverständlichkeit gibt es die DIN 33 410 "Sprachverständigung in Arbeitsstätten unter Einwirkung von Störgeräuschen" (1981). Diese Norm verwendet die Oktaven 350 - 700, 700 - 1400, 1400 - 2800, 2800 - 5600 Hz, ähnlich wie die ISO TR 3352, die 375-750, 750-1500, 1500-3000, 3000-6000 Hz gewählt hat. Die Tabelle 6.2 (Bürck 1974) faßt die Bewertungsgrößen in einem Entscheidungsschema recht übersichtlich zusammen.

Tabelle 6.2: Durch Nichtverstehen der Sprache und Überhören von Warnungen und Warnsignalen, z.B. während der Arbeit, kann akute Unfallgefahr enstehen (aus: Bürck 1974, S. 184)

SIL(dB)	Stimmstärke	Abstand(m)	Güte der Verständigung
45	normal	3	ohne jede Anstrengung
55	normal	1	gut
	erhoben	2	gut
	laut	4	gut
65	erhoben	0,7	mit Unterbrechungen
	laut	1,5	mit Unterbrechungen
	schreiend	3	mit Unterbrechungen
75	laut	0,3	schlecht
	schreiend	1	schlecht
85	schreiend	0,3	schlecht

Finke und Martin (1974, S. 130) machen auf einen Zusammenhang aufmerksam, dessen Kenntnis sich in der Praxis als außerordentlich hilfreich erweist: "Da beim Verfahren des Speech Interference Level nur die mittleren Oktaven berücksichtigt werden, die auch beim A-Schallpegel den pegelbestimmenden Anteil liefern, besteht eine feste Beziehung zwischen beiden Werten. In einer zusammenfassenden Untersuchung (Webster 1970) läßt sich für verschiedene Geräuschtypen (einschließlich Überfluggeräuschen von Flugzeugen) folgende Beziehung gewinnen:

$$LA = SIL + 9 \text{ dB.}$$

Diese Beziehung gilt für einen Pegelbereich von etwa 50 bis über 100 dB. Die Abbildung 6.6 zeigt den Zusammenhang zwischen den A-Schallpegeln und SIL-Werten des Störgeräusches von dem möglichen Abstand zwischen Sprecher und Hörer. Das Diagramm der Abbildung 6.6 zeigt, daß die Sprachverständigung bei 1 m Abstand von Sprecher und Hörer bereits gestört wird, wenn das Umgebungsgeräusch über LA = 70 dB ansteigt, bei 2 m Abstand beginnen die Störungen bereits bei LA = 60 dB. Das ist aber etwa die Situation, die dem Hören beim Rundfunk- und Fernsehempfang entspricht" (S. 130 f.).

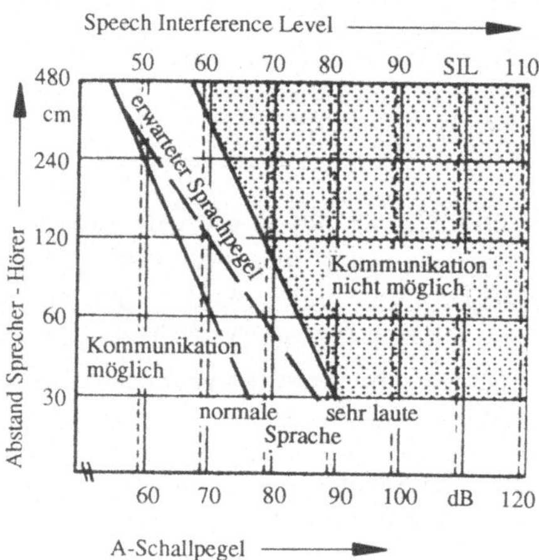

Abb. 6.6: Sprachverständlichkeit in Abhängigkeit vom A-Schallpegel und vom Speech Interference Level (aus: Finke und Martin 1974, Abb. 3-17, S. 133)

Die vorausgehenden Erörterungen geben Anlaß, zwischendurch darauf hinzuweisen, wiesehr bei der Definition von Bewertungsindikatoren, wie der Verständlichkeit, vor allem psychologisch beschreibbare Größen den Gegenstand bilden. Verstehen gesprochener Sprache setzt zwar akustische Merkmale voraus, aber es wirken hier noch andere nichtakustische Bedingungen, z.B. der Gesichtsausdruck, mit, welche akustisches Sprachverständnis unterstützen.

Anwendung des SIL: Der SIL wird vor allem dann verwendet, wenn es zu vermeiden gilt, daß Lärm beim Sprechen stört; dies ist der Fall in Bürohäusern, Mehrfamilienwohnungen, Schulen, Krankenhäusern. Zu diesem Zwecke ist es notwendig, nicht nur die Geräusche selbst, sondern auch die schallrelevanten Eigenschaften des Raumes selbst zu erkunden; als besonders wichtig ist die Reflexionseigenschaft eines Raumes anzusehen, da sich Sprache beispielsweise selbst durch ihren eigenen Nachhall stören kann. Houtgast und Steeneken haben vor Jahren erstmals eine Methode zur Bestimmung der Sprachverständlichkeit in einem Raum, den sog. *Sprach-Übertragungsindex*, vorgelegt (vgl. dazu Lazarus, Lazarus-Mainka und Schubeius 1985, S. 129-138).

Tabelle 6.3: Übersicht über Verfahren zur Bestimmung der Sprachverständlichkeit

---

French und Steinberg (1947)

AI Beranek (1947)

SPL Beranek (1947)

PSIL Klumpp and Webster (1963)

ISO TR 3352 (1974) Assessment of noise with respect to its effect on the intelligibility of speech

ANSI S3.14 (1977) American National Standard for rating noise with respect to speech interference

DIN 33 410 (1981) Sprachverständigung in Arbeitsstätten unter Einwirkung von Störgeräuschen

---

6.2   Sprache stört durch Verständlichkeit

Die Verständlichkeit von Sprache bedeutet in vielen Situationen unseres Lebens eine Wohltat; sie kann aber auch zur Last werden, beispielsweise beim Wohnen, wenn eine Wohnungstrennwand so dünn ist, daß man versteht, was die Nachbarn miteinander sprechen. In diesem Fall gilt es, bauakustische Maßnahmen zu ergreifen, welche die Verständlichkeit verunmöglichen. Wie kann man die baulichen Anforderungen mit Hilfe der Sprachverständlichkeit ermitteln? Dies werden wir kurz anhand der Anforderungen an die Luftschalldämmung zwischen Wohnungen erläutern. Dieses Beispiel kann auch zeigen, wie die sogenannten Geisteswissenschaften mit der Physik und Technikwissenschaften fruchtbar zusammenarbeiten können. Wie können in dieser Zusammenarbeit Bedürfnisse, wie Privatheit, Intimität und freie Entfaltung der Persönlichkeit, geschützt werden? (vgl. dazu Kötz und Moll 1988, S. 73)

Anläßlich der in den letzten Jahren kontroversen Diskussion um die Mindestanforderungen an die Luftschalldämmung von Decken und Wänden erhob sich immer wieder die Frage, ob denn die verschiedenen Interessengruppen ihre Anforderungen auch wissenschaftlich begründen könnten. Da eine empirisch-wissenschaftliche Begründung fehlte, entschloß sich das Umweltbundesamt unter der Federführung von Ralf Kürer zur Untersuchung dieser Frage (Kürer 1988; Kötz und Moll 1988; Ortscheid 1986; Kötz 1988).

In seinem Vortrag auf der Tagung des Deutschen Arbeitsrings für Lärmbekämpfung erläuterte Wolfgang Moll (1987) die Grundgedanken dazu, die wir nachfolgend aufgreifen: Ausgang der Erörterungen von Moll stellt folgende Situation dar: Zwei benachbarte Wohnungen, welche durch eine Wand voneinander getrennt sind. Die Aufgabe lautet, die bauphysikalischen Eigenschaften zu bestimmen, so daß der Nachbar A seinen Nachbarn B nicht stört.

Nachbar A		Nachbar B
telefoniert	Wand	liest gerade ein Buch
Senderaum		*Empfangsraum*

Wie sieht diese Wohnsituation physikalisch-akustisch aus?

Beim *Nachbarn A* : Die Schalleistung der Stimme bleibt physikalisch konstant; je nach der Beschaffenheit des Raumes verändert sich aber der hörbare Pegel, weil dieser von der Absorptionsfläche des Raumes abhängt. Wir sprechen dann vom Senderaumpegel.

Beim *Nachbarn B* : Ob der Senderaumpegel jedoch beim Nachbarn B im Empfangsraum stört, entscheidet sich danach, ob dieser die Stimme hört oder nicht hört. Dies wiederum hängt vom Grad ab, mit dem ein Grundgeräuschpegel im Empfangsraum B den Senderaumpegel aus Raum A verdeckt; ein offenes Fenster an der Ruhrautobahn beispielsweise könnte einen solchen Grundgeräuschpegel schaffen, daß ein Senderaumpegel leicht überdeckt werden kann.

Damit haben wird die wichtigsten psychoakustischen Faktoren, welche die akustische Situation der beiden Nachbarn bestimmen, benannt. Deren Benennung jedoch löst das Problem der beiden Nachbarn leider noch lange nicht, sondern wirft eine Vielzahl weiterer zu lösender Fragen auf, wie:

(1) Von welchem *Grundgeräuschpegel* in der Wohnung B soll man denn ausgehen? Aufgrund langjähriger Messungen geht Moll selbst von 20 dB(A) aus. Daß sich dieser Grundgeräuschpegel über die Jahre faktisch geändert hat, beispielsweise durch den besseren Schallschutz gegenüber Draußen, belegt eine Nachuntersuchung von Moll (1987, S. 9).

(2) Welchen *Schalleistungspegel* in der Wohnung A sollte man unterstellen? Moll geht von der Sprechlautstärke von einer männlichen Stimme aus. Wie laut aber sollte diese selbst wieder sein dürfen, um trotzdem in Wohnung B unverständlich zu sein? Moll meint, sie sollte mindestens als "angehoben" bezeichnet werden können; d. h. einer Person muß es möglich sein, über ihre normale Stimmenlautstärke hinaus zu sprechen, ohne daß Intimes und Privates an des Nachbarn Ohren gelangen; aufgrund einer Literaturanalyse setzt Moll diese Grenze bei 74 dB(A) fest.

(3) Um wieviel dB(A) muß ein Grundgeräuschpegel über dem Senderaumpegel, der in die Wohnung B dringt, liegen, um unverständlich zu sein (sog. *Verdeckungsdifferenz*)? Hier greift Moll auf die Vorarbeiten von Kötz und Ortscheid zurück, die bei 50 % Silbenverständlichkeit mindestens 3 dB Verdeckung zusätzlich zum Grundgeräusch ermittelten.

Viele der oben gestellten Fragen sind bis heute noch unvollständig beantwortet. Hier ergibt sich für die Zukunft eine Vielzahl relevanter interdisziplinärer bauakustischer Fragen, angefangen bei der Lautstärke und spektralen Gestalt von Grundgeräuschen, bis hin zum Zusammenwirken mit Schalleistungspegeln unterschiedlichster Geräusche, wie Radio, Fernsehen, Kinderstimmen, Haushaltsgeräten und feiernden Nachbarn. Nebenbei sei gesagt: Da der Schallschutz beim Wohnen in Deutschland derzeit nicht gerade ein hochgehaltenes Gut darstellt, läßt sich heute schon vorhersagen, daß in wenigen Jahren solche Wohnungen, welche nur einer akustischen Minimalausstattung genügen, nicht mehr vermietbar sein werden; vielfach geraten solche Wohnungen ja schon heute in rechtliche Auseinandersetzungen, weil Mieter sich getäuscht fühlen und die Miete verweigern. Ein Bauherr ist demnach gut beraten, auf einen wirksamen Schallschutz zu achten und als Planungsunterlage den Entwurf der VDI 4100 hinzuzuziehen; dort nämlich ist der aktuelle Wissensstand bis 1989 in einer Richtlinie festgehalten worden.

Klärungsbedürftig erscheint aber auch hier, welches Kriterium der "Störung" sich als geeignet erweist. Im Beispiel der gesprochenen Sprache bei Moll ist das Kriterium Sprachverständlichkeit naheliegend. Wie die bisherigen Ausführungen zur Lästigkeitsproblematik gezeigt haben, sind weitere Kriterien auch hier ebenso einleuchtend und denkbar: Lautheit, Lästigkeit und die verschiedenen Größen, mit denen man die Störung menschlicher Grundbedürfnisse charakterisieren kann (vgl. dazu den Ansatz von Tachibana und dessen Mitarbeiter an der Universität Tokyo).

7 Geschichtliches zur Erforschung der Schallstärke und Lärmmessung

7.1 Die Frühzeit der Untersuchungen zur Schallstärke bei Wilhelm Wundt

7.1.1 Methoden der Wundt-Schule

Um die Jahrhundertwende war in der Akustik noch keine Methode bekannt, welche eine objektive Messung der Schallstärke gestattet hätte. Die Frühzeit der Forschung war apparativ immer noch durch den Einsatz verschiedener Musikinstrumente bzw. instrumentenähnlicher Geräte geprägt. Vor allem Sirenen, Pfeifen und Röhren erwiesen sich für die Erzeugung unterschiedlicher Lautstärken als förderlich, weil man deren Länge bzw. die Weite der Schallöcher exakt kontrollieren konnte. Außerdem war es möglich, den Anblasdruck schon sehr genau zu bestimmen.

Auch Stimmgabeln, welche man elektrisch bediente, kamen bis in die Zwanziger-Jahre zum Einsatz. Man setzte die Personen in verschiedenen Abständen dazu und variierte somit die Schallintensität für den Hörer. König war es wohl, der auf dem Gebiet der Tonerzeugung die maßgeblichen Methoden und das entsprechende technische Instrumentarium entwickelt hatte. Wilhelm Wundt konnte also auf diese Vorarbeiten zurückgreifen.

Psychologiegeschichtlich von Interesse sind insbesondere drei Vorrichtungen, welche in Wundts *Physiologischer Psychologie* ausführlich beschrieben sind: das *Schallpendel, Fallphonometer* und die *Tonmesser* (Wundt 1902, Band 2, S. 84).

(a) Das *Schallpendel*: Für die Experimentatoren der damaligen Zeit stellte sich das Problem, einen Schallerzeuger so zu konstruieren, daß man an ihm die objektive Schallstärke einstellen konnte; außerdem sollte sich die Schallqualität bei Änderung der Schallstärke nicht ändern. Beiden Anforderungen versuchte das Schallpendel (Abbildung 7.1) zu erfüllen.

Wundt beschrieb das Schallpendel so: "Dasselbe besteht aus zwei gegen einen Ebenholzklotz vor einer Scala pendelnden Rohrstäben, an denen unten Kugeln aus Hartgummi

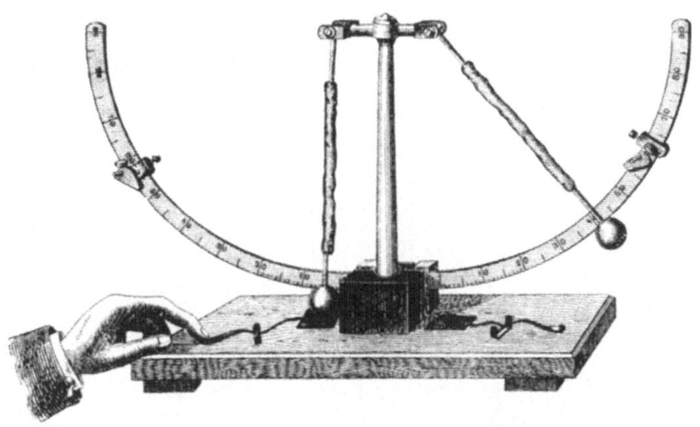

Abb. 7.1: Das Schallpendel (aus: Wundt 1902, Band 1, S. 511).

befestigt sind. In der Ruhelage berühren die Kugeln die einander parallelen Seiten des Ebenholzes. Um einen Schallunterschied von gegebener Größe hervorzubringen, stellt man die rechts und links an der Scala befindlichen Schieber, die zur Aufnahme der Pendelstange eine Rinne darbieten, auf die geeigneten Punkte der Scala ein, führt mit der rechten und linken Hand die Pendel in die Rinne zurück und lässt sie dann rasch nach einander fallen, um die entstehenden Schalle zu vergleichen. Im Moment, wo eine jede Kugel von dem Ebenholz zurückprallt, wird sie durch einen Druck der Hand der entsprechenden Seite auf dem unter ihr befindlichen Fanghebel, dessen Platte mit Filz überzogen ist, geräuschlos aufgefangen, um einen zweiten Schall durch Rückprall unmöglich zu machen. Zur Erzielung einer genau gleichen Beschaffenheit der beiden Schalle ist der Ebenholzklotz auf einem eichenen Fußbrett befestigt, das auf dicken Filzunterlagen steht, und außerdem von den beiden Scalen und deren Träger sowie von der Tragsäule der Pendel durch Luftzwischenräume getrennt; ferner sind die Pendelstangen zum Behuf der Dämpfung der auf sie fortgepflanzten Schwingungen von einer Filzhülle umgeben."
(b) Das *Fallphonometer*: Vielfältigem Experimentieren diente vor allem das Fallphonometer, welches vermutlich in Anlehnung an die damals geläufigen Fallmaschinen zum Nachweis der Galileiischen Fallgesetze konstruiert worden ist. Die nachfolgende Abbildung 7.2 zeigt ein solches Fallphonometer. Wie funktionierte das Fallphonometer?

(a) An einer Stange ist ein Kugelhalter befestigt, der es ermöglicht, die Fallzeit einer Stahl- oder Elfenbeinkugel elektromagnetisch einzustellen; (b) wird durch die Unterbrechung des Stromes im Elektromagneten die Kugel K zu Fall gebracht, so trifft sie auf das Fallbrett F aus Ebenholz und löst dadurch eine Schallwelle mit bestimmter Schallstärke aus; (c) durch entsprechende Höheneinstellung des Kugelhalters kann man die Schallstärke variieren.

Das Fallphonometer war für die damalige Akustik die modernste Entwicklung. Was uns heute mit computergesteuerten Experimentalvorrichtungen möglich ist, das ermöglichte damals die Entdeckung der Elektrizität sowie des Elektromagnetismus.

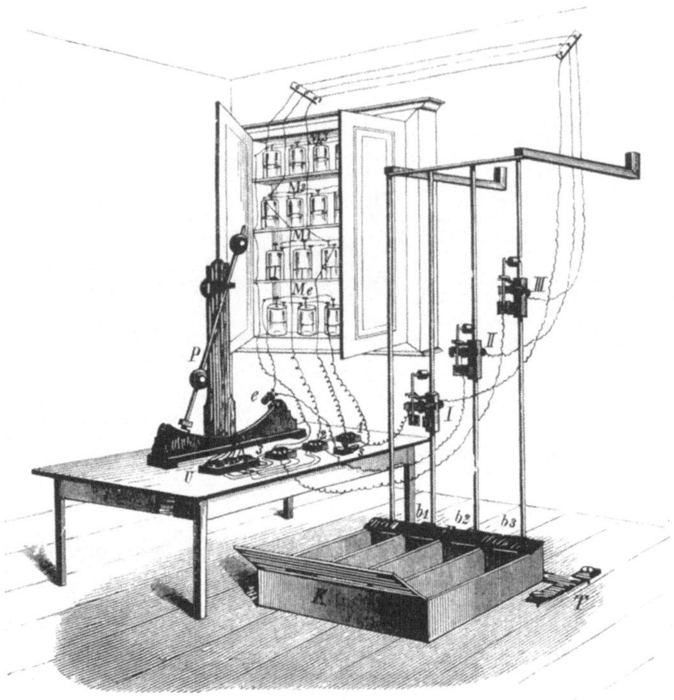

Abb. 7.2: Das Fallphonometer (aus: Wundt 1902, Band 1, S. 512 f.).

Obwohl das Schallpendel und das Fallphonometer nur als der Beginn der Forschungen zur Schallintensität gelten kann, so hat sich die Idee des Fallphonometers bis auf den heutigen Tag in einem Gerät niedergeschlagen, nämlich dem *Norm-Hammerwerk* (auch Normtrampler oder Trittschallhammerwerk genannt). Beim Norm-Hammerwerk handelt es sich um ein Gerät mit 6 Hämmern, das als Schallerzeuger bei der Messung und Bestimmung des Norm-Trittschallpegels von Decken verwendet wird (Rieländer 1982, S. 241). Dazu schreibt die DIN 52 210, Blatt 1 *Bauakustische Prüfungen. Luft- und Trittschalldämmung. Meßverfahren*: "Das Norm-Hammerwerk besteht aus 5 in gleichem Abstand auf einer Geraden angeordneten Hämmern, wobei die äußersten Hämmer einen Abstand von etwa 40 cm haben sollen. Das Norm-Hammerwerk muß durch einen Motor angetrieben werden und 10 Schläge je Sekunde erzeugen. Jeder Hammer muß eine wirksame Masse von 500 g ± 12 g haben, die Fallhöhe auf ebenem Boden muß 40 mm ± 1 mm betragen."

(d) Die *Tonmesser*: Die Tonmesser von Vater Georg und Sohn Anton *Appun* arbeiteten nach dem Blasebalgprinzip, einer Orgel ähnlich (vgl. nachfolgende Abbildung 7.3 aus Wundt 1902, 2. Band, S. 84):

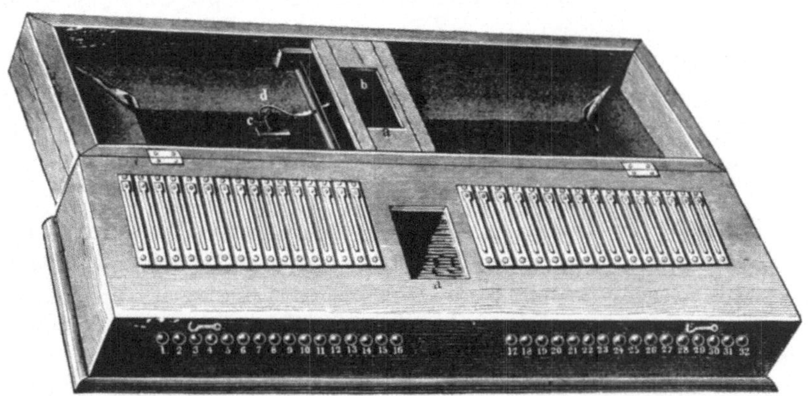

Abb. 7.3: Tonmesser von Georg und Anton Appun (aus: Wundt 1902, Band 2, S. 84).

Die beiden Akustiker Appun arbeiteten mit dem Physiologen und "Zoophysiker" *Preyer* (1841-1897) zusammen; wir erwähnen diese Forscher auch deshalb, weil sie zum ersten Mal die hörbaren Tongrenzen mit 16 und 20.000 Schwingungen pro Sekunde, dem späteren Hz, bestimmte; als Preyer seine Ergebnisse 1876 veröffentlichte, war der spätere Helmholtz-Schüler Heinrich *Hertz* (1857-94) gerade erst 19 Jahre alt.

Mit diesem Fallphonometer arbeiteten vor allem die Schüler Wundts, wie *Merkel* und Frank *Angell*, in den Jahren zwischen 1880 und 1890. Angell (nicht zu verwechseln mit dem Psychologen James Angell, dem Wundt-Gegner und späteren Präsidenten der Yale University 1921-1937) gründete an der Cornell University 1891 ein psychologisches Laboratorium nach dem Leipziger Vorbild. Cornell wurde schnell zu einem Zentrum akustischer Forschung, ebenso Stanford, wohin Angell dann bald übersiedelte. Angell war gut bekannt mit dem Würzburger Psychologen *Külpe*, bei dem dann 1903 der Amerikaner *Ogden* promovierte.

7.1.2 Welchen Problemen widmete sich die Wundt-Schule?

In seinem Lehrbuch zur Physiologischen Psychologie hat Wundt den damaligen Wissensstand zusammengefaßt. Danach stand die Bearbeitung folgender Themenbereiche im Mittelpunkt:

(1) Es galt, physiologisch zu erklären, warum wir überhaupt *Töne* unterschiedlicher Höhe hören können; wie in anderen Sinnesgebieten stand außerdem die Frage nach den absoluten *Tonschwellen* sowie *Unterschiedsschwellen* bei Intervallen im Vordergrund.

(2) Ein weiteres Problem stellte das Hören von *Klängen* dar: Was geschieht, wenn man Töne mit verschiedenen Schwingungszahlen gleichzeitig erklingen läßt? Damit verbunden ist die Erforschung der Erscheinungen, wie der *Schwebung* (wenn zwei Töne ähnli-

che Schwingungszahlen haben), der *Konsonanz* und *Dissonanz, Oktavenähnlichkeit* und der *Tonverschmelzung.*

(3) Ein dritter Problembereich war das Hören von Geräuschen. Die Erforschung des Geräuschhörens erwies sich jedoch als besonders schwierig, weil die Analyse und Messung natürlicher Geräusche noch nicht weit vorangekommen war, während man Töne verschiedenster Art, auf unterschiedlichste Weise kontrolliert, auf Instrumenten erzeugen konnte.

Für die Erklärung der Grundtatsachen des Tonhörens wurde die *Resonanztheorie* des *Hermann von Helmholtz* von zentraler Bedeutung, die jener 1863 dargelegt hatte. Wundt arbeitete von 1858-71 mit Helmholtz im Heidelberger Physiologischen Institut zuerst als dessen Praktikumsassistent und dann als außerordentlicher Professor zusammen. Wundt selbst gründete dann 1879 das psychologische Laboratorium in Leipzig.

Und im Vorausblick sei hier angefügt: Während im 19. Jahrhundert vor allem der Tonpsychologie das ganze Interesse galt, griff das 20. Jahrhundert Probleme der Schallintensität auf. Die Inangriffnahme dieser neuen Problematik war eng verbunden mit technischen Neuentwicklungen auf dem Gebiet der Elektroakustik, wie der Entwicklung des Oszillators, der Entdeckung des Vakuumröhrenverstärkers, welcher auch im Hörgerätebau entscheidende Verbesserungen erbrachte.

7.2   Untersuchungen der Gestaltpsychologie

Wenn man auf die Geschichte der psychologischen Akustik zurückblickt, so muß man besonders einer Persönlichkeit gedenken, welche die Psychologie bis heute geistig mitträgt, nämlich *Carl Stumpf* (1848-1936), Schüler von *Franz Brentano* und *Lotze.* Stumpf, der mit zwanzig Jahren sechs Instrumente spielen konnte, war geradezu berufen, sich wissenschaftlich mit dem Hören auseinanderzusetzen.

1875 begann er seine Arbeiten zur *Tonpsychologie,* worüber er 1883 den ersten Band veröffentlichte, dem 1890 der zweite folgte. Stumpf (1881, Band I, S. 354 ff) setzte sich sehr intensiv mit den ersten Untersuchungen der Psychophysik sowie des Wundt'schen Laboratoriums auseinander; er bietet damit geradezu einen ersten Überblick über die Geschichte dieser Forschung bis etwa 1880, einschließlich der Arbeit von *Tischer,* der 1882 bei Wundt über Intensitätswahrnehmung promovierte. Als Stumpf seine Tonpsychologie publizierte, waren die späteren Arbeiten des Wundt-Kreises noch gar nicht in Angriff genommen worden.

Die Darlegungen Stumpfs sind von sehr grundsätzlicher Art: ihm geht es zunächst darum, zu klären, unter welchen Voraussetzungen ein Intensitätsvergleich überhaupt möglich sei; dabei stellen sich Fragen, wie diese: (a) Kann man überhaupt die Intensität von Empfindungen vergleichen, welche unterschiedliche Qualitäten haben? Beispiel: Die Lautstärke des Tones a mit jener von Ton c. (b) Kann man gar die Intensität von Empfindungen, welche unterschiedlichen Sinnesorganen entstammen, vergleichen? Beispiel: Die

Helligkeit einer Farbe mit der Helligkeit eines Tones. (c) Sind Intensitätsunterschiede nicht immer auch mit Qualitätsveränderungen verbunden? Beispiel: Eine Stimme, deren Stärke wir verändern, bekommt auch neue Qualitäten; manchmal erkennt man die Stimmen gar nicht mehr als die gleiche.

Einige Beobachtung Stumpfs scheinen uns hier einer Erwähnung wert: Er berichtet von Beobachtungen, wonach die Hörschärfe und Intensitätswahrnehmung einem Tagesrhythmus zu unterliegen scheint: Am Abend ist sie ausgeprägter als am Tage. In diesem Zusammenhang ist die Erwähnung der Versuche von *Kohlschütter* aufschlußreich, der die Tiefe des Schlafs mithilfe des Schalls maß; er meinte sogar, daß der Mensch im Schlafe überempfindlicher für Geräusche sei (S. 359). Stumpf folgte jedoch selbst dieser Auffassung nicht.

Für uns ist die Kenntnis von Stumpf auch deshalb so wichtig, weil er einige bis heute bedeutsame Schüler hatte: (a) Der ältere war wohl *Max Frederic Meyer* (1873-1967), der schon sehr früh an der University of Missouri eine Professur bekam. (b) Der um vier Jahre jüngere *Erich von Hornbostel* (1877-1935) beschäftigte sich viel mit der Musik von primitiven Völkern; für die Lärmforschung ist er durch seine Arbeit "Psychologie der Gehörserscheinungen" in Bethes "Handbuch der normalen und pathologischen Physiologie" (1926) bedeutsam geworden. In dieser Arbeit wird zum ersten Mal die Erscheinung der *Lautheit* gründlich analysiert; hier finden wir nun auch die amerikanischen Arbeiten aus den Bell-Laboratories, aus Harvard und Cornell verarbeitet. (c) Den Psychologen wohlbekannt sind die Gestaltpsychologen *Kurt Koffka* und *Wolfgang Köhler*, beides Doktoranden Stumpfs. Zwischen 1909 und 1915 veröffentlichte Köhler (1909 bis 1915) seine *"akustische Untersuchungen"*, in denen die subjektiven Intensitätsunterschiede beim Tonvergleich im Zentrum standen: Warum werden physikalisch gleich intensive Reize im sukzessiven Paarvergleich als unterschiedlich laut beurteilt? Warum erscheint der zweite Reiz als leiser? Anhand dieser Fragestellungen entwickelte Köhler seine *Theorie des sukzessiven Vergleichs*. (d) Weniger bekannt scheint jedoch, daß auch *Kurt Lewin* in seinen ersten wissenschaftlichen Jahren sich Fragen der Intensitätswahrnehmung des Schalls widmete; so finden wir im zweiten Band (1922a und b) der Psychologischen Forschung, der Zeitschrift der Berliner Gestaltpsychologie, zwei Beiträge aus seiner Feder. In einem dieser Beiträge beschreibt er die Konstruktion eines Schallgenerators, mit dessen Hilfe Fragen der Lautheit bearbeitbar wurden. Auch *Margarete Eberhardt* (1922a und b), deren Trilogie "Erkennen - Werten - Handeln" (1952) später einen Versuch zu einer Summa psychologischer Forschung lieferte, hat bei Stumpf über die Wahrnehmung der Tonintensität unter Anleitung von Wolfgang Köhler promoviert.

7.3   Die ersten praktischen Versuche zur Lärmmessung

7.3.1 Geschichtliches

Mit der Entwicklung der Phon-Kurven war die Voraussetzung für die praktische Lärmmessung erfüllt; Lärm war in dieser Zeit gleichbedeutend mit *Lautheit*. Lärmmessung bedeutete die Messung der vorhandenen Frequenzstruktur sowie der jeweils dazugehörigen Amplitudenstärken und deren Bewertung mit Hilfe der Hörschwellenkurve von Fletcher. Nach Free (1930/31, p. 20) einigte man sich darauf, die Dezibel- Skala, die man schon aus der Telefontechnik kannte, als logarithmische Skala zu verwenden und als Null-Punkt den Wert $7 * 10^{-16}$ Watt/cm^2 anzunehmen. Nicht einigen konnte man sich nach Free auf die Gestalt der Kurven gleicher Lautstärkepegel; zwischen Europäern und Amerikanern gab es hier wohl Meinungsverschiedenheiten darüber, wie man die Isophone ermittelte: so verwandte Barkhausen als Standardgeräuschquelle beispielsweise einen obertonreichen Klang mit einer Grundfrequenz von 500 Hz.

Die ersten Methoden der Lärmmessung bedienten sich der *Frequenzanalysatoren* von Helmholtz und König in Kombination mit dem "lebendigen" Ohr. Diese Frequenzanalysatoren arbeiteten noch alle auf *mechanischer* und *optischer* Basis. Eine weitere Entwicklung brachten die *elektrischen* Analysatoren; insbesondere Wegel und Moore entwickelten einen Analysator, der es ermöglichte, für stationäre oder kontinuierliche Geräusche akustische Spektrogramme anzufertigen. Allein, dieser Analysator war zu schwer für die Arbeit im Feld, aber auch zu teuer. Aus diesem Grunde entwickelten die Bell- Laboratorien zwei neue Methoden der Lärmmessung. Diese neuen Methoden wurden in den USA unter dem Namen *Audiometer-Methoden* und *Akustikometer-Methoden* bekannt. Weitere Informationen über die Geschichte der Schallbewertung findet man in dem Abendvortrag von Rudolf Martin (1990) beim 5. Oldenburger Symposion.

7.3.2 Die Audiometer-Methoden

Die ersten Audiometer auf elektrischer Basis entstanden zu Anfang der Zwanziger Jahre. Die technische Neuleistung bestand darin, Töne verschiedener Frequenz und Lautstärke systematisch erzeugen zu können. Man hatte damit eine standardisierte Geräuschdarbietungsmethode und konnte auf dieser Grundlage das Hören unterschiedlicher Menschen miteinander vergleichen. Diese *Standard-Geräuschquellen* wurden nun in der Lärmforschung folgendermassen verwendet: (a) Ein Schallgenerator erzeugt Frequenzen zwischen 200 und 3000 Hz. (b) Die elektrischen Schwingungen werden an einen Telefonhörer weitergeleitet, der sie in hörbare Töne umwandelt. Diese Töne können in ihrer Stärke kontrolliert und variiert werden. (c) Dann wird der zu messende Lärm angeboten. (d) Die Aufgabe des Hörers besteht nun darin, den Lärm mit dem Standardgeräusch zu vergleichen, indem er das Standardgeräusch in der Lautstärke solange ändert, bis es im Umgebungsgeräusch aufgeht, d. h. von diesem gerade eben verdeckt (maskiert) wird.

Diese Methode lieferte durchaus genaue und reproduzierbare Werte; eine Voraussetzung war allerdings, daß die Frequenzbereiche der Standardgeräusche sowie des zu messenden Geräusches ähnlich sein mußten. Da die Methode nur genau arbeitet, wenn Standard- und Umweltgeräusche frequenz-ähnlich sind, ging man bald dazu über, ein Umweltgeräusch immer mit drei Standardtönen, einem hohem, mittleren und tiefen, zu vergleichen. Den daraus errechneten Mittelwert definierte man als *Lärm-Wert*.

Eine weitere Version ging dahin, das Umwelt-Geräusch auch in einen Telefonhörer einzugeben, um dann *abwechselnd* Standard- und Umweltgeräusch zu hören und den Standard solange anzugleichen, bis beide als gleichlaut erschienen. Barkhausen (1927, No. 445415, S. 2) beschrieb den Vorteil dieser Vorgehensweise so: "Die Verwendung eines unmittelbar am Ohr liegenden Telefons ergibt dabei den weiteren Vorteil, daß in Folge der großen Empfindlichkeit eines solchen unmittelbar am Ohr anliegenden Telefons eine elektrische Stromquelle von sehr geringer Intensität schon genügt, auch wenn sehr große Schallstärken gemessen werden sollen. Die ganze Einrichtung zum Erzeugen und Regeln des geeichten Vergleichsstromes läßt sich dann in einem kleinen, leicht tragbaren Kasten unterbringen." Bei Barkhausen regelt ein in Stufen zu je 5 phon geeichter Spannungsteiler die Spannung am Meßhörer, sodaß die Lautstärke direkt in phon abgelesen werden kann. Dies war die Geburtsstunde des heutigen Schallpegelmessers. Barkhausen ließ sich diese Erfindung patentieren.

Eine Anmerkung: Die Audiometer-Methoden sind ein treffliches Beispiel dafür, daß Lärmmeß-Methoden ohne die Beteiligung eines Hörers nicht auskommen. Hier wird vielleicht auch deutlich, daß für diese Art von Messungen alle Aspekte des psycho-physikalischen Forschens zu bedenken und zu beachten sind. Auch wenn man dann bei weiter entwickelten Methoden auf den menschlichen Hörer verzichtet, so ist dies nur dann zu begründen, wenn man einen technischen Ersatz für den Hörer gefunden hat - etwa in Form eines künstlichen Ohres. Damit wird aus einer subjektiven Prüfung ein objektives Verfahren. Dieses objektive Verfahren kann jedoch nur so gut sein, wie die elektroakustische Nachbildung des Hörers selbst gelingt.

7.3.3 Lärmmessungen mit der Stimmgabel

Hierbei handelt es sich um eine vereinfachte Variation der Audiometer-Methoden, welche in England von Davis (vom National Physical Laboratory) und in Deutschland von Heinrich Barkhausen (Technische Hochschule Dresden) angewandt wurde: Das Grundprinzip dieser Methode lautet: Man kann für jede Stimmgabel, die mit einem konstanten Druck angeschlagen wird, deren Schalldruckpegel zu einzelnen Zeitpunkten feststellen (Abbildung 7.4). In dieser Kurve gibt es einen Zeitpunkt, an dem der Ton nicht mehr zu hören ist (Abbildung 7.6).

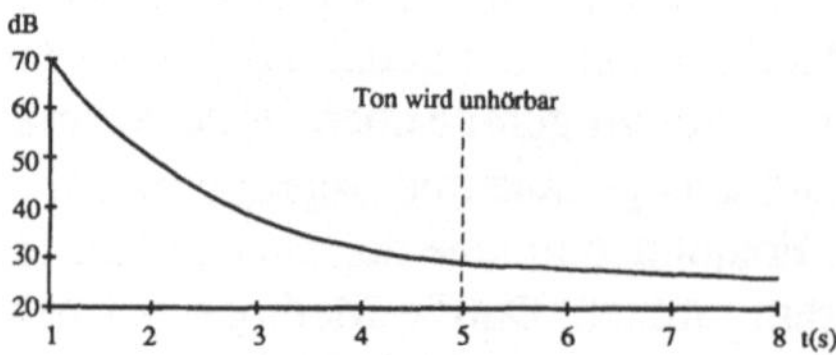

Abb. 7.4: Beziehung zwischen Abklingdauer und Schalldruckpegel bei einer Stimmgabel, mit Hörbarkeitsgrenze.

Dieses Prinzip machen wir uns nun in folgender Anordnung zunutze: Wir setzen uns dem Lärm aus, den wir messen wollen, und (a) Schlagen eine Stimmgabel immer mit derselben Kraft gegen den Stahlrahmen eines Fahrzeuges; Davis arbeitete mit einer Stimmgabel von 640 Hz, weil das Ohr in diesem Bereich sehr empfindlich ist und weil sich hier recht zuverlässige und klare Lautheitsabstufungen finden lassen; (b) Halten die Stimmgabel mit der flachen Seite des Zinkens gegen den Kopf an unser Ohr; (c) währenddessen hören wir den Umweltlärm; dieser Umweltlärm verdeckt den Ton der Stimmgabel; dabei nehmen wir an, daß dieser Umweltlärm den Ton der Stimmgabel überdeckt, wenn er gleichlaut bzw. etwas lauter als die Stimmgabel ist; (d) der Beobachter mißt mit einer Stoppuhr die Zeit, die vergeht, bis der Ton nicht mehr zu hören ist; (e) mit dem gemessenen Zeitwert sucht der Versuchsleiter in seiner Stimmgabelkurve den entsprechenden Dezibelwert auf, den er mit Hilfe der Kurven gleicher Lautstärkepegel jederzeit in ein Lärmmaß umrechnen kann.

Davis (1930, p. 49) nennt beispielsweise folgende Relationen: Eine Stimmgabel von 640 Hz ergibt beim Anstoß etwa 90 dB und ist nach ca. 62 s unhörbar; dies ergibt also einen dB-Anstieg von 1,5 in 1 s. Auf diese Weise gelang Davis schon recht genau die Zuordnung von Geräuschen zur "Stimmgabel-Lautheit" (Tabelle 7.1).

Da die Stimmgabeln jedoch nur Einzeltöne erzeugen, griff man, wie bei den Audiometer-Methoden, zur Messung mit mehreren Stimmgabeln von unterschiedlicher Frequenz.

Zum Schluß nochmals ein Hinweis auf eine wichtige Besonderheit der bisher genannten Verfahren: Sowohl die Audiometer- als auch die Stimmgabel-Methoden setzen einen hörgesunden Untersucher voraus. Diese Untersucher zeigen jedoch, wie wir aus der Psychophysik und aus der psychologischen Reaktionsforschung wissen, eine erhebliche *interindividuelle* und *intraindividuelle Reaktionsgeschwindigkeit* und *Wahrnehmungsfähigkeit*. Um davon unabhängige Meßergebnisse zu erhalten, erschien es von Anfang an erstrebenswert, solche personalen Effekte auszuschalten, wie dies in den Akustimetermethoden verwirklicht worden ist.

Tabelle 7.1: **Beispiele für Lautstärkepegel verschiedener Geräusche, mithilfe der Stimmgabel ermittelt (aus: Davis 1930, p. 49).**

Stimmgabel dB	Geräusche
110	Schnellzug aus 12 m Entfernung
90	Straßenbahn auf sehr lautem Geleis
70	sehr lautes Restaurant, Schreibmaschine
50	mittleres Geräusch im Restaurant
30	Laufen auf Kies
20	ruhiger Garten

7.3.4 Die Akustimeter-Methoden

In der Literatur werden die Geräte für diese Methoden verschieden bezeichnet: *Lärmmesser* (noise-meters), *Phonometer, Akustimeter.* Deren Funktionsprinzip beruht darauf, die Schallenergie in elektrische Energie zu verwandeln.

Funktionsweise: Die Schallenergie der Umwelt wird von einem Mikrofon aufgenommen; die elektrischen Schwingungen, die dadurch entstehen, werden in einer Vakuum-Röhre verstärkt; der Wert am Ausgang dieses Verstärkers wird dann gemessen. Eine wichtige Voraussetzung jedoch war, daß die Übertragung der Schallereignisse zwischen 60 - 9000 Hz gleichmäßig erfolgte (vgl. Abbildung 7.5).

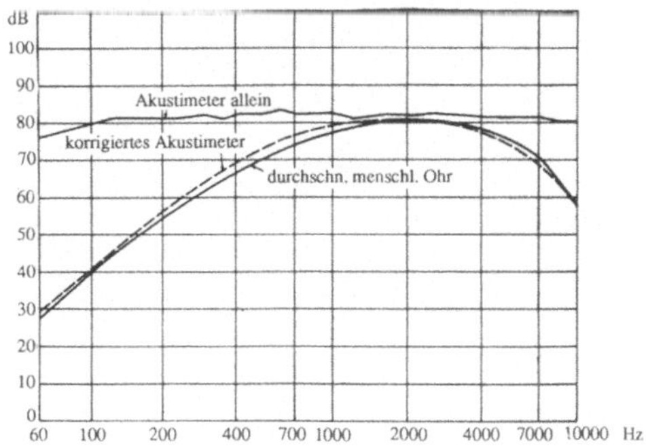

Abb. 7.5: Charakteristik des Akustimeters. Die obere Kurve zeigt die Reaktion des Akustimeters allein bei der Messung der gleichen Lautstärke in verschiedenen Frequenzbereichen; die untere durchgezogene Kurve zeigt die Reaktion des durchschnittlichen menschlichen Ohres bei verschiedenen Frequenzen, welche Fletchers bekannter Hörkurve in umgekehrter Form entspricht; die gestrichelte Kurve zeigt die Anzeige des Akustimeters (aus: Free 1930, p. 26).

Die obere Kurve ("Akustimeter allein") zeigt das Ergebnis einer solchen Messung. Den Akustikern gelang damals, den Verlauf eines Phon-Wertes über das ganze Frequenzspektrum technisch zu simulieren und diese eine Kurve gleichsam als Vergleichsbasis in das Gerät einzubauen. Auf diese Weise erhielt Free die gestrichelten Werte ("Akustimeter-korrigiert") der Abbildung 7.5. Das bedeutet: Wir können am Akustimeter direkt den Lärmmesswert ablesen. Damit haben wir auch das Paradigma der Lärmmessung bis zum heutigen Tag - wiewohl sich gewiß technische Einzelheiten von Jahr zu Jahr geändert haben mögen.

8 Normeninstitute und Organisationen der Schallwirkungsforschung

8.1 Die Physikalisch-Technische Bundesanstalt

Schallbewertungsverfahren wurden entwickelt, um die Lautheit und Lästigkeit einzelner Schallquellen in verschiedenen Situationen zu messen. Um hier die Vergleichbarkeit von Meßergebnissen zu gewährleisten, haben sowohl nationale als auch internationale Normierungsgremien Richtlinien ausgearbeitet. Bevor wir auf diese eingehen, sollten wir zuerst einige Aspekte der Normierung und deren Sprachregelungen ansprechen: Wissenschaftliches Tun steht immer unter dem Leitstern der Suche nach allgemein gültigen Erkenntnissen; besonders die Natur - und Ingenieurwissenschaftler erklärten das induktive Vorgehen beim Experimentieren zur idealen Methode, um Allgemeinerkenntnisse zu gewinnen. Wie aber sollte man Allgemeinaussagen über einen Gegenstand gewinnen und nachprüfen können, wenn zwar an vielen Orten Experimente und Messungen stattfinden, die aber nicht unter vergleichbaren Bedingungen erfolgt sind? Dieses Problem beschäftigte schon die Wissenschaft des 19. Jahrhunderts. Aus diesem Grunde kam es dann zu zahlreichen Festlegungen von Meßeinheiten sowie zur Gründung von nationalen Instituten zur Überwachung des Meßwesens.

Die erste Anstalt dieser Art auf der Welt überhaupt hatte das Deutsche Reich 1887 als *Physikalisch-Technische Reichsanstalt in Berlin-Charlottenburg* ins Leben gerufen, nachdem *Werner von Siemens* eine halbe Million Goldmark in die Gründung eingebracht hatte (eine kurze, aber informative Einführung findet sich in dem Ausstellungskatalog von Lemmerich 1987). Von Siemens beschränkte seine Rolle nicht nur auf die eines Mäzens, sondern war selbst wissenschaftlich aktiv tätig, insbesondere auf dem Feld der elektrischen Widerstandsmessung.

Hermann von Helmholtz stand dieser Anstalt als ihr erster Präsident vor. Nach dem zweiten Weltkrieg trat die Physikalisch-Technische Bundesanstalt (PTB) mit Sitz in *Braunschweig* und *Berlin* deren Nachfolge an. Dieser Anstalt obliegt u.a. die Aufgabe, im Bereich der Akustik das gesamte Meßwesen zu betreuen. Die Bundesanstalt ist in wichtigen nationalen und internationalen Normenausschüssen vertreten; sie berät die staatlichen Entscheidungsorgane in allen Fragen der Messung.

8.2   Normen und Richtlinien in der Akustik

Wir beschränken uns nachfolgend auf die Darstellung einiger weniger Organisationen, deren Kenntnis für jeden Akustiker geboten erscheint. Eine gute Übersicht zum gleichen Thema findet sich in dem zwischenzeitlich erschienen Band *Lärmbekämpfung '88* (1989) des Umweltbundesamtes, das in allen Fragen zur Schallbewertung und Lärmbekämpfung eine federführende Funktion übernommen hat.

(a) *International Standard Organisation* (ISO), in der heute die meisten Staaten mitarbeiten. Diese Organisation hat sich zur Aufgabe gesetzt, das Verfahrens- und Meßwesen in den verschiedenen Ländern zu vereinheitlichen. In der ISO zeichnen dessen *Technical Committee TC 43 'Acoustics'* (gegründet 1950) sowie dessen beiden Unterausschüsse (subcommittees) TC 43/SC 1 *'Noise'* und TC 43/SC 2 *'Building Acoustics'* verantwortlich. Über die Normierungsarbeit bis 1983 informiert der Beitrag des Dänen Fritz Ingerslev (1983); eine gute Übersicht zur Einführung in die zahlreichen Working Groups findet sich bei Myncke (1985, p. 186-189).

ISO unterscheidet zwischen *"Draft Proposal"* (DP), d. h. Vorschlägen und der eigentlichen Norm *"Draft International Standard"* (DIS). Für die Vereinheitlichung auf elektrotechnischem Gebiet zeichnet die *Internationale Elektrotechnische Kommission in Genf* (IEC) verantwortlich, insbesondere das *Technical Committee TC 29 'Electroacoustics'*.

(b) Das *Deutsche Institut für Normung* (DIN o.J.; Heidtmann, Roth und Skalski 1978; Petrick und Hansen 1986). Das DIN, eine Nachfolgeorganisation des Deutschen Normenausschusses, arbeitet folgendermaßen: Nachdem von "Außen" (Industrie, Verbände und Private) Anregungen und Vorschläge zur Erstellung einer Norm erfolgt sind, erarbeiten seine Unterausschüsse Normenvorschläge aus, die dann als *Vornormen* der Fachöffentlichkeit, auf *gelbem* Papier gedruckt, zur Erprobung und Kritik übergeben werden. Manchmal werden dann solche Vornormen ganz zurückgezogen; häufig werden sie verbessert und als endgültige Normen jetzt auf weißem Papier, dem sog. *Weißdruck*, veröffentlicht. Im Falle der Akustik war bisher der *Normenausschuß Akustik und Schwingungstechnik* (FANAK) beim DIN zuständig. Der Ausschuß berichtete jährlich über seine Arbeit und über geplante Projekte.

In der DDR zeichnet das Amt für Standardisierung, Meßwesen und Warenprüfung (ASMW) zuständig; die DDR plant jedoch, ihre Technischen Güte- und Lieferbestimmungen (TGL) durch das Regelwerk des DIN zu ersetzen.

Von den DIN-Normen existieren auch *englische Übersetzungen*, sodaß man sich dieser Übersetzungen gut bedienen kann, wenn man einen eigenen Text normenkonform in die englische Fachsprache bringen will; als hilfreich erweisen sich hierbei die beiden Nachschlagewerke von Freeman (1977, 1983) sowie das viersprachige Acoustics Dictionary (Englisch, Deutsch, Französisch und Niederländisch) von Walter Reichardt (1983) und Serré (1990) und das deutsch-englische Sachverzeichnis bei Zwicker (1982, S. 157-162). Außerdem enthält der jährlich erscheinende DIN-Katalog ein deutsch-englisches Schlagwortregister. Wird eine internationale Norm unverändert in das Deutsche Normenwerk übernommen, so wird sie mit DIN-ISO gekennzeichnet.

In Österreich nimmt das *Österreichische Normungsinstitut* die Normenerstellung und -pflege wahr (abgekürzt: ÖNORM). Neben dem Österreichischen Normungsinstitut erfüllt auch der *Österreichische Arbeitsring für Lärmbekämpfung* (abgekürzt: ÖAL) eine bedeutsame Aufgabe bei der Erstellung sogenannter ÖAL-*Richtlinien* sowie von ÖAL-*Industrie-Richtlinien.*

Noch einige wenige Sätze zur *rechtlichen Verbindlichkeit* von DIN-Normen: Wenn man als sachverständiger Gutachter arbeitet, so wird man möglichst bemüht sein, auf Normenbasis zu arbeiten, weil man darauf vertraut, daß damit der aktuelle Stand der Wissenschaft gegeben sei. Demgegenüber muß man aber auch sehen, daß ein blindes Vertrauen auf Normen unangebracht ist; dies wird jeder bestätigen, der einmal selbst an der Formulierung einer Norm mitgewirkt hat; Normenrevision stellt deshalb eine ständige Aufgabe auch der Wissenschaft dar. Ein bemerkenswertes Urteils des 4. Senats des Bundesverwaltungsgerichts führt dazu aus: "Die Normenausschüsse des Deutschen Instituts für Normung sind so zusammengesetzt, daß ihnen der für ihre Aufgabe benötigte Sachverstand zu Gebote steht. Daneben gehören ihnen aber auch Vertreter bestimmter Branchen und Unternehmen an, die deren Interessenstandpunkte einbringen. Die Ergebnisse ihrer Beratungen dürfen deswegen im Streitfall nicht unkritisch als geronnener Sachverstand oder als reine Forschungsergebnisse verstanden werden. Zwar kann den DIN-Normen einerseits Sachverstand und Verantwortlichkeit für das allgemeine Wohl nicht abgesprochen werden, andererseits darf aber nicht verkannt werden, daß es sich dabei um Vereinbarungen interessierter Kreise handelt, die eine bestimmte Einflußnahme auf das Marktgeschehen bezwecken. Den Anforderungen, die etwa an die Neutralität und Unvoreingenommenheit gerichtlicher Sachverständiger zu stellen sind, genügen sie deswegen nicht" (Moll 1988, S. 3).

Normen enthalten demnach keine unumstößlichen Dogmen, sondern ausgehandelte Sätze; bei diesen Verhandlungen gibt es auch abweichende Meinungen; wenn man etwa als Gutachter Normen anwendet, scheint man gut beraten, wenn man diese Normendiskussion sehr sorgfältig verfolgt, weil oft erst aus diesen Diskussionen der Sinn und der Zweck bestimmter Formulierungen ersichtlich wird.

(c) Der *Verein Deutscher Ingenieure* (VDI) veröffentlicht ebenfalls sog. Richtlinien zur Messung und zum Aufbau von Versuchsanordnungen. Hier zeichnet die Kommission Lärmminderung (abg. VDI-KLM) für die Richtlinienarbeit zuständig. Die VDI-KLM veröffentlicht regelmäßig eine Jahresübersicht zum Thema Geräuschmessung und Geräuschbeurteilung, sodaß man sich auch als Nicht-Ingenieur auf diesem Weg recht schnell über Neuentwicklungen auf diesen Gebieten informieren kann (beispielsweise bei Martin 1982 ff.); Der VDI arbeitet zwar sehr eng mit dem DIN zusammen, dieser Umstand gewährleistet jedoch nicht, daß VDI und DIN immer gleichlautende Standards vorschlagen. Eine gewisse Konkurrenzsituation ist hier naturgemäß nicht auszuschließen. VDI-KLM und DIN-FANAK unterhalten noch einen gemeinsamen Ausschuß Emissions-Kennwerte technischer Schallquellen (ETS), welcher den Stand der Technik für die einzelnen Geräuschquellen sammelt und dokumentiert. 1990 wurde jedoch die Vereinigung der Arbeit des VDI sowie des DIN beschlossen, um innerhalb der Europäischen Gemeinschaft die Normierungsarbeit zu koordinieren. Dieses neue Gremium tritt unter dem Namen *Normenausschuß Lärmminderung und Schwingungstechnik* (NALS) auf.

(d) Seit einigen Jahren gibt es auch auf europäischer Ebene eine Normungsinstitution in Brüssel: *Comité Européen de Normalisation* (CEN) und *Comité Européen de Normalisation Electrotechnique (CENELEC)*. Diese Institution veröffentlicht *Europäische Normen* (EN) und *Harmonisierungsdokumente* (HD). Werden diese Normen ohne Änderung von DIN übernommen, so erfolgt ihre Kennzeichnung mit DIN-EN. Wir nennnen noch einige Abkürzungen von nationalen Normenvereinigungen, deren Kenntnis für die Arbeit des Akustikers von gelegentlichem Nutzen sein kann:
- ANSI: American National Standards Institute (USA)
- AFNOR: Association Francaise de Normalisation (Frankreich)
- BSI: British Standards Institution (Großbritannien)
- JISC: Japanese Industrial Standards Committee (Japan)
- CSA: Canadian Standards Association (Kanada)
- SW: Association Suisse de Normalisation (Schweiz)

8.3 Internationale politische Organisationen, die sich mit Schallwirkungsfragen beschäftigen

In allen Teilen der Welt gibt es internationale Vereinigungen, die sich der Lärmbekämpfung verschrieben und dazu auch Dokumente veröffentlicht haben. Dazu rechnen wir die beiden von der UNO gegründeten Tochterorganisationen UNESCO und *World Health Organization* (WHO), die OECD sowie die EG und das *International Labour Office* (ILO). Eijk (1983) bringt einen Kurzüberblick über die Bemühungen und wichtigsten Dokumente zu Fragen der Lärmbekämpfung: "Noise" (A. Bell 1966); "Environmental Health Aspects of Noise Research and Noise Control" (Lang und Jansen 1970); "Development of the Noise Control Programme" (1971); "Noise Control in Buildings" (1977); "Environmental Health Criteria - part 12: Noise" (1980); "Urban Noise" (1983). Über wichtige Dokumente der ILO informiert Coppée (1983); hierbei handelt es sich um
(a) die Convention No. 148 und Recommendation No. 156 sowie das Program for the Improvement of the working environment (PIACT 1976), welche viele Dinge grundsätzlich regeln und in denen der Schutz am Arbeitsplatz vor Luftverschmutzung, Lärm und Vibration grundsätzlich verankert wurde; weiter
(b) die Conventions No. 155 und 164 enthalten Prinzipien der nationalen Arbeitsschutzvorschriften.

Initiativen der UNO *bzw.* UNESCO: United Nations Environment Programme (UNEP). Im Auftrag der UNO berichtet regelmäßig darüber die Deutsche Stiftung für Umweltpolitik in umfänglichen Berichtsbänden.

EG-Programme: Die Europäische Gemeinschaft legte von Anfang an großen Wert auf die Vereinheitlichung von Untersuchungsansätzen, um damit die Vergleichbarkeit von Ergebnissen zu erhöhen und zum anderen eine Arbeitsteilung bei teurer Forschung zu ermöglichen. (vgl. dazu Guillot 1983 und Olson 1983) Das Gutachten des Belgiers

Bastenier, des Deutschen *Klosterkötter* und des Engländers *Large* (1975) bildete die Grundlage für gemeinsame Forschungen: In dem gemeinschaftlich eingerichteten Schlaflabor startete eine Untersuchung über den Einfluß des Schalls auf den Schlaf (1975); 1980 veranlaßte die EG Studien zum Vergleich von Impulsgeräuschen und Geräuschen von fließendem Verkehr; an dieser Studie beteiligten sich 11 Länder; hier wurden Geräusche sowohl unter Labor- als auch Feldbedingungen miteinander verglichen (Guillot 1983, p. 34 f.). Seit 1982 unterstützt die EG Studien über Herz - Kreislauf-Effekte, die synergistische Wirkung von Geräuschen mit Vibration bei Transportfahrzeugen sowie Reaktionen der Öffentlichkeit auf Fluglärm (seit 1984). Dazu gehören neuerdings räumlich und zeitlich umfänglich angelegte epidemiologische Studien zur Schallwirkung.

NATO-*Programme*: 1969 gründete die NATO auf Empfehlung des damaligen amerikanischen Präsidenten Nixon das Committee on the Challenges of Modern Society (CCMS), das sich mit sozialen Problemen in weitester Auffassung befassen sollte. Ein für die Lärmproblematik bedeutsames Dokument stellt der Ergebnisbericht der Tagung in Mittenwald dar (Gummlich und Mahron 1986). Dieser Bericht enthält zumindest aus Emissionssicht den neuen Stand der Fluglärmproblematik.

8.4   Wissenschaftliche Organisationen der Akustikforschung

Wenn man die Neuentwicklungen auf dem Gebiet der Schallwirkungs- und Schallbewertungsforschung verfolgen will, so wird man sich in den Berichten folgender Gesellschaften informieren (vgl. dazu auch den Überblick von Myncke 1985, sowie Ingerslev 1987).

(a) *Deutsche Arbeitsgemeinschaft für Akustik* (DAGA); in der DAGA haben sich die Akustiker des VDI, VDE sowie der Deutschen Physikalischen Gesellschaft (DPG) zusammengeschlossen, um jährlich eine Tagung zu veranstalten. Die DAGA führt vor allem die deutschsprachigen Akustiker aus allen Gebieten in Forschung und Praxis zusammen. Mit der Gründung der *Deutschen Gesellschaft für Akustik* (DEGA) im Frühjahr 1989 werden sich hier in den nächsten Jahren einige Veränderungen ergeben. Die DEGA und die DAGA führen einen mehrjährigen Kalender, der über nationale und internationale akustische Tagungen und Kongresse über lange Zeit im Voraus informiert; er ist über die Geschäftsstelle in Bad Honnef (Hauptstraße 5) zu erhalten.

(b) Über den Deutschen Sprachbereich hinaus reicht die 1972 gegründete *Europäische Föderation der Akustischen Gesellschaften* (FASE). Diese Gesellschaft veranstaltet auch Kongresse zu Einzelproblemen. 1984 gehörten 24 nationale Gesellschaften dazu. Die Zeitschrift *Acustica* stellt ein wichtiges Publikationsorgan dieser Vereinigung dar.

(c) Weltweit angelegt sind folgende große Vereinigungen: Die *International Commission on Biological Effects of Noise* (ICBEN). Diese Gesellschaft veranstaltet seit 1968 jedes fünfte Jahr einen Kongreß unter dem Titel *Noise as a Public Health Problem*. Es ist das Anliegen dieser Vereinigung, über Teams regelmäßig zu Neuentwicklungen auf folgenden Gebieten zu informieren: Noise-induced hearing loss (lärmbedingter Hörverlust),

Noise and Communication (Lärm und Verständigung), Non-auditory physiological effects induced by noise (lärmbedingte physiologische Wirkungen), Influence of noise on performance and behaviour (Einfluß von Lärm auf Leistung und Verhalten), Noise disturbed sleep (Lärmbedingte Schlafstörungen), Community response to noise (Bevölkerungsreaktionen auf Lärm), Noise and animals (Lärm und Tiere), Combined effects (Zusammenwirken von Lärm und anderen physikalischen und/oder chemischen Einflüssen).

Zu Beginn der 70er-Jahre initiierte das amerikanische *Institute of Noise Control Engineering* den Zusammenschluß solcher Institute auf internationalem Niveau zu einem International Institute of Noise Control (I/INCE); seit 1972 finden in deren Regie die *Inter'Noise-Kongresse* statt. Die Inter'Noise versammelt mehr die Physiker und Ingenieurwissenschaftler, welche sich in Forschung und Anwendung der Lärmbekämpfung verschrieben haben. Während ICBEN sich ausschließlich mit Immissionsproblemen beschäftigt, betont Inter'Noise mehr den Emissionsaspekt. Diese Gruppe trifft sich jährlich (jedes zweite Jahr in den USA) und veröffentlicht ihre Ergebnisse unter dem Kurztitel Inter'Noise.

Von grundsätzlicher Bedeutung sind die dreijährlich stattfindenden Kongresse des *Internationalen Kongresses für Akustik* (ICA). Innerhalb dieser Veranstaltung stehen Fragen der Wirkungsanalyse ebenfalls zur Diskussion. Diese Veranstaltung wurde von der International Commission on Acoustics (gegründet 1951) ins Leben gerufen; die Commission selbst gehört der International Union for Pure and Applied Physics (IUPAP) an.

Seit 1970 gibt es das *Conseil International du Bâtiment* (CIB) oder International Council for Building Research; hierbei handelt es sich um einen Zusammenschluß nationaler Forschungsinstitute auf dem Gebiet der Bauforschung; deren Working Group CIB W 51 Acoustics führt jedes zweite Jahr eine eigene Tagung durch. Informationen darüber finden sich in der Zeitschrift Bâtiment International.

Die *internationale Vereinigung gegen den Lärm* (tritt meist dreisprachig auf: International Association against Noise, Association internationale contre le bruit (AICB) versammelt zweijährlich vor allem die europäischen Gesellschaften zur Lärmbekämpfung. In der Bundesrepublik ist dafür der *Deutsche Arbeitsring für Lärmbekämpfung* (DAL) zuständig, in Österreich der *Österreichische Arbeitsring für Lärmbekämpfung* (ÖAL), in der Schweiz die *Schweizerische Liga gegen den Lärm*. Der Deutsche Arbeitsring für Lärmbekämpfung veranstaltet jährlich mehrere Tagungen und gibt auch die *Zeitschrift für Lärmbekämpfung* sowie den *Lärm-Report* heraus, welche im Jahr sechsmal erscheint; sie stellt die einzige deutschsprachige Zeitschrift dar, welche sich ausschließlich mit Problemen des Lärms interdisziplinär auseinandersetzt.

Eine rechtliche und geradezu einmalige Sonderstellung genießt in der Bundesrepublik Deutschland die *Bundesvereinigung gegen den Fluglärm*, welche seit über zwanzig Jahren vor allem die betroffenen Bürger und kommunalen Einrichtungen in der Umgebung von Flughäfen vereinigt; nach dem Deutschen Gesetz zum Schutz gegen Fluglärm steht dieser Vereinigung das Recht zu, sachverständige Bürger und für die örtlichen Fluglärmkommissionen zu benennen.

9 Geschichtliches zur Lärmbekämpfung

9.1 Der Wandel des Begriffes Lärm

Die etymologischen Wörterbücher schreiben die Entstehung des Begriffes den Kriegen im 15. und 16. Jahrhundert zu. Bei Trübner (1943, S. 378) wird vermutet, daß er sich aus dem romanischen Sprachen herleitet. "Allarme" (ital.): zu den Waffen, "Al arma" (span.), "alarme" (franz.). Deutsche Landsknechte sprachen dann von "Alarma", "Alarm" und "Larman". Als Substantiv "Lärm" ist das Wort erstmalig 1507 bei Willwolf von Schaumburg bezeugt: "Als sie ...den Allerma schlagen hörten". In der ursprünglichen Bedeutung handelt es sich darum, jemand (vor allem mit der Trommel) in Bereitschaft zu setzen; im Wort "Feuerlärm" steckt noch diese Bedeutung, ebenso in "blinden Lärm"; man wird unnötig gerufen oder in Bereitschaft versetzt.

Deshalb war auch noch im letzten Jahrhundert der Begriff "Lärmapparat" gebräuchlich. Hierbei handelte es sich um Vorrichtungen an Dampfkesseln, die hörbar anzeigen sollten, wenn ein Defekt am Kessel zu verzeichnen war (Kürschner 1891, Band 8, Spalte 1035/36). Lärm verkörpert also einen Begriff, der vom Anfang seiner Entstehung an eher negative Bedeutung hatte.

In welcher Bedeutung sprach die Akustikforschung des 19. Jahrhunderts von Lärm? Das 19. Jahrhundert war vor allem mit der Analyse des Schalls unter frequenzanalytischen Aspekten befaßt. Im Mittelpunkt standen die beiden Erscheinungen von Konsonanz und Dissonanz der Töne. In Abhebung zum Wohlklang wurde die Dissonanz als störende Quelle des Lärms bezeichnet (Dunlapp 1905). Wie sehr dieses Denken und Fühlen von Künstlern und Ästheten geprägt war, mag auch belegt sein, etwa durch eine Mitteilung Billroths, wonach er in einem Konzert plötzlich Schmerz erlitten habe, als eine Sopranistin einen Ton um ein Viertel zu hoch sang. Der schon erwähnte Beitrag von Dunlapp verdeutlicht u.E. auch die heute noch im Englischen übliche Unterscheidung zwischen "noise" und noisiness", die wir in der deutschen Sprache gar nicht mehr so kennen (es gibt nur noch einen schweizerischen Dialekt, in dem der Begriff "Lärmigkeit" Verwendung findet).

"Noise" wurde danach als Folge einer *übermäßigen Komplexität* der Frequenzzusammensetzung eines Geräusches interpretiert. 13 Jahre später definiert Ogden (1918, p. 239) in einem Sammelreferat "noises" als *irreguläre Geräuscherscheinungen*. Es stellte die Frage: "Wie kann man solche 'Irregularitäten' erzeugen?" Ogden meint: Wenn man beispielsweise beim Bilden eines Vokales die Frequenzfolge nicht genau einhält, so wird daraus ein Ton (die Vokale zeichnen sich dadurch aus, daß sie eine Gruppe benachbarter Frequenzen vereinigen), oder wenn man Töne so kombiniert, daß sie nicht zu einer Verschmelzung führen, oder: Wenn die Periodizität eines Geräusches unregelmäßig ist.

Warum erleben wir solche Irregularitäten als Lärm? Die Antwort der damaligen Zeit: Unser Geist ist nicht in der Lage, solche Irregularitäten oder solch komplexen Klänge zu verarbeiten. In ähnlicher Weise hatte sich schon der Franzose Bonnier geäußert (1901). "Noisiness" dagegen wurde als progressive Variation in der Intensität und der Tonhöhe der Komponenten interpretiert.

Die oben dargelegten Gedanken lassen insgesamt erkennen, daß für die Akustik des letzten Jahrhunderts der Begriff "Lärm" sich noch als mehr aus tonpsychologischer und musikalischer Sicht zu analysierend darstellte. In der Physiologischen Psychologie Wilhelm Wundts taucht der Begriff nicht auf; Wundt befaßte sich aber schon sehr umfänglich mit der Wahrnehmung der Schallintensität. Der Umstand, daß der Begriff "Lärm" in der Wissenschaft noch keine Behandlung findet, bedeutet beileibe nicht, daß das Phänomen im Alltag keine Rolle gespielt hätte.

9.2 Lärmbekämpfung in den Vereinigten Staaten von Amerika

Die wissenschaftliche Erforschung der schädlichen Schallwirkung begann erst in den Zwanzigerjahren dieses Jahrhunderts; es waren vor allem folgende Einrichtungen, welche diese Entwicklung von Anfang an getragen haben: (a) Das Laboratorium der *Bell-Telephone-Company* unter ihrem damaligen Leiter Harvey Fletcher in New York; (b) das *psychoakustische Labor der Harvard University* im amerikanischen Cambridge, Massachusetts; (c) die Laboratorien der Firma *Siemens-Halske in Berlin*; in diesem Labor arbeitete in den Jahren 1926/27 auch der spätere Nobelpreisträger Georg von *Békésy*; (d) das *Institut für experimentelle Psychologie von Frederic C. Bartlett* an der Universität Cambridge, England, wo sich diese Forschungstradition bis heute erhalten hat. Bartletts Buch (1934) über den Lärm gilt als eine der ersten Publikationen über die Bewertung und Wirkung des Schalls.

Bevor wir auf die Entwicklungen des erstgenannten Labors zu sprechen kommen, zuvor noch einige erinnerungswürdige Umstände der Gründung in Harvard: Das Labor dort wurde 1940 gegründet, nachdem der Psychologe, Physiker und Biologe Stevens einige Jahre mit Hallowell Davis sich in der Medizinischen Fakultät mit den elektrophysiologischen Reizantworten der Cochlea beim Meerschweinchen beschäftigt hatte. Ein maßgeblicher Anstoß in finanzieller Sicht kam von der Luftwaffe, welche wissen wollte, wie man den Lärm in Militärflugzeugen vermindern konnte.

Damals arbeiteten mit Stevens die Akustiker *Beranek, Newman* und *Licklider* zusammen - lauter Personen, welche dann später in der Akustik Großes geleistet haben. 1947 kam der spätere Nobelpreisträger Békésy als Gastforscher dazu. 1942 bis 1946 findet man auch *Kryter* in Harvard als Research Fellow. Eine kleine historische Reminiszenz, von Stevens selbst veröffentlicht, am Rande: Es war insbesondere Gordon *Allport*, der die Einrichtung dieses Labors argwöhnisch betrachtete. Er kämpfte gegen die Einführung der Mathematik und Statistik in der Psychologenausbildung. Allport lehnte auch die Promotion von Stevens ab. Nur durch Vermittlung von *Conant*, dem späteren Hochkommissar in Deutschland und Gründer der Freien Universität Berlin, gelang es, Allport von seinem Ansinnen abzubringen. Dieses Ereignis ist deshalb erinnerungswürdig, weil es die Folge einer Auseinandersetzung zweier unterschiedlicher Auffassungen über die Psychologie darstellt: Die traditionelle Psychophysik von Stevens (auch wenn sie sich selbst in Abhebung von Fechner "Moderne Psychophysik" nannte) und die Allportsche Psychologie, welche den nichtsensorischen Bedingungen beim Wahrnehmen einen weitaus größeren Wirkungsraum zuerkannte und die psychophysischen Gesetze nicht als allgemeingültig betrachtete.

Die amerikanischen Akustiker schlossen sich 1929 zur *Acoustical Society of America* (ASA) zusammen und schufen das *Journal of the Acoustical Society of America* (JASA). Diese Gesellschaft mit ihren Einrichtungen ist zum Vorbild für viele ausländische Akustikvereinigungen geworden. Die Zeitschrift stellt bis heute das wichtigste Publikationsorgan der Akustik dar. Die japanische Akustik folgte diesem Beispiel unmittelbar auf dem Fuß und so entstand als zweitälteste Gesellschaft die *Acoustical Society of Japan.*

Im ersten Band des JASA (1929) erschien das erste Sammelreferat von Laird, dem damaligen Direktor des *Colgate Psychological Laboratory* in Hamilton im Staate New York, unter dem Titel *The Effects of Noise: A Summary of Experimental Literature.* Auf ihrem dritten Treffen im Mai 1930 in New York City veranstaltete die ASA ihr erstes Symposion über den Lärm. Wynne (1930/31) als Vertreter der *New York City's Noise Abatement Commission* eröffnete das Symposion; dabei wird klar: Lärm in Betrieben ist ein altbekanntes Problem. Umweltlärm dagegen ist ein neuartiges Problem, welches durch die Technisierung unseres Lebens entstanden war, in den USA besonders! Den Darlegungen Wynne's ist auch zu entnehmen, daß man den Betriebslärm vor allem unter dem Gesichtspunkt der Arbeitseffektivität und der Arbeitsleistung betrachtete. Er referierte deshalb eine neue Arbeit von Morgan, der den Einfluß des Schalls auf die Herztätigkeit nachzuweisen vermochte. Die Dissertation von Bergius (1939) stellt die erste deutschsprachige empirische Arbeit dar, in welcher der Einfluß von Lärm und Musik systematisch untersucht wurde. Historisch interessant scheint auch das andere Ergebnis: Morgan versetzte Versuchspersonen in Hypnose und bat sie darum, sich lärmige Situationen vorzustellen. Das Ergebnis lautete schon damals: "Die emotionale Einstellung der Person zum Schall scheint bedeutsamer als die Qualität des tatsächlichen Schalls" (nach Wynne, p. 14). Foster-Kennedy bekam von der New York Noise Abatement Commission einen Forschungsauftrag und ging der Frage nach, in welcher Weise der Schall den Druck im Gehirn verändert.

Doch noch ein Wort zur erwähnten Commission: Sie wurde in New York gebildet, wo sich viele mit Briefen an die Stadtverwaltung wegen des Lärms gerichtet hatten (Nov. 1929). Ein lebendiges Zeugnis davon gibt E.L. Doctorow (1984), der den Aufenthalt Sigmund Freuds in den USA so schildert: "... Die Gesellschaft besuchte einen der Stummfilme, die überall in der Stadt (New York) in ehemaligen Läden und billigen Lichtspieltheatern gezeigt wurden. Weißer Pulverdampf stieg von den Gewehrläufen auf, und die Männer mit geschminkten Lippen und Wangen fielen rücklings zu Boden, die Arme an die Brust gepreßt. Wenigstens, dachte Freud, macht es keinen Lärm. Das Bedrückende an der Neuen Welt war für ihn der Lärm, das schreckliche Geklapper von Pferdehufen und Wagenrädern, das Scheppern und Kreisen von Straßenbahnen, die Hörner von Automobilen ..." (S. 82).

Die Commission bildete verschiedene Unterabteilungen, unter anderen das *Committee on Noise Measurement and Survey* unter der Leitung von Harvey Fletcher. Dadurch kam es, daß zahlreiche Akustikwissenschaftler der Bell - Laboratories immer auch mit den Problemen der Praxis verbunden blieben. Free (1930/31, p. 22) war dann wohl auch aus diesem Labor der erste der Vereinigten Staaten, welcher in einer Stadt den Straßenverkehrslärm gemessen hat.

Die Dreißiger Jahre waren jene Jahre, in denen die Lärmbekämpfung in einigen Ländern zu einem wichtigen öffentlichen Thema erklärt wurde. In vielen amerikanischen Großstädten formierten sich sog. *Anti-Lärm-Feldzüge*; die 1935 in New York City gegründete *Liga für weniger Lärm* war die Vorläuferin des *National Noise Abatement Council* unter Führung von George Little (1937).

9.3   Der Deutsche Lärmschutzverband

Etwa gleichzeitig kam es auch im Deutschen Reich innerhalb des Vereins Deutscher Ingenieure zur Gründung eines *Fachausschusses für Lärmminderung* (FANAK). Verkehrs -, Betriebs - und Wohnlärm waren hier die Themen. Auf Anraten dieses Ausschusses führte die Reichs - Straßenverkehrsordnung vom 28. Mai 1934 auch Grenzwerte für Auspuffanlagen und Hupen ein.

Ähnlich wie in den Vereinigten Staaten von Amerika gab es in Deutschland jährlich eine *Lärmbekämpfungswoche* bzw. lärmfreie Reichswoche; eine solche Woche war z.B. jene vom 06.-12. Mai 1935. Man findet deshalb in den meisten Zeitungen dieser Woche Artikel über die schädlichen Wirkungen des Schalls, beispielsweise in der ersten Morgenausgabe der Frankfurter Allgemeinen Zeitung vom 10. Mai 1935.

Die obigen Darlegungen belegen, daß die Lärmbekämpfung sehr entscheidend durch die Entwicklung technischer Lärmmeßverfahren vorangebracht wurde ist. Lärm ist jedoch ein uraltes Thema in der Kulturgeschichte; deshalb nimmt es nicht Wunder, wenn wir in den frühesten Aufzeichnungen in den verschiedenen Kulturbereichen schon darüber Bemerkungen finden.

Nach Sader (1966, S. 11) kann man bei den Babyloniern, bei den griechischen und römischen Schriftstellern bis hin zu den europäischen Gelehrten und Staatsmännern Klagen zum Lärm finden. Er meint, daß seit etwa 1900 die Klagen über den Lärm eines der beliebtesten Themen der Kulturkritik darstellte. Ein gerne zitierter Vertreter dieser Denkrichtung war der Philosoph Arthur *Schopenhauer* (1788-1860), den einer seiner Herausgeber, Max Frischeisen-Koehler, als einen empfindlichen und zutiefst einsamen Groß-

stadtbewohner charakterisierte; seine Auslassungen gegenüber den Fiakern sind begreif-
lich, wenn man weiß, daß Schopenhauer durch und durch als Aristokrat fühlte, dem "Pö-
belherrschaft auf äußerste zuwider " war (Frischeisen-Koehler, o.J., Band 1, S. 41).

Was wir von Schopenhauer (o.J., S. 587-590), dessen Zeitgenossen und Nachfahren
über den Lärm, dessen mißbräuchlichen Einsatz und anderes mehr erfahren, ist unseres
Wissens bisher noch nicht systematisch erforscht worden. Sollte es nicht für das Verständnis vergangener Epochen aufschlußreich sein, etwa die Schallbelastungen in der
einsetzenden Industrieproduktion des letzten Jahrhunderts systematisch zu erforschen?
Berlin galt vor dem ersten Weltkrieg als Stadt der Frühschoppenkonzerte und Grammo-
phone, *München* war die Stadt der Hunde (Lessing 1908, S. 960). Einen derartigen Versuch machte neuerdings wieder der Musiktheoretiker und Komponist *Murray Schafer*
(1978) für die kanadische Stadt Vancouver; er prägte dafür den neuen Begriff *Soundsca-
pe*.

In Deutschland war es insbesondere *Theodor Lessing*, Philosophieprofessor am Poly-
technikum Hannover, welcher die Bekämpfung des Lärms zu seinem zeitweiligen Le-
bensprogramm machte; er gründete 1908 den *Deutschen Lärmschutzverband*, den er bald
in *Deutschen Antilärmverein* (D.A.L.V.) umbenannte.

Die Bekämpfung des Lärms betrieb Lessing als Ausfluß einer Weltanschauung; er
wollte die ganze "Morphologie der Gesellschaft", die gesamten Formen des deutschen
Verkehrs- und Gesellschaftslebens, ändern und kultivieren. Es galt für ihn, die Menschen
zum Schweigen zu erziehen. Lärm sei etwas, was das geistige Leben - wie bei Schopenhauer - zerstöre; "alle kulturell wichtigen Menschen haben unter den Geräuschen des Lebens schwer gelitten, haben schwer durch sie eingebüßt" ... "aber als kulturelle Energie
geht unsere Nation zugrunde, wenn sie sich Bedingungen geistigen und seelischen Lebens von Steinklopfern und Eisenschmieden, Metallarbeitern und Bräuknechten diktieren
läßt" (S. 8).

Wiesehr die Bekämpfung des Lärms nur Teil einer umfassenden Weltanschauung, ja
Gesinnung, war, erkennt man an Lessings Verbindungen zu englischen Vereinigungen,
wie dem *Street-Noise-Abatement-Committee* in London, der *Betterment of London-Asso-
ziation*, der englischen *Taglichtbewegung* und dem *Verein der Frühaufsteher*, welche in
jugendbewegter Weise natürliche Lebensformen zu verwirklichen versuchten: Abkehr
vom Nachtleben der Menschen hin zur alten Tageseinteilung der Mönche. Dieses umfassende Lebenskonzept gab damals Anlaß für viel Kritik und Mißtrauen auch gegen Lessings Idee der Lärmbekämpfung; am meisten Anklang fand Lessing bei den Künstlern
und Schriftstellern seiner Zeit; so finden wir beispielsweise *Hugo von Hofmannsthal* in
den Mitgliederlisten. Diese Schriftsteller betätigten sich sogar für den Verein literarisch,
indem sie Lärmgedichte, Lärmlyrik und Lärmprosa verfaßten; teilweise finden wir Um-
dichtungen in deutscher und englischer Sprache (vgl. Recht auf Stille 1908/9, S. 50, 68,
112, 122, 142, 168, 177, 180 und 185). So schrieb *Ferdinand Avenarius* einige Beiträge
über den Verein im "Kunstwart". Lessing legte sich auch mit dem Jugendstilarchitekten
August Endell an, welcher sich damals gegen alle Formen von übertriebenem Pessimis-
mus zur Wehr setzte und "*Die Schönheit der großen Stadt*" pries: Sie sei Ausdruck der
"Handwerksschönheit", wodurch auch der Lärm von Maschinen seinen Sinn bekomme.
Wie ganz anders Endell die Geräusche einer Stadt bewertete, mag das folgende Zitat (S.
23 f.) belegen: "Es ist so wunderlich: das Krächzen der Raben, das Wehen der Winde,

das Brausen der See scheint poetisch, scheint großartig und edel. Aber die Geräusche der Stadt scheinen nicht einmal der Aufmerksamkeit würdig, und doch bilden schon sie allein eine merkwürdige Welt, die auch dem Blinden die Stadt als ein reich gegliedertes Wesen erscheinen lassen muß. Man muß nur einmal hinhören und den Stimmen der Stadt lauschen. Das helle Rollen der Droschken, das schwere Poltern der Postwagen, das Klacken der Hufe auf dem Asphalt, das rasche scharfe Stakkato des Trabers, die ziehenden Tritte des Droschkengaules, jedes hat seinen eigentümlichen Charakter, feiner abgestuft als wir es mit Worten wiederzugeben vermögen. Wir unterscheiden, ohne recht zu wissen wie, sicher die Gefährte voneinander, wir brauchen die Augen nicht dazu. Diese Geräusche sind uns vertraut wie alte Bekannte. Oft freilich allzu laut, betäubend in nächster Nähe. Aber fast immer schön, wenn sie sich entfernen und allmählich leiser werdend in der Ferne verklingen. Wie lustig klingen die rollenden Räder, wie wunderlich plötzlich wirkt ihr Verstummen, wenn eine Querstraße den Wagen aufnimmt. Wie eindringlich tönen die hallenden Schritte einsamer Fußgänger. Wie flüchtig leise, beinah zierlich wirkt das Gehen vieler Menschen in engen Straßen, wo selten ein Wagen hinkommt, wie man es etwa in der Schloßstraße in Dresden oft hören kann. Wie gedämpft leidenschaftlich das Schieben und Schurren wartender Mengen. Wie vielfältig sind die Stimmen der Automobile, ihr Sausen beim Herannahen, der Schrei der Huppen, und dann, allrauschend, bald grob stoßend, bald fein in klarem Takte, metallisch klingend. Und schließlich ganz in der Nähe die Sirenentöne der Räder, deren Speichen die Luft schlagen, und das leise rutschende Knirschen der Gummireifen. Wie heimlich klingt das tiefe Summen der Transformatoren, die, in den Anschlagsäulen verborgen, mit kaum hörbaren Tönen uns berühren, wie ein Hund leise seinen Herrn mit dem Kopfe von hinten berührt. Wie wundervoll braust der satte, dunkle Ton einer Trambahn in voller Fahrt, rhythmisch gegliedert durch das schwere Stampfen des Wagens, dann allmählich hineinklingend das harte Schlagen auf den Schienen, das Klirren des Räderwerkes, das Schlirren der Rolle und das lang nachzitternde Zischen des Zuführungsdrahtes. Stundenlang kann man durch die Stadt wandern und ihren leisen und lauten Stimmen zuhören, in der Stille einsamer Gegenden und dem Tosen geschäftiger Straßen ein viel verschlungenes seltsames Leben spüren. Es fehlen die Worte, den Reiz all dieser Dinge zu sagen."

Die Idee der Lärmbekämpfung hatte insbesondere in den Vereinigten Staaten von Amerika gezündet: Hier kämpfte die *Society for the suppression of unnecessray noise* unter Führung des Ehepaares Rice aus New York für die Lärmbekämpfung in den Städten. Dieser Vereinigung gelang das gesetzliche Verbot unnötigen Lärms in Häfen und in der Umgebung von Krankenhäusern; es entstand sogar ein Jugendzweig des Verbandes unter Führung von *Mark Twain*. Lessings Buch über den Lärm wurde in allen amerikanischen Zeitungen besprochen; ein Brief an ihn aus den USA endet damit "bei uns steht der einzelne, der eine wichtige soziale Idee vertritt, nie allein! - Wie steht Ihr deutscher Reichstag, Ihr Reichsgesundheitsamt und das 'Ministerium des Kultus' zu den Ideen der Antilärmliga?" Einzige Anmerkung Lessings: Ach Gott! (Recht auf Stille 1909, Heft3, S. 43)

Lessing richtete sogar ein Zentralbüro des Lärmschutzverbandes ein, das sich zunächst in der Praxis des Münchener Nervenarztes Ludwig befand, verlegte dieses jedoch bald in seine Wohnung nach Hannover; er beschäftigte eigens eine Sekretärin, beantwortete unzählige Anfragen aus ganz Deutschland und engagierte Fachleute, vielfach Kollegen des Polytechnikums Hannover, zur Beantwortung dieser Anfragen. Gleichzeitig

gründete er 1908 eine Zeitschrift *"Der Anti-Rüpel (Antirowdy", "Das Recht auf Stille").*
Monatsblätter zum Kampf gegen Lärm, Rohheit und Unkultur im deutschen Wirtschafts-,
Handels- und Verkehrsleben." Der endgültige Titel lautete dann "Recht auf Stille". In
dieser Zeitschrift fanden sich Informationen über Lärmschutzinitiativen in Städten des
Deutschen Reiches, im Ausland, Berichte über Initiativen von Vereinigungen und Zeit-
schriften, Hinweise auf Gerichtsentscheide vielfältigster Art; der Deutsche Lärmschutzverband führte sogar eigene Befragungen bei Künstlern und anderen Kulturträgern durch,
war behilflich bei der Auseinandersetzung vor Gericht und unterstützte Bürgerinitiativen;
publizistisch war es vor allem der "Hannoversche Courier", der die Anliegen des Lärm-
schutzes verbreitete. Lessing, der anfänglich praktisch der Alleinverfasser seiner Zeitschrift war (diese erschien allerdings auch nur ein Jahr lang), verfaßte dann auch selbst
Kampfschriften gegen den Lärm (1908) und löste die Gründung zahlreicher Lärmschutz-
verbände im ganzen Deutschen Reich aus. Lessing bekam von überallher Vorschläge zur
Lösung von Lärmproblemen, angefangen vom Eintrag des Lärms im Baedeker bis zur
Konstruktion einer "Schlafzimmermaschine", welche andere Geräusche überdecken und
dadurch einschläfernd wirken soll.

Durch die Ausgabe "blauer" und "schwarzer" Listen ("Schandadreßtafeln"), sollten
die Hausbesitzer und Vermieter angehalten werden, möglichst lärmarme Wohnungen anzubieten: In die blaue Liste sollten lärmfreie Wohnhäuser, Stadtwohnungen und Wohn-
kolonien kommen; "die Aufnahme in die schwarze Liste erfolgt nur dann, wenn wenigstens drei namensverschiedene, einwandfreie, dem Verbande zugehörige Persönlichkei-
ten sich unter persönlicher Vertretung ihrer Angabe über die Hoheit und Lautheit eines
Etablissements bei uns schriftlich beschwert haben" (1908, S. 15). Das hessische Bad
Nauheim plante als erste Stadt, solche Listen auszugeben. Als am 18. Dezember 1908 die
Stadtverordnetenversammlung über den Aufnahmeantrag verhandelte, bemerkte ein
Oberbaurat, daß er nicht zur Feier des Karnevals anwesend sei (1909, S. 58). Allem An-
schein nach hielt insbesondere die Stadt Köln wenig von derlei Ideen; die Kölner Karne-
valsgesellschaft machte einen Umzugswagen zum Rosenmontag zum Thema "Der Antilärmverein".

Leider mußte Lessing seine verdienstvollen Initiativen einstellen, wahrscheinlich
nicht zuletzt deshalb, weil sich seine Mitglieder bei der Beitragszahlung recht geizig
zeigten: "Unter hundert Menschen, die bei uns um Werbelisten, Statuten, Prospekte nach-
suchen, mit denen sie ihre Zimmer heizen, finden sich keine zehn, die das Porto für solche Sendungen beifügen" (Der Antirüpel 1908, S. 30).

Literaturverzeichnis

ANSI S1.13-1971 Methods for the measurement of sound pressure levels. New York: Ansi

ARNOULT, M.D., GILLFILLAN, L.G. and VOORHEES, J. W.: Annoyingness of aircraft noise in relation to cognitive activity. Perceptual and Motor Skills 1986, 63, 599-616

BARKHAUSEN, H.: Japanvorträge 1938. In: Festschrift. Herausgegeben vom Barkhausen-Komitee bei der Akademie der Wissenschaften der DDR, zusammengestellt von Klaus Lunze. Berlin 1981, S. 106-118

BARKHAUSEN, H.: Patent: PS 445415 DR. Akustische Vergleichsvorrichtung.- Anmt: 19.121925 - ausgegeben am 10.06.1927 Deutsches Reich. Reichspatentamt: Patentschrift Nr. 445 415, Klasse 42g, Gruppe 1 (B 123294 IX/ 42 g), 1927

BARRES, E.: Der Einfluß der Zeitdistanz auf den Aufforderungscharakter eines Zieles. Diss. an der Universität Göttingen 1967

BARTLETT, F.C.: The problem of noise. London: Cambridge University Press 1934

BASTENIER, H., KLOSTERKÖTTER, W. and LARGE, J.B.: Damage and annoyance caused by noise. Luxemburg: Commission of the European Comm. Directorale-Gen. for Soc. Affairs, Health Protection Directoral, 1975

BERANEK, L.L.: Criteria for office quieting based on questionnaire rating studies. J. of the Acoustical Society of America 1956, 28, 833-852

BERANEK, L.L.: The design of speech communication systems. Proceedings of Institute of Radio Engineers 1947, 35, 880-890

BERANEK, L.L., REYNOLDS, J.L. and WILSON, K.E.: Apparatus and procedures for predicting ventilation system noise. J. of the Acoustical Society of America 1953, 25, 313-321

BERGER, E.H.: Re-examination of the low-frequency (50-1000 Hz) normal threshold of hearing in free and diffuse sound fields. J. of the Acoustical Society of America 1981, 70, 1635-1645

BERGER, M., EIBOWSKI, W.G. und ROTH, I.: Einstellungen zu aktuellen Fragen der Innenpolitik, 1984 (Daten zum Umweltbereich). Mannheim: Institut für praxisorientierte Sozialforschung (Ipos), 1985

BERGIUS, R.: Die Ablenkung von der Arbeit durch Lärm und Musik und ihre strukturtypologischen Zusammenhänge. Z. für Arbeitspsychologie 1939, 12 (4/5), 89-114 und 12 (6), 133-151

BERGLUND, B., BERGLUND, U. and LINDVALL, TH.: Models of sensory interaction. In: OKADA, A. and MANNINEN, O. (Eds.): Recent advances in researches on the combined effects of environmental factors. Kanazawa, Japan: Kyoei Co. 1987, p. 283-294

BERGLUND, U.: Loudness and annoyance from community noises. In: SCHICK, A. (Hrsg.): Akustik zwischen Physik und Psychologie. Ergebnisse des 2. Oldenburger Symposions zur psychologischen Akustik. Stuttgart: Klett-Cotta 1981, S. 27-33

BETHGE, D. und MEURERS, H.: Technische Anleitung zum Schutz gegen Lärm (TALärm). Köln: Carl Heymanns 1986, 4. Auflage

BETKE, K. and MELLERT, V.: Hearing threshold and equal-loudness. In: SCHICK, A., HELLBRÜCK, J. and WEBER, R. (Eds.): Contributions to Psychological Acoustics V. Results of the Fifth Oldenburg Symposium on Psychological Acoustics. Oldenburg: Bis 1990 (in Vorbereitung)

BETKE, K., SCHULTE-FORTKAMP, B., WEBER, R.und REMMERS, H.: Kurven gleicher Lautheit im Frequenzbereich 50 Hz bis 1 kHz. In: Deutsche Arbeitsgemeinschaft für Akustik: Fortschritte der Akustik. Plenarvorträge und Kurzreferate der 13. Gemeinschaftstagung der DAGA, Aachen 1987. Bad Honnef: DPG-Kongreß-Gesellschaft, S. 193-196

BLAUERT, J.: Räumliches Hören. Stuttgart: Hirzel 1974.

BORG, I. und GALINAT, W.H.: Der Einfluß von Merkmalen der Situation auf das Erleben ihrer Dauer. Z. für experimentelle und angewandte Psychologie 1985, 32, 353-369

BORGMANN, R., HEISS, A., KELLNER, K.-H., KÜHNE, R., LANG, K. und MÜLLER, H.: Einführung in die Lärmmeßtechnik. Zur Beurteilung von Maßnahmen im Rahmen von Verwaltungsverfahren nach dem Bundesimmissionsschutzgesetz. In: Bayerisches Landesamt für Umweltschutz (Hrsg.): Schriftenreihe Lärm- und Erschütterungschutz. Schutz vor Lichteinwirkungen. Heft 1, 1977

BOSSHARDT, H. G.: Subjektive Realität und konzeptuelles Wissen. Sprachpsychologische Untersuchungen zum Begriff der Belästigung durch Lärm. Münster: Aschendorff 1988

BOWSHER, J.M. and ROBINSON, D.W.: On scaling the pleasantness of sounds. British J. of Applied Physics 1962, 13, 179-181

BROKMAN, W., KLÖCKNER, M. und WECK, M.: Grundlagen der Schallmessung. In: BROKMAN, W. (Hrsg.): Schall und Schwingungen am Arbeitsplatz. Meßtechnisches Taschenbuch für den Betriebspraktiker. Köln: Bachem 1981, S. 15-42

BRUSIS, T.: Die Lärmschwerhörigkeit und ihre Begutachtung: Mit den Vorsorgeuntersuchungen nach UVV 'Lärm'. Gräfelfing: Demeter 1978

BRÜEL und KJAER: Schallmessung. Naerum 1984

BÜRCK, W.: Die Schallmeßfibel für die Lärmbekämpfung. München: Oldenbourg 1968

BÜRCK, W.: Lärm. Der Mensch und seine akustische Umgebung. In: SCHMIDTKE, H. (Hrsg.) Ergonomie 2. München: Hauser 1974, S. 174-193

BÜRCK, W., GRÜTZMACHER, M., MEISTER, F.I. und MÜLLER, E.A.: Fluglärm. Seine Messung und Bewertung, seine Berücksichtigung bei der Siedlungsplanung, Maßnahmen zu seiner Minderung. Gutachten, erstattet im Auftrag des Bundesminsters für Gesundheitswesen, Göttingen 1965

CAMP, U. de, CAMP-SCHMIDT, E. de und WIECZOREK, R.: Eine Untersuchung über den Einfluß von Lärm und psychischen Faktoren auf den Schlaf von Patientinnen im Krankenhaus. Applied Acoustics 1980, 13, 189-201

CANEVET, G., HELLMANN, R. and SCHARF, B.: Group estimation of loudness in sound fields. Acustica 1986, 60, 277-282

CHURCHER, B.G., KING, A.J. and DAVIES, H.: The measurement of noise with special reference to engineering noise problems. J. of Institute of Electrical Engineers 1934, 75, 401-446

COPPEE, G.H.: General statement concerning International Labour Office activities in the field of occupational safety and health with particular emphasis on noise. In: ROSSI, G. (Ed.): Proceedings of the fourth international congress on noise as a public health problem. Milano: Centro Ricerche e Studi Amplifon 1983, vol. 1, p. 27-30

DAVIS, A.H.: Measurements of noise by means of a tuning-fork. Nature 1930, 125, 48-49

Deutsche Stiftung für Umweltpolitik (Hrsg.): Umwelt - Weltweit. Bericht des Umweltprogramms der Vereinten Nationen (UNEP) 1972-1982. Berlin: Erich Schmidt 1983

Deutscher Bundestag: Materialien zum Umweltprogramm der Bundesregierung. Deutscher Bundestag - 6. Wahlperiode, zu Drucksache VI/2710

Deutscher Bundestag: Protokoll der 98. Sitzung des Verteidigungsausschusses zum Thema "Tief-flugpraxis in der Bundesrepublik Deutschland und Auswirkungen auf die Bevölkerung in den sieben Tiefflugzonen und übrigen Gebieten." Bonn: Deutscher Bundestag 1986

DICKREITER, M.: Mikrofon - Aufnahmetechnik. Aufnahmeraum, Schallquellen, Mikrofonaufnah-me. Stuttgart: Hirzel 1984

DIN 1320 Akustik. Grundbegriffe. Berlin: Beuth 1969.

DIN 5045 Meßgerät für DIN-Lautstärken. Richtlinien. Berlin: Beuth 1942

DIN 5483, Teil 1. Zeitabhängige Größen. Benennungen der Zeitabhängigkeit. Berlin: Beuth 1983

DIN 45 401 Normfequenzen für akustische Messungen. Berlin: Beuth

DIN 45 619, Teil 1. Kopfhörer; Bestimmung des Freifeld-Übertragungsmaßes durch Lautstärken-vergleich mit einer fortschreitenden Welle. Berlin: Beuth

DIN 45 619, Teil 2. Kopfhörer; Bestimmung des Freifeld-Übertragungsmaßes durch Lautstärken-vergleich mit einem Bezugskopfhörer. Berlin: Beuth

DIN 45 630, Blatt 1. Grundlagen der Schallmessung. Physikalische und subjektive Größen von Schall. Berlin: Beuth 1971

DIN 45 630, Blatt 2. Grundlagen der Schallmessung. Normalkurven gleicher Lautstärkepegel. Ber-lin: Beuth 1967

DIN 45 631 Berechnung des Lautstärkepegels aus dem Geräuschspektrum. Verfahren nach Zwik-ker. Berlin: Beuth 1967

DIN 45 641 Mittelungspegel und Beurteilungsvorgänge zeitlich schwankender Schallvorgänge. Berlin: Beuth 1975

DIN 45 642 Messung von Verkehrsgeräuschen. Berlin: Beuth 1974

DIN 45 643, Teil 1. Messung und Beurteilung von Flugzeuggeräuschen: Meß- und Kenngrößen. Berlin: Beuth 1984

DIN 45 652 Terzfilter für elektroakustische Messungen. Berlin: Beuth 1964

DIN 52 210 Bauakustische Prüfungen. Messungen zur Bestimmung des Luft- und Tritt-schallschutzes. Berlin: Beuth 1960

DIN: Was Sie schon immer über DIN wissen wollten. Berlin: Beuth o. J.

DOCTOROW, E. L.: Freud in New York. In: ROWOHLT, H.M. (Hrsg.): Humor des 20. Jahrhunderts. Hamburg: Rowohlt 1984, S. 82-84

EBERHARDT, M.: Über die phänomenale Höhe und Stärke von Teiltönen. Psychologische For-schung, 1922, 2, 346-367

EBERHARDT, M.: Über Höhenänderungen bei Schwebungen. Psychologische Forschung, 1922, 2, 336-345

EIJK, J. van den: WHO Programme on urban noise control. In: ROSSI, G. (Ed.): Proceedings of the fourth international congress on noise as a public health problem. Milano: Centro Ricerche e Studi Amplifon 1983, vol. 1, p. 19-25

ELSHORBAGY, K.A.: Environmental acoustic quality in Jeddah urban sites. Applied Acoustics 1984, 17, 261-274.

ENDELL, A.: Die Schönheit der großen Stadt. Berlin: Archibook-Verlag 1984

FASTL, H.: Beschreibung dynamischer Hörempfindungen anhand von Mithörschwellen-Mustern. Freiburg: Hochschulverlag, 1982. Hochschulsammlung Ingenieurwissenschaft Nachrichten-technik Band 7

FASTL, H.: Evaluation and measurement of perceived averaged loudness. In: SCHICK, A., HELL-BRÜCK, J. and WEBER, R. (Eds.): Contributions to Psychological Acoustics V. Results of the Fifth Oldenburg Symposium on Psychological Acoustics. Oldenburg: BIS 1990 (in Vorbereitung)

FASTL, H.: Gehörbezogene Lärmmeßverfahren. In: Deutsche Arbeitsgemeinschaft für Akustik: Fortschritte der Akustik. Plenarvorträge und Kurzreferate der 14. Gemeinschaftstagung der DAGA, Braunschweig 1988. Bad Honnef: DPG-Kongreß-Gesellschaft, S. 111-124

FASTL, H.: How loud is a passing vehicle? In: Proceedings 1987 International Conference on Noise Control Engineering. Inter'Noise 87 Beijing. Acoustical Society of China, Vol. II, p. 993-996

FASTL, H.: Loudness of running speech. J. of Audiol. Technique 1977, 16, 2-13

FASTL, H.: Zum Einfluß von AGC-Hörgeräten verschiedenen Typs auf den Lautheits-Zeitverlauf von Sprache. Audiologische Akustik 1987, 26, 42-48

FASTL, H. und ZWICKER, E.: Lautstärkepegel bei 400 Hz. Psychoakustische Messung und Berechnung nach ISO 532 B. In: Deutsche Arbeitsgemeinschaft für Akustik: Fortschritte der Akustik. Plenarvorträge und Kurzreferate der 13. Gemeinschaftstagung der DAGA, Aachen 1987. Bad Honnef: DPG-Kongreß-Gesellschaft, S. 189-192

FASTL, H., ZWICKER, E., KUWANO, S. und NAMBA, S.: Beschreibung von Lärmimmissionen anhand der Lautheit. In: Deutsche Arbeitsgemeinschaft für Akustik: Fortschritte der Akustik. Plenarvorträge und Kurzreferate der 15. Gemeinschaftstagung der DAGA, Duisburg 1989. Bad Honnef: DPG-Kongreß-Gesellschaft, S. 751-754

FECHNER, G. Th.: Elemente der Psychophysik. Erster und zweiter Teil. Leipzig: Breitkopf und Härtel 1907, 3. Auflage

FINKE, H.O.: Messung und Beurteilung der "Ruhigkeit" bei Geräuschimmissionen. Acustica 1980, 40, 141-148

FINKE, H.O. und MARTIN, R.: Der akustische Untersuchungsteil. In: Fluglärmwirkungen I (Hauptbericht). Eine interdisziplinäre Untersuchung über die Auswirkungen des Fluglärms auf den Menschen. Boppard: Boldt, 1974, S. 76-147

FINKE, H.O., GUSKI, R. und ROHRMANN, B.: Betroffenheit einer Stadt durch Lärm. Berlin: Umweltbundesamt 1980

FLEISCHER, G.: Argumente für die Berücksichtigung der Ruhe in der Lärmbekämpfung. Kampf dem Lärm 1978, 25, 69-74

FLEISCHER, G.: Meßverfahren contra Ruhe. Z. für Lärmbekämpfung 1980, 27, 153-159

FLEISCHER, G.: Vorschlag für die Bewertung von Lärm und Ruhe. Z. für Lärmbekämpfung 1979, 5, 129-134

FLETCHER, H. and MUNSON, W.A.: Loudness, its definition, measurement and calculation. J. of the Acoustical Society of America 1933, 5, 82-108

FRAISSE, P.: Psychologie du Temps. Paris: Presse Universitaire 1957

FRANKE, U.: Logopädisches Handlexikon. München: Reinhardt 1978

FREE, E.E.: Practical methods of noise measurement. J. of the Acoustical Society of America 1930-31, 2, 18-29

FRENCH, N.R. and STEINBERG, J.C.: Factors governing the intelligibility of speech sounds. J. of the Acoustical Society of America 1947, 19, 90-119

GALT, R.H.: Results of noise surveys. Part I. Noise out-of-doors. J. of the Acoustical Society of America 1930, 2, 30-58

GENUIT, K.: Die Bedeutung der binauralen Signalverarbeitung für die Geräuschbeurteilung. In: Deutsche Arbeitsgemeinschaft für Akustik: Fortschritte der Akustik. Plenarvorträge und Kurzreferate der 14. Gemeinschaftstagung der DAGA, Braunschweig 1988. Bad Honnef: DPG-Kongreß-Gesellschaft, S. 653-656

GENUIT, K.: Kunstkopf-Meßtechnik - Ein neues Verfahren zur Geräuschdiagnose und -analyse. Z. für Lärmbekämpfung 1988, 35, 103-108

GENUIT, K.: Simulation des Freifeldes über Kopfhörer zur Untersuchung des räumlichen Hörnes und der Sprachverständlichkeit. Audiologische Akustik 1988, 27, 202-221

GENUIT, K.: Binaural sound measurement - A new concept of an improved hearing adequate noise evaluation. In: SCHICK, A., HELLBRÜCK, J. and WEBER, R. (Eds.): Contributions to Psychological Acoustics V. Results of the Fifth Oldenburg Symposium on Psychological Acoustics. Oldenburg: BIS 1990 (in Vorbereitung)

GIBSON, J.J.: Die Sinne und der Prozeß der Wahrnehmung. Bern: Huber 1973

GUILLOT, P.: Commission of the European Communities: environment research programmes joint research projects on the effects of noise on human beings. In: ROSSI, G. (Ed.): Proceedings of the fourth international congress on noise as a public health problem. Milano: Centro Ricerche e Studi Amplifon 1983, vol. 1, p. 31-36

GUMMLICH, H.-J. and MAROHN, H. D.(Eds.): NATO-Committee on the challenges of modern society. Aircraft noise in a modern society. Number 161. Proceedings of a conference held at Mittenwald 1986

GUMMLICH, H.: Zur Entwicklung der Geräuschbewertung in der Wissenschaft. Z. für Lärmbekämpfung 1989, 36, 105-113

GUSKI, R.: Eine Voruntersuchung zur Bedeutung der Begriffe "Ruhe" und "Lärm". In: SCHICK, A. und WALCHER, K.P. (Hrsg.): Beiträge zur Bedeutungslehre des Schalls. Ergebnisse des 3. Oldenburger Symposions zur psychologischen Akustik. Bern: Lang 1984, S. 125-137

GUSKI, R.: Is there any need for quiet periods in discontinuous noise? Proceedings 1985 International Conference on Noise Control Engineering. Federal Institute for Occupational Safety (Ed.). Inter'Noise 85 Munich. Schriftenreihe der Bundesanstalt für Arbeitsschutz. Tagungsbericht Nr. 39, Vol. II, p. 985-988

GUSKI, R.: Können Ruhepausen im Lärm wahrgenommen werden? Z. für Lärmbekämpfung 1988, 35, 69-73

GUSKI, R.: Lärm: Wirkungen unerwünschter Geräusche. Bern u.a.: Hans Huber 1987

GUSKI, R., PASLIGH, B. und WÜHLER, K.: Wahrnehmung und Bewertung von Ruhepausen in diskontinuierlichen Schallverläufen. Bericht Nr. 39/1987 des Psychol. Instituts der Ruhr-Universität Bochum, Arbeitseinheit Kognitions- und Umweltpsychologie

HANSEN, R.G. and BALCKSTOCK, D.T.: Factors influencing the evaluation of ear protective devices. WADC Techn. Report 57, 772. Wright Patterson Air Force Base Ohio

HAJOS, A.: Sinnesleistungen und Wahrnehmung. In: SCHMIDTKE, H. (Hrsg.): Ergonomie 1. Gestaltung von Arbeitsplatz und Arbeitsumwelt. München: Hanser 1973, S. 150-175

HEIDTMANN, F., ROTH, A. und SKALSKI, D.: Wie finde ich Normen, Patente, Reports? Berlin: Beuth 1978

HELLBRÜCK, J.: Psychologische Beiträge zur Audiologie und Audiometrie. Struktur und Dynamik des Hörens. Habilitationsschrift der Universität Würzburg 1986

HELLBRÜCK, J.: Interindividual differences in the loudness evaluation in dependence on the scaling methods. In: SCHICK, A., HELLBRÜCK, J. and WEBER, R. (Eds.): Contributions to Psychological Acoustics V. Results of the Fifth Oldenburg Symposium on Psychological Acoustics. Oldenburg: BIS 1990 (in Vorbereitung)

HELLBRÜCK, J.: Wahrnehmung und Wirkung von Schall. Einführung in Forschungsgebiete der Psychologischen Akustik (in Vorbereitung)

HELLER, O.: Hörfeldaudiometrie mit dem Verfahren der Kategorienunterteilung (KU). Psychologische Beiträge 1985, 27, 478-493

HELLMAN, Rh. and ZWICKER, E.: Measured and calculated loudness of complex sounds. In: Proceedings 1987 International Conference on Noise Control Engineering. Inter'Noise 87 Beijing. Acoustical Society of China, Vol. II, p. 973-976

HELMHOLTZ, H. von: Die Lehre von den Tonempfindungen als psychologische Grundlage für die Theorie der Musik. Braunschweig: Vieweg 1868

HELMHOLTZ, H. von: Die Tatsachen in der Wahnehmung. In: SCHNEIDER, H. (Hrsg.) Philosophische Quellentexte Heft 3. Leipzig: Teubner 1927

HERBERTZ, J.: Ein neues Audiometer für Frequenzen von 8-40 kHz.In: Deutsche Arbeitsgemeinschaft für Akustik: Fortschritte der Akustik. Plenarvorträge und Kurzreferate der 10. Gemeinschaftstagung der DAGA, Darmstadt 1984. Bad Honnef: DPG-Kongreß-Gesellschaft, S. 687-690

HERBERTZ, J.: Untersuchungen zur Frequenz- und Altersabhängigkeit des menschlichen Hörvermögens. In: Deutsche Arbeitsgemeinschaft für Akustik: Fortschritte der Akustik. Plenarvorträge und Kurzreferate der 10. Gemeinschaftstagung der DAGA, Darmstadt 1984. Bad Honnef: DPG-Kongreß-Gesellschaft, S. 683-686

HERRMANN, Th.: Gefühle und soziale Konventionen. In: Arbeiten der Forschungsgruppe Sprache und Kognition am Lehrstuhl Psychologie III der Universität Mannheim. Nr. 40, 1987

HIRSH, I.: Effects of noise on people - introduction and overview. In: Proceedings 1987 International Conference on Noise Control Engineering. Inter'Noise 87, Beijing. Acoustical Society of China, Vol. II, p. 977-980

HORNBOSTEL, E.M.: Psychologie der Gehörserscheinungen. In: BETHE, A. (Hrsg.): Handbuch der normalen und pathologischen Physiologie. Berlin: 1926, S. 701-730

HÖGE, H.: Häßliche Akustik oder: Ist Lärm ein ästhetisches Ereignis? Berichte aus dem Institut zur Erforschung von Mensch-Umwelt-Beziehungen, Universität Oldenburg 1987, No. 3

HÖGE, H.: Ugly acoustics or: Is noise an aesthetic event? In: SCHICK, A., HÖGE, H. and LAZARUS-MAINKA, G. (Eds.): Contributions to psychological acoustics. Results of the fourth Oldenburg Symposium on psychological acoustics. Oldenburg: Bibliotheks- und Informationssystem der Universität Oldenburg 1986, p. 51-67

HÖRMANN, H., MAINKA, G. und GUMMLICH, H.: Psychologische und physiologische Reaktionen auf Geräusche verschiedener subjektiver Wertigkeit. Psychologische Forschung 1970, 33, 289-309

HUND, F.: Geschichte der physikalischen Begriffe. Mannheim: Bibliographisches Institut - Wissenschaftsverlag 1972

INGERSLEV, F.: International Organisation for Standardization. TC43 activities related to noise as a public health problem In: ROSSI, G. (Ed.): Proceedings of the fourth international congress on noise as a public health problem. Milano: Centro Ricerche e Studi Amplifon 1983, vol. 1, p. 55-66

ISO 1996 Acoustics assessment of noise with respect to community response. Geneva 1971

ISO 2204-1973 Guide to the measurement of airborne acoustical noise and evaluation of its effects on man. Geneva 1973

ISO 454 Relation between sound pressure levels of narrow bands of noise in a diffuse field and in a frontally-incident free field for equal loudness. Geneva 1975 (E)

ISO 532-1975 Methods for calculating loudness level. Geneva 1975

Iso R 1996, part 1. Description and measurement of environmental noise. Basic quantities and procedure. Geneva 1982

Iso R 1996, part 2. Description and measurement of environmental noise. Acquisition of data pertinent to land use. Geneva 1983

Iso R 1996, part 3. Description and measurement of environmental noise. Application to noise limits. Geneva 1983

Iso R 226 Normal-equal-loudness contours for pure tones and normal threshold of hearing under free field listening conditions. Geneva 1961

Iso Recommendation R 131 Expression of the physical and subjective magnitudes of sound or noise. 1st ed. Geneva 1959

IsT-Gesellschaft für Angewandte Sozialwissenschaft und Statistik: Auswirkungen des militärischen Tiefflugbetriebes auf die Bevölkerung der Vorderpfalz. Heidelberg: IsT-Eigenverlag 1986, 2. Auflage

KADO, H.: Loudness of fluctuating sound measured by discrimination test. J. of the Acoustical Society of Japan 1981, 37, 274-283 (in Japanisch)

KAMINSKI, G.: Chancen angewandter Ökopsychologie. In: FREY, D., HOYOS, G.C. und STAHLBERG, D. (Hrsg.): Angewandte Psychologie: Ein Lehrbuch. München: Urban & Schwarzenberg 1988, S. 674-677

KAMINSKI, G. und FLEISCHER, F.: Ökologische Psychologie: Ökopsychologische Untersuchungs- und Beratungspraxis. In: HARTMANN, H.A. und HAUBL, R. (Hrsg.): Psychologische Begutachtung. Problembereiche und Praxisfelder. München: Urban und Schwarzenberg 1984, S. 329-358

KASTKA, J.: Untersuchungen zur Belästigungswirkung der Umweltbedingungen, Verkehrslärm und Industriegerüche. In: KAMINSKI, G. (Hrsg.): Umweltpsychologie. Stuttgart: Klett 1976, 187-223

KASTKA, J.: Zur Entwicklung des Belästigungsbegriffs in der Lärmforschung. In: Gesellschaft zur Förderung der Lufthygiene und Silikoseforschung Düsseldorf (Hrsg.): Umwelthygiene. Jahresbericht 1982, Band 15, S. 183-207

KASTKA, G.: Bevölkerungsreaktionen auf Lärmbelästigung. In: Deutscher Arbeitsring für Lärmbekämpfung (Hrsg.): Gesundheit - Mittelpunkt allen Umweltschutzes - Lärm und seine Wirkungen auf den Menschen. Beiträge zur DAL-Fachtagung am 21. November 1986 in Baden-Baden. Düsseldorf: DAL 1986, S. 44-56

KASTKA, J. und BUCHTA, E.: Zum Inhalt der Belästiggungsreaktion auf Straßenverkehrslärm. Kampf dem Lärm 1977, 24, 158-166

KERRICK, J.S., NAGEL, D.C. and BENNETT, R.L.: Multiple ratings od sound stimuli. J. of the Acoustical Society of America 1969, 45, 1014-1017

KILLION, M.C.: Revised estimate of minimum audible pressure: Where is the "missing 6 dB"? J. of the Acoustical Society of America 1978, 63, 1501-1508

KINGSBURY, B.A.: A direct comparison of the loudness of pure tones. Physical Review 1927, 29, 588-600

KLAUTKE, S. und WERNER, H.: Lärm. Unterricht Biologie: Lärm. Heft 70, Juni 1982, 2-13

KLAUTKE, S.: Lärmpegelmessungen - Untersuchungen zum Straßenverkehrslärm. Unterricht Biologie: Lärm. Heft 70, 1982, 40-43

KLINGENBERG, H.: Automobil-Meßtechnik. Band A: Akustik. Heidelberg: Springer 1988

KLUMPP, R.G. and WEBSTER, J.C.: Physical measurement of equally speech-interfering navy noises. J. of the Acoustical Society of America 1963, 35, 1328-1338

KNALL, V. und SCHÜMER, R.: Reaktionen auf Straßen- und Schienenverkehrslärm in städtischen und ländlichen Regionen. In: SCHICK, A. (Hrsg.): Akustik zwischen Physik und Psychologie. Ergebnisse des 2. Oldenburger Symposions zur psychologischen Akustik. Stuttgart: Klett-Cotta 1981, S. 20-26

KÖHLER, W.: Akustische Untersuchungen. I. Leipzig: Barth 1909 und in Z. für Psychologie 1910, 54, 241-289 sowie in: Beiträge zur Akustik und Musikwissenschaft 1909, Heft 4, 134-182

KÖHLER, W.: Akustische Untersuchungen. II. Beiträge zur Akustik und Musikwissenschaft 1911, Heft 6, 1-82 und Z. für Psychologie 1911, 58, 59-140

KÖHLER, W.: Akustische Untersuchungen. III. und IV. (Vorläufige Mitteilung). Z. für Psychologie 1913, 64, 92-105

KÖHLER, W.: Akustische Untersuchungen. III. Z. für Psychologie 1915, 72, 1-192

KÖHLER, W.: Akustische Untersuchungen. SCHUMANN, F. (Hrsg.): Bericht über den 5. Kongress der experimentellen Psychologie, Berlin 1912. Leipzig: Barth, S. 151-156

KÖTZ, W.-D.: Erhebung zum Stand der Technik beim baulichen Schallschutz. In: Deutsche Arbeitsgemeinschaft für Akustik: Fortschritte der Akustik. Plenarvorträge und Kurzreferate der 14. Gemeinschaftstagung der DAGA, Braunschweig 1988. Bad Honnef: DPG-Kongreß-Gesellschaft, S. 785-788

KÖTZ, W.-D. und MOLL, W.: Wie hoch sollte die Luftschalldämmung zwischen Wohnungen sein? Bauphysik 1988, 10, 72-76

KRAUSE, M.: Messung der Ruhe. Kampf dem Lärm 1978, 25, 75-79

KRYTER, K.D.: Scaling human reactions to the sound from aircraft. J. of the Acoustical Society of America 1959, 31, 1415-1429

KRYTER, K.D.: Concepts of perceived noisiness, their implementation and application. J. of the Acoustical Society of America 1968, 43, 344-361

KRYTER, K.D.: The Effects of Noise on Man. New York: Academic Press 1970, 2cd ed. 1985

KRYTER, K.D.: Community annoyance from aircraft and ground vehicle noise. J. of the Acoustical Society of America 1982, 74, 1222-1242

KRYTER, K.D.: Rebuttal by K. D. Kryter to comments by Th. T. Schultz. J. of the Acoustical Society of America 1982, 74, 1253-1257

KRYTER, K.D. and PEARSONS, K.S.: Some effects of spectral content and duration on perceived noise level. J. of the Acoustical Society of America 1963, 35, 866-883

KÜRER, R.: Grunddaten zum Schallschutz im Hochbau. Argumentationshilfen zum Anforderungsniveau DIN 4109. Vortrag zur DAL-Tagung "Schallschutz im Hochbau". Baden-Baden 1987. Düsseldorf: Deutscher Arbeitsring für Lärmbekämpfung 1988

KUMAGAI, M., SUZUKI, Y., SAWAI, S., KONO, S., SONE, T., MIURA, H. and KADO, H.: Reexamination of equal - loudness contours for pure tones and threshold of hearing Proceedings 1987 International Conference on Noise Control Engineering. Inter'Noise 87 Beijing. Acoustical Society of China, Vol. II, p. 1001-1004

KUWANO, S. and NAMBA, S.: Continuous judgment of level-fluctuating sounds and the relationship between overall loudness and instantaneous loudness. Psychological Research 1985, 47, 27-37

LAIRD, D.A.: The effects of noise: A summary of experimental literature. J. of the Acoustical Society of America 1929, 1, 256-262

LAIRD, D.A. and COYE, K.: Psychological measurements of annoyance as related to pitch and loudness. J. of the Acoustical Society of America 1929, 1, 158-163

LANG, J.: Some calculations and considerations on the description of noise around an airport. In: Proceedings 1981 International Conference on Noise Control Engineering. Inter'Noise 81 Amsterdam. Amsterdam, p. 841-844

LAUCKEN, U. and MEES, U.: System of categories for the registration of units of statements in written complaints about noise. Berichte aus dem Institut zur Erforschung von Mensch-Umwelt-Beziehungen. Universität Oldenburg, Fachbereich 5 - Psychologie 1986, No.2

LAUCKEN, U. und MEES, U.: Lärm in sozialem Lebenszusammenhang. Z. für Lärmbekämpfung 1987, 34, 113-116

LAUCKEN, U. und MEES, U.: Logographie alltäglichen Lebens. Leid, Schuld und Recht in Beschwerdebriefen über Lärm. Oldenburg i.O.: Holzberg 1987

LAUCKEN, U. und SCHICK, A.: Einführung in das Studium der Psychologie. Stuttgart: Klett-Cotta 1986, 5. Auflage

LAZARUS, H.: A model of speech communication and its evaluation under disturbing conditions. In: SCHICK, A., HÖGE, H. and LAZARUS-MAINKA, G. (Eds.): Contributions to psychological acoustics. Results of the fourth Oldenburg Symposium on psychological acoustics. Oldenburg: Bibliotheks- und Informationssystem der Universität Oldenburg 1986, p. 155-184

LAZARUS, H., LAZARUS-MAINKA, G. und SCHUBEIUS, M.: Sprachliche Kommunikation unter Lärm. Ludwigshafen: Kiehl 1985

LEMMERICH, J.: Maß und Messen. Ausstellung aus Anlaß der Gründung der Physikalisch-Technischen Reichsanstalt am 28. März 1887. Braunschweig/Berlin: PTB 1987

LESSING, Th.: Der Anti-Rüpel ("Antirowdy" "Das Recht auf Stille"). Monatsblätter zum Kampf gegen Lärm, Roheit und Unkultur im deutschen Wirtschafts-, Handels- und Verkehrsleben. Organ des deutschen Lärmschutzverbandes ("Antilärmverein"). München: Otto Gmelin 1908/9

LEWIN, K.: Über den Einfluß von Interferenzröhren auf die Intensität obertonfreier Töne. Psychologische Forschung 1922, 2, 327-335

LEWIN, K.: Über einen Apparat zum Messung von Tonintensitäten. Psychologische Forschung 1922, 2, 317-367

LINDSAY, P.H. and NORMAN, D.A.: Human information processing. New York: Academic Press 1973, 4th edition

LÜBCKE, E. und GUMMLICH, H.: Zur Beurteilung der Lästigkeit zeitlich schwankender Geräuschpegel durch konstante "Wirkpegel". Schalltechnik 1966, 26, Nr. 66, 13-22

LÜBCKE, E., MITTAG, G. und PORT, E.: Subjektive und objektive Bewertung von Maschinengeräuschen. Acustica 1964, 14, 105-114

LÜPKE, A.v.: Zur Beurteilung von Geräuscheinwirkungen mit wechselndem Pegel. Kampf dem Lärm 1965, 12, 7-16

MAEDA, S.: Hearing response to impulsive sounds. In: Proceedings 1987 International Conference on Noise Control Engineering. Inter'Noise 87 Beijing. Acoustical Society of China, Vol. II, p. 981-984

MARTIN, R.: Geräuschmessung, Geräuschbeurteilung. VDI-Zeitschrift 1982, 124, 507-514; 1983, 125, 639-645 ; 1984, 126, 539-546 ; 1985, 127, 575-581 ; 1986, 128, 561-568

MARTIN, R.: History of sound evaluation. In: SCHICK, A., HELLBRÜCK, J. and WEBER, R. (Eds.): Contributions to Psychological Acoustics V. Results of the Fifth Oldenburg Symposium on Psychological Acoustics. Oldenburg: BIS 1990 (in Vorbereitung)

MARTIN, R.: Problems related to the preparation of international standards on the measurement of "Lärm". In: SCHICK, A., HÖGE, H. and LAZARUS-MAINKA, G. (Eds.): Contributions to psychological acoustics. Results of the fourth Oldenburg Symposium on psychological acoustics. Oldenburg: Bibliotheks- und Informationssystem. der Universität Oldenburg 1986, p. 299-311

MELLERT, V. und WEBER, R.: Physikalische Faktoren der Lästigkeit. In: SCHICK, A. (Hrsg.): Akustik zwischen Physik und Psychologie. Ergebnisse des 2. Oldenburger Symposions zur psychologischen Akustik. Stuttgart: Klett-Cotta 1981, S. 48-62

MEURERS, H.: 20 Jahre TA-Lärm - wie weiter? In: Deutsche Arbeitsgemeinschaft für Akustik: Fortschritte der Akustik. Plenarvorträge und Kurzreferate der 14. Gemeinschaftstagung der DAGA, Braunschweig 1988. Bad Honnef: DPG-Kongreß-Gesellschaft, S. 167-172

MEURERS, H.: Der wirkungsorientierte Takt-Maximalpegel im Alltag des Umweltschutzes und in der Prognose. Z. für Lärmbekämpfung 1989, 36, 152-158

MEURERS, H.: Erfassung und Beurteilung von Nachbarschaftslärm. Masch.verv. Manuskript. Dortmund 1988

MEURERS, H.: Lärmmessungen als Hilfsmittel der Lärmbekämpfung. Ministerium für Arbeit, Gesundheit und Soziales des Landes NW (Hrsg.): Grundlagen der Luftreinhaltung und der Lärmbekämpfung in Nordrhein-Westfalen 1975, S. 87-93

MEURERS, H.; Resumee zur Lärmforschung. In: Deutscher Arbeitsring für Lärmbekämpfung (Hrsg.): Gesundheit - Mittelpunkt allen Umweltschutzes - Lärm und seine Wirkungen auf den Menschen. Beiträge zur DAL-Fachtagung am 21. November 1986 in Baden-Baden. Düsseldorf: DAL 1986, S. 116-118

MÖHLER, U.: Vergleich der Pausenstruktur von Schienenverkehrslärm und Straßenverkehrslärm. Z. für Lärmbekämpfung 1988, 35, 10-15

MÖHLER, U., SCHUEMER, R., KNALL, V. und SCHUEMER-KOHRS, A.: Vergleich der Lästigkeit von Schienen- und Straßenverkehrslärm. Z. für Lärmbekämpfung 1986, 33, 132-142

MOLL, W.: Wie hoch sollte die Schalldämmung zwischen Wohnungen sein? In: Deutscher Arbeitsring für Lärmbekämpfung (Hrsg.): Aktuelle Fragen der Lärmbekämpfung. Entspricht die neue Norm DIN 4109 "Schallschutz im Hochbau" den Vorstellungen des DAL? Baden-Baden 1987. Düsseldorf 1988

MOORE, B.C.J.: An introduction to the psychology of hearing. London: Academic Press 1982

MYNCKE, H.: Acoustics on an international level. Applied Acoustics 1985, 18, 181-193

NAMBA, S.: On the psychological measurement of loudness, noisiness and annoyance: A review. J. of Acoustical Society of Japan (E) 1987, 8, 211-222

NAMBA, S. and S. KUWANO: Continuous judgememts of noise events. In: SCHICK, A., HELLBRÜCK, J. and WEBER, R. (Eds.): Contributions to Psychological Acoustics V. Results of the Fifth Oldenburg Symposium on Psychological Acoustics. Oldenburg: BIS 1990 (in Vorbereitung)

NAMBA, S., KUWANO, S. and KATO, T.: An investigation of L_{eq}, L_{10} and L_{50} in relation to loudness. Acoustical Society of America and Acoustical Society of Japan. Joint Meeting, November 1978 (a)

NAMBA, S., KUWANO, S. and KATO, T.: An investigation of L_{eq}, L_{10} and L_{50} in relation to loudness. J. of the Acoustical Society of Japan 1978, 34, 301-307 (b)

NEISSER, U.: Kognition und Wirklichkeit. Prinzipien und Implikationen der kognitiven Psychologie. Stuttgart: Klett-Cotta 1979

NEUMANN, J.: Lärmmesspraxis am Arbeitsplatz und in der Nachbarschaft. Grafenau: Lexika-Verlag 1975

NIMURA, T., SONE, T. and KONO, S.: Evaluation of train/railway noise. In: Proceedings 1981 International Conference on Noise Control Engineering. Inter'Noise 81 Amsterdam. Amsterdam, p. 803-809

NITSCHE, V. und FASTL, H.: Loudness calculations of aircraft noise compared with loudness meter measurements. Proceedings 1987 International Conference on Noise Control Engineering. Inter'Noise 87 Beijing. Acoustical Society of China, Vol. II, p. 1013-1016

ÖAL-Richtlinie Nr. 3, Blatt 1: Beurteilung von Schallimmissionen - Lärmstörungen im Nachbarschaftsbereich. Wien: ÖAL 1986

ÖNORM S 5003 - Teil 1. Grundlagen der Schallmessung - Physikalische und subjektive Größen von Schall. Wien: Österreichisches Normungsinstitut

OLSON, E.: The action programmes of the European Communities on the environment - noise abatement policies. In: ROSSI, G. (Ed.): Proceedings of the fourth international congress on noise as a public health problem. Milano: Centro Ricerche e Studi Amplifon 1983, vol. 1, p. 45-53

ORTSCHEID, J.: Schallschutz in Mehrfamilienhäusern. Berlin: Umweltbundesamt 1986

OSHIMA, T. and YAMADA, I.: The evaluation of normal take-off/landing helicopters noise. In: Proceedings 1987 International Conference on Noise Control Engineering. Inter'Noise 87 Beijing. Acoustical Society of China, Vol. II, p. 1037- 1040

PATTERSON, R.D.: Guidelines for auditory warning systems on civil aircraft: a summary and a prototype. In: ROSSI, G. (Ed.): Proceedings of the fourth international congress on noise as a public health problem. Milano: Centro Ricerche e Studi Amplifon 1983, vol. 2, p. 1125-1133

PAULUS, E. und ZWICKER, E.: Programme zur automatischen Bestimmung der Lautheit aus Terzpegeln oder Frequenzgruppenpegeln. Acustica 1972, 77, 253-266

PERSSON, K.: Annoyance to low frequency noise and the dBA. In: Japanese/Swedish Symposium on noise effects. October 3-6, 1987

PETRICK, K. und HANSEN, D.: Erstellung von umweltschutzbezogenen technischen Normen im nationalen und internationalen Rahmen auf dem Gebiet der Akustik und Schwingungstechnik (1983/1985). Berlin: Umweltbundesamt 1986, Forsch. Bericht Nr. 85-105 02 505

PINKER, R.A.: Mathematical formulation of the NOYS tables. J. of Sound and Vibration 1968, 8, 488-493

PREIS, A.: Intrusive Sounds. Applied Acoustics 1987, 20, 101-127

REESE, T.W., KRYTER, K.D. and STEVENS, S.S.: The relative annoyance produced for various bands of noise. PB 27 307. IC-65 Psycho-Acoustic Laboratory, Harvard University. U.S. Dept. of Commerce, Washington, D.C. 1944

REICHARDT, W.: Acoustics Dictionary. Quadringual. The Hague: Martinus Nijhoff Publ. 1983

REICHARDT, W.: Bewertung von Schall - von H. Barkhausen bis zur Gegenwart. In: Festschrift. Herausgegeben vom Barkhausen-Komitee bei der Akademie der Wissenschaften der DDR, zusammengestellt von Klaus LUNZE. Berlin 1981, S. 81-96

REICHARDT, W.: Lautstärke und Lästigkeit. Lärmbekämpfung 1966, 10, 95-103

RIELÄNDER, M.M. (Hrsg.): Reallexikon der Akustik. Frankfurt am Main: E. Bochinsky 1980

ROBINSON, D.W. and DADSON, R.S.: A redetermination to the equal loudness relations for pure tones. British J. of Applied Physics 1956, 7, 166-181

ROBINSON, D.W.: A note on the subjective evaluation of noise. J. of Sound and Vibration 1964, 1, 468-473

ROHRMANN, B.: Psychologische Forschung und umweltpolitische Entscheidungen: das Beispiel Lärm. Wiesbaden: Westdeutscher Verlag 1984

RUSSELL, W.A.: The complete german language norms for responses to 100 words from the Kent-Rosanoff word association test. In: POSTMAN, L. and KEPPEL, G. (Eds.): Norms of word association. New York: Academic Press 1970, p. 53-94

SADER, M.: Lautheit und Lärm. Gehörpsychologische Fragen der Schall-Intensität. Göttingen: Verlag für Psychologie Hogrefe 1966

SARGENT, J.W., GIDMAN, M.I., HUMPHREY, M.A. and UTLEY, W.A.: The disturbance caused to school teachers by noise. J. of Sound and Vibration 1980, 70, 557-572

SARRIS, V. und MUSAHL, H.-P.: Zur Skalierung von "Lautheit" - Ein meßmethodischer und bezugs-
systemtheoretischer Beitrag. In: SCHICK, A. und WALCHER, K.P. (Hrsg.): Beiträge zur Bedeutungslehre des Schalls. Ergebnisse des 3. Oldenburger Symposions zur psychologischen Akustik. Bern: Lang 1984, S. 99-114

SCHAEFER, P.: Vergleichende Analyse von Lärmbewertungs-Verfahren. Berlin: Umweltbundesamt
1978

SCHAFER, M.: Die Schallwelt, in der wir leben. Wien: Univer. Edition. Rote Reihe 30, o.J.

SCHICK, A.: Eindrücke von der Inter'Noise 1984 in Honolulu. Z. für Lärmbekämpfung 1985, 32,
117-118

SCHICK, A.: Schallwirkung aus psychologischer Sicht. Stuttgart: Klett-Cotta 1979

SCHICK, A.: Zum Reizbegriff in der psychologischen Akustik: Einige Grundannahmen. In: SCHICK,
A. und WALCHER, K.-P. (Hrsg.): Beiträge zur Bedeutungslehre des Schalls. Bern: Lang 1984, S.
71-86

SCHICK, Chr.P.: Die axiomatischen Systeme von Kretschmer und Eysenck. Z. für experimentelle
und angewandte Psychologie 1952, 2, 552-574

SCHMIDTKE, H., BUBB, H., RÜHMANN, H. und SCHAEFER, P.: Lärmschutz im Betrieb. Bayerisches
Staatsministerium für Arbeit und Sozialordnung (Hrsg.). München 1981

SCHOLES, W.E. and SARGENT, J.W.: Designing against noise from road traffic. Applied Acoustics
1971, 4, 203-234

SCHREIBER, L.: Die akustischen Grundlagen des Entwurfs April 1982 zu DIN 18005, Teil 1: Schallschutz im Städtebau. Z. für Lärmbekämpfung 1984, 31, 149-157

SCHÜMER-KOHRS, A., SCHÜMER, R., KNALL, V. und KASUBEK, W.: Vergleich der Lästigkeit von
Schienen- und Straßenverkehrslärm in städtischen und ländlichen Regionen. Z. für Lärmbekämpfung 1981, 28, 123-130

SCHULTE-FORTKAMP, B. and R. WEBER: Subjective variables in the absolute loudness judgement
under laboratory conditions. In: SCHICK, A., HELLBRÜCK, J. and WEBER, R. (Eds.): Contributions to Psychological Acoustics V. Results of the Fifth Oldenburg Symposium on Psychological Acoustics. Oldenburg: BIS 1990 (in Vorbereitung)

SCHULTE-FORTKAMP, B. und WEBER, R.: Die Bedeutung von Absoluturteilen über die Lautstärke.
In: Deutsche Arbeitsgemeinschaft für Akustik: Fortschritte der Akustik. Plenarvorträge und
Kurzreferate der 14. Gemeinschaftstagung der DAGA, Braunschweig 1988. Bad Honnef: DPG-
Kongreß-Gesellschaft, S. 637-640

SCHULTE-FORTKAMP, B. und WEBER, R.: Einflüsse auf das Lautstärkeurteil in Laborversuchen. In:
Deutsche Arbeitsgemeinschaft für Akustik: Fortschritte der Akustik. Plenarvorträge und Kurz-
referate der 15. Gemeinschaftstagung der DAGA, Duisburg 1989. Bad Honnef: DPG-Kongreß-
Gesellschaft, S. 351-354

SCHULTZ, Th.J.: Comments on K. D. Kryter's paper "Community annoyance from aircraft and
ground vehicle noise". J. of the Acoustical Society of America 1982, 74, 1243-1252

SCHULTZ, Th.J.: Community Noise Ratings. London: Applied Science Publ. 1972, 2cd. ed. 1982

SCHULTZ, Th.J.: Synthesis of social surveys on noise annoyance. J. of the Acoustical Society of
America 1978, 64, 377-406

SCHUSCHKE, G.: Lärm und Gesundheit. Berlin: VEB Verlag Volk und Gesundheit 1976

SEASHORE, C.E.: Psychology of music. New York: Dover Publications Inc. 1967

SERRE, R. (Ed.): Elsevier's dictionary of noise and noise control. In English (with definitions),
French and German. Amsterdam: Elsevier 1990

SHEPHERD, W.T.: Annoyance characterization by noise metrics. In: KOELEGA, H.S. (Ed.): Environmental annoyance: Characterization, measurement, and control. Amsterdam: Elsevier 1987, p. 271-280

SIVIAN, L.J. and WHITE, S.D.: On minimum audible sound fields. J. of the Acoustical Society of America 1933, 4, 288-321

SONE, T., IZUMI, K., KONO, S., SUZUKI, Y., OGURA, Y., KUMAGAI, M., MIURA, H., KADO, H., TACHIBANA, H., HIRAMATSU, K., NAMBA, S., KUWANO, S., KITAMURA, O., SASAKI, M., EBATA, M., YANO: Loudness and noisiness of a repeated impact sound: Results of round robin tests in Japan (II). J. of the Acoustical Society of Japan (E) 1987, 8, 249-261

SONE, T., KONO, S. and NIMURA, T.: Personal reaction to daily noise exposure. Noise Control Engineering 1982, 19, 4-16

SONE, T. and KONO, S.: Response of residents to noise exposure. In: Inter'Noise 84. MALING, G. C. (Ed.): Proceedings 1984 International Conference on Noise Control Engineering. Honolulu, Vol. II, p. 947-952

SPRENG, M., LEUPOLD, S. und EMMERT, B.: Mögliche Gehörschäden durch Tieffluglärm. Berlin: Umweltbundesamt 1987

STEUDEL, U.: Über Empfindung und Messung der Lautstärke. Hochfrequenztechnik und Elektroakustik 1933, 41, 116-128

STEVENS, J.C. and GUIRAO, M.: Individual loudness functions. Jounal of the Acoustical Society of America, 1964, 36, 2210-2213

STEVENS, K.N., ROSENBLITH, W.A. and BOLT, R.H.: A community's reaction to noise: Can it be forecast? Noise Control 1955, 1, 63-71

STEVENS, S.S.: Assessment of Noise: Calculation Procedure Mark VII. Paper 355-128. Laboratory of Psychophysics, Harvard University, Cambridge, Mass. December 1969 (Mark VII)

STEVENS, S.S.: Autobiography. In: MOSKOWITZ, H., SCHARF, B. and STEVENS, J.C. (Eds.): Sensation and measurement. Papers in honor of S.S. Stevens. Dordrecht: Reidel Publ. 1974, p. 425-455

STEVENS, S.S.: Calculating loudness. Noise Control 1957, 3(5), 11-22 (Mark II)

STEVENS, S.S.: Calculation of the loudness of complex noise. J. of the Acoustical Society of America 1956, 28, 807-832 (Mark I)

STEVENS, S.S.: Perceived Levels of Noise by Mark VII and Decibels (E). Journal of the Acoustical Society of America 1972, 51, 575-593 (Mark VII)

STEVENS, S.S.: Procedure for calculating loudness: Mark VI. Journal of the Acoustical Society of America 1961, 33, 1577-1585 (Mark VI)

STEVENS, S.S.: The measurement of loudness. J. of the Acoustical Society of America 1955, 27, 815-829

STEVENS, S.S. und WARSHOFSKY, F.: Schall und Gehör. Hamburg: Rowohlt 1980

STUMPF, C.: Tonpsychologie. Leipzig: Hirzel 1883 (Band I), 1890 (Band II)

SUST, Ch.: Geräusche mittlerer Intensität - Bestandsaufnahme ihrer Auswirkungen. Bremerhaven: Wirtschaftsverlag NW 1987

SUZUKI, Y.: Loudness of repeated impulsive sounds. In: SCHICK, A., HELLBRÜCK, J. and WEBER, R. (Eds.): Contributions to Psychological Acoustics V. Results of the Fifth Oldenburg Symposium on Psychological Acoustics. Oldenburg: Bis 1990 (in Vorbereitung)

SUZUKI, Y., KONO, S. and SONE, T.: A consideration of the evaluation of environmental noise accompanying tonal components. In: Proceedings 1987 International Conference on Noise Control Engineering. Inter'Noise 87 Beijing. Acoustical Society of China, Vol. II, p. 1027-1030

SUZUKI, Y., KONO, S. and SONE, T.: An experimental consideration of the evaluation of environmental noise with tonal components. J. of Sound and Vibration 1988, 127, 475-484

SUZUKI, S., SUZUKI, Y., KONO, S., SONE, T., KUMAGAI, M., MIURA, H. and KADO, H.: Equal-loudness level contours for pure tone under free field listening conditions (I) - Some data and considerations on experimental conditions. J. of Acoustical Society of Japan (E) 1989, 10, 329-338

TACHIBANA, H., HAMADA, Y. and SATO, F.: Loudness evaluation of sounds transmitted through walls In: Japanese/Swedish Symposium on noise effects. October 3-6, 1987

TACHIBANA, H., ISHIZAKI, S. and YOSHIHISA, K.: A method of evaluating the loudness of isolated impulsive sounds with narrow frequency components. J. of the Acoustical Society of Japan 1987, 8, 29-38

TACHIBANA, H.: Loudness evaluation of sounds transmitted through walls (experiments using simulated artificial sounds). In: Proceedings 1985 International Conference on Noise Control Engineering. Federal Institute for Occupational Safety Ed.). Inter'Noise 85 Munich. Schriftenreihe der Bundesanstalt für Arbeitsschutz. Tagungsbericht Nr. 39, Vol. II, 1061-1064

TARNOPOLSKY, A., WATKINS, G. and HAND, D.J.: Aircraft noise and mental health: I. prevalence of individual symptoms. Brit. Psychological Medicine 1980, 10, 683-698

TERHARDT, E.: Wohlklang und Lärm aus psychophysikalischer Sicht. In: SCHICK, A. und WALCHER, K.P. (Hrsg.): Beiträge zur Bedeutungslehre des Schalls. Ergebnisse des 3. Oldenburger Symposions zur psychologischen Akustik. Bern: Lang 1984, S. 403-409

TROJAN, F. und SCHENDL, H.: Biophonetik. Mannheim: Bibliographisches Institut Wissenschaftsverlag 1975

Umweltbundesamt: Lärmbekämpfung '88. Tendenzen - Probleme - Lösungen. Berlin: E. Schmidt 1989

Umweltbundesamt: Umwelt und Straßenverkehr. Jahresbericht des Umweltbundesamtes 1986

VDI 2058, Blatt 1. Beurteilung von Arbeitslärm in der Nachbarschaft. VDI 1985

VDI 2058, Blatt 2. Beurteilung von Arbeitslärm am Arbeitsplatz hinsichtlich Gehörschäden. VDI 1970

VDI 3722 Entwurf. Wirkungen von Verkehrsgeräuschen. Düsseldorf: VDI-Handbuch Lärmminderung 1986

VEIT, I.: Eine Hör-/Sprechgarnitur mit aktiver Lärmkompensation. Z. für Lärmbekämpfung 1988, 35, 24-25

WAETZOLD, W.: Du und die Kunst. Eine Einführung in Kunstbetrachtung und Kunstgeschichte. Berlin: Im Deutschen Verlag 1938

WARREN, R.M.: Elimination of biases in loudness judgments of tones. J. of Acoustical Society of America 1970, 48, 1397-1403

WEBER, R.: A new method of loudness determination. The continuous judgement of time variable sound on an "analog" category scale. In: Federation of Acoustical Societies of Europe (FASE): Proceedings 8th Symposium on Environmental Acoustics, Zaragoza 1989, p. 295-298

WEBER, R.: Absolute Lautstärkeurteile bei Industriegeräuschen. In: Deutsche Arbeitsgemeinschaft für Akustik: Fortschritte der Akustik. Plenarvorträge und Kurzreferate der 15. Gemeinschaftstagung der DAGA, Duisburg 1989. Bad Honnef: DPG-Kongreß-Gesellschaft, S. 355-358

WEBER, R.: The continuous loudness judgement of temporal variable sounds employing an "analog" categorization method. In: SCHICK, A., HELLBRÜCK, J. and WEBER, R. (Eds.): Contributions to Psychological Acoustics V. Results of the Fifth Oldenburg Symposium on Psychological Acoustics. Oldenburg: BIS 1990 (in Vorbereitung)

WEBER, R. und MELLERT, V.: Wieviele Dimensionen hat die Empfindung "lästig"? In: SCHÜLE, W. (Hrsg.): Wahrnehmungspsychologie. Frankfurt/M.: Fachbuchhandlung für Psychologie 1978, S. 106-113

WEBER, R. and SCHULTE-FORTKAMP, B.: Continuous categorical loudness evaluation of traffic noise loudness. In: Federation of Acoustical Societies of Europe (FASE): Proceedings 8th Symposium on Environmental Acoustics, Zaragoza 1989, p. 299-302

WEBER, R. and SCHULTE-FORTKAMP, B.: The importance of absolute judgement of loudness and their determining factors. In: Federation of Acoustical Societies of Europe (FASE): Proceedings 8th Symposium on Environmental Acoustics, Zaragoza 1989, p. 303-306

WEBER, R. und SCHULTE-FORTKAMP, B.: Absoluturteile über die Lautstärke bei zeitlich veränderlichen Geräuschen. In: Deutsche Arbeitsgemeinschaft für Akustik: Fortschritte der Akustik. Plenarvorträge und Kurzreferate der 14. Gemeinschaftstagung der DAGA, Braunschweig 1988. Bad Honnef: DPG-Kongreß-Gesellschaft, S. 641-644

WEINSTEIN, N.D.: Individual differences in reactions to noise: A longitudinal study in a college dormitory. J. of Applied Psychology 1978, 63, 458-466

WHITE, F.A.: Our Acoustic Environment. New York: Wiley-Interscience Publ. 1975

WINKLER, H. und TENNHARDT, H.-P.: Die Semperoper Dresden, das neue Gewandhaus Leipzig und das Schauspielhaus Berlin und ihre Akustik. Deutsche Arbeitsgemeinschaft für Akustik: Fortschritte der Akustik. Plenarvorträge und Kurzreferate der 14. Gemeinschaftstagung der DAGA, Braunschweig 1988. Bad Honnef: DPG-Kongreß-Gesellschaft, S. 43-56

WOLFF-ZURKUHLEN, G.: Ausgewählte Fragen der Geräuschmessung. Kampf dem Lärm 1968, 15, 153-157

WOLFF-ZURKUHLEN, G.: Erfahrungen mit der TA Lärm und verwandten Richtlinien. Lärmbekämpfung 1972, 16 Heft 5, 109-113

WUNDT, W.: Grundzüge der physiologischen Psychologie. 3 Bände. Leipzig: 1902, 5. Auflage

WYNNE, S.W.: New York City's noise abatement commission. J. of Acoustical Society of America 1930/31, 2, 12-18

YU, W.: Accuracy of measurement for assessing human response on noise. In: Proceedings 1987 International Conference on Noise Control Engineering. Inter'Noise 87 Beijing. Acoustical Society of China, Vol. II, p. 985-988

ZWICKER, E.: A proposal for defining and calculating the unbiased annoyance. In: SCHICK, A., HELLBRÜCK, J. and WEBER, R. (Eds.): Contributions to Psychological Acoustics V. Results of the Fifth Oldenburg Symposium on Psychological Acoustics. Oldenburg: BIS 1990 (in Vorbereitung)

ZWICKER, E.: Advantages of a precise loudness meter. In: Proceedings 1979 International Conference on Noise Control Engineering. Inter'Noise 79 Warszawa. Warszawa, p. 223-226

ZWICKER, E.: Lautstärkeberechnungsverfahren im Vergleich. Acustica 1966, 17, 278-284

ZWICKER, E.: Procedure for calculating loudness of temporally variable sounds. J. of the Acoustical Society of America 1977, 62, 675-682

ZWICKER, E.: Psychoakustik. Berlin: Springer 1982

ZWICKER, E. and FASTL, H.: A portable loudness-meter based on ISO 532 B. In: Proceedings of the 11th International Congress on Acoustics Paris 1983, Vol. 8, p. 135-137

ZWICKER, E. und FASTL, H.: Sinnvolle Lärmmessung und Lärmgrenzwerte. Z. für Lärmbekämpfung 1986, 33, 61-67

ZWICKER, E. und FELDTKELLER, R.: Das Ohr als Nachrichtenempfänger. Stuttgart: Hirzel 1967

Personenverzeichnis

Allport 161
Angell 145
Appun 144f
Arnoult 166
Avenarius 163

Balckstock 37, 170
Barkhausen 24-26, 45, 55f, 148f, 166
Barres 80, 166
Bartlett 160, 166
Bastenier 166
Becker 69
Bell 156
Bennett 43f, 172
Beranek 45f, 133-136, 139, 160, 166
Berg 7
Berger 36-38, 166
Bergius 2, 161, 166
Berglund, B. 72, 166
Berglund, U. 72, 117, 166
Bethe 171
Bethge 85, 166
Betke 38f, 166f
Békésy 160
Bilson 11
Blauert 7, 67, 167
Bolt 45, 93, 178
Borg 167
Borgmann 167
Bosshardt 118, 167
Bowsher 67, 167
Brechbuehl 63
Brentano 146
Brokman 4f, 167
Brüel & Kjaer 47, 106, 108, 111, 167
Brusis 167
Bubb 84f, 109, 177
Buchta 172
Bürck 3, 49, 74, 137, 167

Camp, de 105, 167
Camp-Schmidt, de 105, 167
Canevet 71, 167
Chassein 2
Churcher 28, 58, 167
Conant 161
Coppée 156, 167
Coye 24, 173
Cremer 45, 48
Croome 33

Dadson 20, 25f, 28, 35, 39, 176
Davies 167
Davis 149-151, 167
Dickreiter 168
Doctorow 161, 168
Dunlapp 159

Ebata 113, 178
Eberhardt 147, 168
Eibowski 166
Eijk 156, 168
Elshorbagy 168
Emmert 102f, 113, 178
Endell 163, 168

Fastl 39, 53, 55, 64f, 69, 73, 74f, 119, 122, 124, 168f, 175, 180
Fechner 17f, 20, 169
Feldtkeller 12, 54f, 57-59, 61, 180
Finke 115f, 124, 132, 137f, 169
Fleischer 97, 124-126, 169, 172
Fletcher 20, 24, 28, 30, 39, 83, 133, 160, 162, 169
Foster-Kennedy 161
Fraisse 120, 169
Franke 13, 169
Free 30, 148, 151f, 162, 169
Freeman 154

French 133f, 139, 169
Frey 172
Frischeisen-Koehler 162, 163

Galinat 167
Galt 83, 169
Genuit 67, 170
Gerhardt 85
Gibson 3f, 170
Gidman 176
Gierke 95
Gillfillan 166
Glorig 93
Grützmacher 167
Guillot 156f, 170
Guirao 178
Gummlich 27, 30, 34, 41, 69, 75, 87, 94,
    157, 170f, 174
Gunn 97
Guski 1, 97, 115f, 124-128, 169f

Hagen 85
Hajos 17, 170
Hamada 48f, 179
Hand 179
Hansen 37, 48, 154, 170, 176
Hartmann 172
Hatanaka 48
Haubl 172
Heidtmann 154, 170
Heiss 167
Hellbrück 1f, 22, 54, 58, 68, 70, 119, 166,
    169-171, 174f, 177-180
Heller 68, 70f, 171
Hellman 77, 171
Hellmann 167
Helmholtz 16, 55, 145f, 148, 153, 171
Herbertz 32f, 171
Herrmann 171
Hertz 145
Hiramatsu 113, 178
Hirsh 97, 171
Höge 171, 174
Höger 129
Hörmann 2, 132, 171

Hofmannsthal, von 163
Hornbostel 147, 171
Houtgast 138
Hoyos 172
Humphrey 176
Hund 1, 171

Ingerslev 154, 157, 171
Ishizaki 39, 179
Izumi 113, 178

Jansen 67, 96, 156

Kado 39, 113, 123, 172f, 178f,
Kaminski 29, 172
Kastka 129, 172
Kasubek 177
Kato 76, 114f, 117f, 175
Kellner 167
Keppel 176
Kerrick 43f, 172
Killion 35f, 38, 172
King 28, 58, 167
Kingsburry 28, 172
Kitamura 113, 178
Klautke 7, 83, 85, 172
Klingenberg 172
Klöcker 4f
Klöckner 167
Klosterkötter 166
Klumpp 136, 139, 172
Knall 173, 175, 177
Köhler 147, 173
Koelega 178
Kötz 139f, 173
Koffka 147
Kohlschütter 147
Kono 39, 71, 77, 112f, 173, 175, 178f
Koppe 85
Krause 97, 124, 173
Kryter 33, 40-46, 53, 58, 68, 72-74, 112,
    118, 161, 173, 176
Kühne 167
Külpe 145
Kürer 139, 173

Kürschner 159
Kumagai 39, 113, 173, 178f
Kuwano 2, 65, 76, 113-124, 169, 173, 175,
    178

Laird 24, 173
Lang 89, 95, 99, 105, 107, 119, 156, 167,
    173
Large 105, 156, 166
Laucken 2, 67, 77, 174
Lazarus 132, 139, 174
Lazarus-Mainka 132, 139, 174
Lemmerich 153, 174
Lessing, Th. 163-165, 174
Leupold 102, 103, 113, 178
Lewin 2, 147, 174
Licklider 160
Liedtke 131
Lindsay 57, 174
Lindvall 166
Little 162
Lotze 146
Lübcke 34, 45, 48, 74f, 87, 94, 174
Lüpke 85, 87, 93, 174
Lunze 176

Maeda 39, 174
Mahron 157
Mainka 171
Manninen 166
Marohn 170
Martin, R. 47, 63, 95, 132, 137f, 148, 155,
    169, 174
Matschat 85
Matschke 133
Mees 2, 67, 77, 174
Meister 167
Mellert 2, 38f, 67, 76, 166, 174, 180
Merkel 145
Mersmann 96
Meurers 30f, 81, 85, 99, 100f, 120, 124,
    166, 175
Meyer 147
Mittag 34, 74f, 174
Miura 39, 113, 173, 178f

Möhler 129f, 175
Moll 5, 139-141, 155, 173, 175
Moore 70, 175
Morgan 161
Moskowitz 178
Müller 85, 167
Munson 20, 24, 28, 39, 169
Murai 48
Musahl 71f, 177
Myncke 154, 157, 175

Nagel 43f, 172
Nakamura 119
Namba 2, 48f, 65, 76, 113-124, 169, 173,
    175, 178
Neisser 2, 175
Neumann 27, 175
Newman 45, 160
Nimura 175, 178
Nitsche 175
Nordby 63
Norman 57, 174

Ogden 145, 159
Ogura 113, 178
Ohm 55
Okada 166
Ollerhead 53
Olson 156, 176
Ortscheid 139f, 176
Oshima 176

Pasligh 124, 126-128, 170
Patterson 133, 176
Paulus 63, 176
Pearsons 42, 53, 72, 173
Persson 31, 176
Petrick 154
Petrick 176
Pinker 176
Port 34, 74f, 174
Pösselt 133
Postman 176
Preis 66f, 176
Preyer 145

Reese 41f, 176
Reichardt 113, 154, 176
Remmers 38, 63, 167
Reynolds 45, 166
Rice 116
Rieländer 4, 13, 31f, 47f, 55, 104, 144, 176
Robinson 20, 25f, 28, 35, 39, 52, 67f, 167,
176
Rohrmann 115f, 169, 176
Rosenblith 45, 93, 178
Rossi 167f, 170f, 176
Roth 154, 166, 170
Rowohlt 168
Rühmann 84f, 109, 177
Rühmkorf 126
Russell 176

Sader 22, 70, 162, 176
Saito 48f
Sargent 104, 176, 177
Sarris 71, 72, 177
Sasaki 113, 178
Sato 179
Sawai 39, 173
Schaefer 34, 84f, 109, 114, 177
Schafer 163, 177
Scharf 167, 178
Schaumburg 159
Schendl 179
Schick 20, 35, 77, 119, 166, 169-171, 173-
175, 177-180
Schmidtke 84f, 109, 167, 170, 177
Schneider 171
Scholes 68, 104, 177
Schopenhauer 162, 163
Schreiber 69, 113, 177
Schubeius 139, 174
Schüle 180
Schümer 173, 175, 177
Schümer-Kohrs 175, 177
Schulte-Fortkamp 38, 119, 167, 177, 180
Schultz 45, 52, 69, 72, 177
Schumann 173
Schuschke 11, 74, 83, 92, 94, 177
Seashore 18, 177

Serré 154, 177
Shepherd 178
Sivian 28, 36, 178
Skalski 154, 170
Sklar 93
Sone 39, 71, 77, 101, 112, 113, 173, 175,
178f
Spreng 102f, 113, 178
Stahlberg 172
Steeneken 138
Steinberg 83, 133f, 139, 169
Steudel 71, 178
Stevens, J.C. 178
Stevens, K.N. 178
Stevens, S.S. 11, 20-22, 27, 33, 40-42, 45f,
50, 52f, 58, 65, 68-73, 76, 93, 112, 125,
133, 160f, 167, 178
Stumpf 125, 146f, 178
Sust 1, 178
Suter 95
Suzuki 39, 71, 76, 101, 112f, 173, 178f

Tachibana 39, 48, 49, 113, 141, 178f
Tarnopolsky 179
Taylor 105
Tennhardt 180
Terhardt 179
Tischer 146
Trojan 179
Trübner 159
Twain 164

Utley 176

Veit 133, 179
Voorhees 166

Waetzold 179
Walcher 170, 177, 179
Ward 93
Warren 70, 179
Warshofsky 11, 20, 178
Watkins 179
Weber, E.H. 16f, 19

Weber, R. 2, 38, 40, 76, 119, 121, 122,
    166f, 169f, 174f, 177-180
Webster 136, 138f, 172
Weck 4f, 167
Weinreich-Brunner 2
Weinstein 180
Werner 7, 172
White 28, 36, 106, 178, 180
Wieczorek 105, 167
Wilson 45, 166
Winkler 180
Wolff-Zurkuhlen 32, 89, 95, 180
Wühler 124, 126-128, 170
Wundt 142-146, 160, 180
Wynne 161, 180

Yamada 76, 176
Yano 113, 178
Yoshihisa 39, 179
Yu 71, 104, 180

Zwicker 6-8, 12, 27, 39-41, 45, 50, 53-77,
    112, 122, 124, 154, 169, 171, 176, 180

Stichwortverzeichnis

A-Bewertung 30-32, 34, 39, 59, 68, 73-76, 107, 111f, 118
Abfalldauer eines Geräusches 13
Absolutlautheit 71
Acceptability von Geräuschen 43f
Acoustical Society of America (ASA) 161
Acoustical Society of Japan 161
Acoustics Dictionary 154
Acustica 157
Addition von Geräuschpegeln 106
Akustische Filter 29
Allgemeingültigkeit von Aussagen 29, 95, 101
Alltagsgeräusche 13-15
- Autos 13f, 107, 125
- Baustellen 13
- Bus 13
- Eisen- u. Straßenbahnen 13
- Hammer 15, 144
- Heizpumpen 31
- Lastwagen 31, 76
- Maschinen 13, 24, 81, 111, 163
- Maschinengewehr 15
- Mopeds 13
- Motor eines Düsenflugzeuges 14
- Personen- und Lastkraftwagen 13
- Regen 14, 43
- Schienenfahrzeuge 13
- Schiffe 13
- Türen-Zuschlagen 14
- Verkehrsgeräusche 13, 30, 44, 114f
- Vorschlaghammer 14
- Wasserfall 14
Amplitude einer Schwingung 8f, 13, 24f
An- und Abstiegsgeschwindigkeit von Ge-räuschen 13
Anstiegsdauer von Geräuschen 13
Arbeitsleben 33, 97
Artikulations-Index 131, 135f, 139
ASA 161

AU-Bewertung 32
au-Einheit (nach Zwicker) 66, 159-165
Audiometer-Methoden 148-150
auf- und absteigende Verfahren 28
Auffälligkeit von Geräuschen 110, 112
Autos 13f, 107, 125

bark-Einheit 56, 63
Barkhausen-Phon 26
Bauakustik 31, 49
Baustellen 13
B-Bewertung 30-32
Bedeutungsanalyse, sprachliche 44
Belastung und Belästigung durch Geräusche 67, 77, 80f, 83, 90, 94, 97, 104f, 113, 124, 129, 163
Berücksichtigung von Einzeltönen 111
besonders geschützte Ruhezeit 110
Bestfrequenz 54
Beurteilungspegel, -verfahren 70, 85, 95, 101, 106-109, 114, 129
bewertetes Dezibel 23, 33
Bewertungsfaktoren 88
Bewertungskriterien der Belästigung 34
Bezugskopfhörer 9
Bezugspegel 87, 89f
Bezugsreiz 17, 19, 117
Bezugszeit 89f, 94, 99, 110
Boden-Luftschießplätze 113
Breitbandrauschen 32, 13, 43, 65, 75
Bundesbahn 76, 129
Bus 13

C-Bewertung 30f, 76
CCMS 157
CEN 155
CENELEC 156
CIB 158
CNR 45
Cocktail Party-Probleme 131

Comité Européen de Normalisation 155
Committee on the Challenges of Modern
    Society (CCMS) 157
Cremer-Lübcke-Kurven 48

D-Bewertung 33, 72, 73
Deut. Arbeitsring für Lärmbekämpfung
    (DAL) 158
Darbietungsmethoden von Geräuschen 28
Dauergeräusch 14f, 93f, 115
Dauerschallpegel, energieäquivalenter 69,
    81

Day-Night-Sound Level 110
dB(A) 30, 34, 68, 74, 77, 81, 84f, 87-91,
    93-95, 98f, 104, 106-110, 112, 124f,
    129f, 132f, 140
Dezibel, bewertet 23, 33

Deutsche Arbeitsgemeinschaft für Akustik
    (DAGA) 157
Deutsche Gesellschaft für Akustik (DEGA)
    157
Deutsches Institut für Normung (DIN) 154
Deutsche Stiftung für Umweltpolitik 156
Dezibel 16, 20-23, 25f, 29, 60, 66, 81, 125f,
    136, 148
Diffuses Schallfeld 6, 8, 63
DIN 5042 29, 31
DIN-Lautstärkemesser 29
DIN-phon 29f, 54
direkte Skalierung 21
Direktschall 5
Direktschallfeld 6
Dissonanz 146, 159
Druck 4, 39, 54, 143, 149, 161, 163
durchschnittliche Schall-Einheit 125
Düsenflugzeuge 31, 72

E-Bewertung 33
eben merklicher Empfindungsunterschied
    18
Einzeltöne 111
Eisen- u. Straßenbahnen 13

Emissions-Kennwerte technischer Schall-
    quellen 155
Empfänger im Schallfeld 3
Empfindungsstärke 18f
Empfindungsunterschiede 16, 18
EN (Europäische Normen) 125, 156, 159f
energetischer Mittelungspegel 81
energieäquivalenter Dauerschallpegel 69,
    81
Entscheidungszeit 120
erste Übergangsdauer eines Impulses 13
ETS 155
Europäische Föderation der Akustischen
    Gesellschaften (FASE) 157
Europäische Normen (EN) 125, 156, 159f

Fallphonometer 142-145
FANAK 154f, 162
FASE 157
Flankenlautheit, obere und untere 58f
Flüssigkeitsschall 5
Fluglärm 31, 33, 70, 73, 95f, 102, 157f
Flugzeuge 13, 45, 73, 102, 160
fortschreitende Welle 9
Fraktionierung, Methode der 20-22
freies Schallfeld 6, 8f, 63
Freifeld 6, 28, 40
Freifeldbedingungen 6
Frequenz 7-12, 16, 22-26, 29, 54-57, 148-
    150, 159f
Frequenzabhängigkeit des Ohres 23
Frequenzgruppe 55, 58
Frequenzselektivität des Ohres 54
Fühlen eines Tones 32

Gefährlichkeit für das Gehör 44
Gehörkanal 7
Geräusch 6, 12f, 23, 27, 32, 44, 46, 48, 55-
    58, 65, 69, 77, 87, 93f, 99, 107f, 110-
    112, 115f, 119, 121, 123, 129, 149, 151,
    159f, 163-165
Geräusche einer Stadt aus der Ferne 14
Geräuschkennzahl 48f
Geräuschspektren 12

Gestaltpsychologie 145-147
Grenzwert 45, 47, 90, 101, 112, 116, 162
Größenschätzung, absolute 71
Grundgeräuschpegel 103f, 111, 140

Halbierungsparameter 85-87, 94f, 97, 105, 108
Hammer 15, 144
Heizpumpen 31
Herstellungsmethoden 28
Hertz 4, 22, 27, 145
Hintergrundgeräusch 14, 103f, 110f
Hintergrundpegel 99, 103
Hörbereich 17, 26
Hörermüdungsuntersuchungen 44
Hörgeräte 8, 69
Hörhilfen 69, 78
Hörschaden 93, 112, 131
Hörschall 9
Hörschwelle 6f, 9, 18, 20, 23, 25, 32f, 35f, 39, 56, 61
Hörschwelle, absolute 35
Hörvergleichsuntersuchungen 34
Hyperschall 9

ICA 158
ICBEN 157, 158
ILO 156
Immissionsschutzbericht 81
Impuls 70, 83, 112
impulshaltiger Schall 14
Impulsschall 14, 80
Impulszuschlag 109
Industrie- und Gewerbebetriebe 13
Infraschall 9
Innengrenzpegel 96
Integrationszeit 109, 120, 121f
Intensität 7, 17, 20, 22f, 44, 54f, 79, 81, 146, 149, 160
Intensitätsverhältnis 7
Intensitätswahrnehmung 146f
Interferenz von Schallwellen 11
Interferenzphänomene 11
International Commission on Acoustics 158
International Labour Office (ILO) 156

International Standard Organisation (Iso) 154
Internationale Elektrotechnische Kommission 154
Internationaler Kongress für Akustik (ICA) 158
Iso R 226 26, 28, 35-39
Isophonkurven 29, 35, 39

Japanische Akustik 24, 161
JASA 161

Kalibrierung 117
Kategoriallautheit 40
Kernlautheit 58f
Klang 12, 55, 148, 159, 163
Klangfarbe 12
Knall 12f, 83, 99
Knochenleitung 32
Körperschall 5
kognitive Kategorien von Geräuschen 44
Kommission Lärmminderung 155
Konsonanz 146, 159
Konstanzverfahren 22, 28
kontinuierlicher Schall 14
Kopfhörer 6, 8f, 28, 40, 75
Kuppler 8

Laborexperimente 29
Lärm 14, 31f, 45f, 72, 76f, 81, 83, 85, 94, 97, 107, 124-126, 129, 133, 135f, 138, 148-150, 156-165
Lärmbekämpfung 10, 34, 93, 97, 105, 108, 139, 154-156, 158
Lärmbeschwerdefälle 31
Lärmbewertungsverfahren 34
Lärmklima 105
Lärmmesser 151
Lärmschutzverordnung 110
Lästigkeit 28, 32f, 40-42, 44, 49, 53, 66f, 72, 76-78, 102, 110, 112, 115f, 119, 124, 131, 141, 153
Langsame Anzeigegeschwindigkeit 83
Lastwagen 31, 76

Lautheit 5, 9, 12, 16, 18, 20-22, 24, 28, 30f,
40-44, 46, 48f, 53, 55, 57-60, 62-67, 70-
72, 74, 78, 112, 115, 118f, 122, 123,
124, 131, 133, 141, 147f, 150, 153
Lautheitsindices in den verschiedenen
Oktaven 51
Lautsprecher 8
Lautstärke 8, 11, 17-19, 24f, 28f, 32f, 35,
39-41, 50, 55-58, 64, 69, 71, 73, 79, 107,
121, 135, 140, 146, 148f, 151
Lautstärkeempfindung 8, 54, 75, 83
Lautstärkekurven 28
Lautstärkemesser 30
Lautstärkepegel 6, 24-28, 30, 34f, 40, 45,
55, 59, 60-63, 65, 69, 74, 80, 148, 150f
Leq 65f, 76f, 81, 85, 89, 92f, 95-97, 99,
101-105, 107-110, 112-117, 124
letzte Übergangsdauer eines Impulses 13
Logatome 135
Lombard-Effekt 132
Loudness Level 33, 50, 54, 76f
Luftdruckschwankungen 3f, 24
Luftschall 5
Luftschalldämmung von Decken und
Wänden 139
Lüfter 31

Mark I 46, 53
Mark II 72
Mark VI 33, 50, 52f, 58, 68, 72
Mark VII 33, 52f, 72, 112
Maschinen 13, 24, 81, 111, 163
Maschinengewehr 15
Maskierton 57
Maskierung 56, 68f
Maskierungsversuch 57
Master-Scaling 72
Mathematik 88, 161
Maximalwertverfahren 81
Meßgerät 34, 80, 82, 83
Meßgeschwindigkeit 82
Method of continuous judgment by category
119
Methode der Bisektion oder Äquisektion 21
Methode der Größenschätzung 21

Milli-Schalleinheit 126
Misch- und Wohngebiete 96
Mittelungspegel 81, 85f, 101, 105, 111,
129, 133
Mittelungsverfahren 65, 81, 84, 109, 112f,
115, 125
mittlerer Intensitätspegel 81
mittlerer Lästigkeitspegel 81, 85
momentane Lautstärkeurteile 122
Momentanwertverfahren 81, 97, 98
Mopeds 13
Motor eines Düsenflugzeuges 14
Musik 4f, 10, 12, 44, 131, 147, 160f, 163

N 85 44, 45
Nachhallräume 6
Nachtzeit 66, 104, 110
NCA 46
New York, Lärm in 21, 30, 133, 160-162,
164
Noise 13-15, 28, 33, 41, 44-46, 48, 52, 72,
73, 97, 104f, 109, 139, 151, 154, 156-
159, 161-164
Noisiness 41-45, 53, 112, 118, 159f
Normenausschuß Akustik und Schwin-
gungstechnik (FANAK) 154
noy-Einheit 33, 41, 45, 72-74
Nullpunkt 18, 20

obere Flankenlautheit 58f
Obertonstruktur 12
Objektlautstärkepegel 27
Ölbrenner 32
Österreichischer Arbeitsring für Lärmbe-
kämpfung (ÖAL) 104, 155, 158
Österreichisches Normungsinstitut (ÖNORM)
154
Ohmsches Gesetz 55
Ohr 5-8, 24, 33f, 55, 58, 65, 113, 120, 131-
133, 148-150
Oktav 13, 46f
Oktavenähnlichkeit 146
Oszillator 146

Pausen zwischen Geräuschen 81, 92, 95f,
    101, 124, 126-129
Pegelhäufigkeitsanalyse 90
Pegelklassen 90-93
Pegellautstärke 25
Perceived Level Decibel 33
Personen- und Lastkraftwagen 13
Pfeifen 142
Phon-Kurven 24f, 28, 31, 39f, 148
Phon-Meßgeräte 27
Phon-Skala 27, 33
Phonometer 24, 151
Physikalisch-Technische Bundesanstalt
    (PTB) 153
Physikalisch-Technische Reichsanstalt 153
Pistolenschüsse 14
PNdB 33, 112
PNL 45, 66, 72
Psychophysik 16, 24, 70, 146, 150, 161
Psychophysische Wahrnehmungsexperi-
    mente 28
Punkt subjektiver Gleichheit beim Beur-
    teilen 115, 117f

Rauhigkeit von Geräuschen 55, 66
Reaktionszeit 120
Reflexionsschall 5
Regen 14, 43
Reizunterschied 17
Repräsentativität von Aussagen 82
Röhren zur Schallerzeugung 142
Rosa Rauschen 13
Ruhe 109, 110, 124f
Ruheassoziationen 125
Ruhebedürfnis 110
Ruhezeit 110

Schärfe von Geräuschen 66
Schall mit heraushörbaren Tönen 14
Schall ohne heraushörbare Töne 14
Schallausbreitung 5, 125
Schalldämpfer 11
Schalldruck (s. Druck) 4, 6-8, 13, 18, 70,
    79f

Schalldruckpegel 8, 14, 20, 25, 32, 76f, 81,
    106f, 133, 149f
Schalleistungspegel 140
Schallempfänger 5f
Schallenergie 4, 6, 11, 29, 31, 80, 151
Schallentstehung 3
Schallgenerator 8, 148
Schallgeschwindigkeit 10
Schallintensität 3-7, 20-23, 26, 41, 92, 142,
    144, 146
Schallintensitätsunterschied 6
Schallpegel 8f, 13f, 20, 34, 54, 73, 75f, 83,
    85, 91-93, 97, 103-105, 107f, 120, 136-
    138
Schallpegelmesser 24, 28, 30, 34, 41, 81,
    91, 111
Schallpendel 142, 143, 144
Schallquelle 3-5, 7, 11, 15, 66, 107
Schallschatten 3
Schallschutzfenster 99
Schallstärke 20, 24, 142f
Schienenfahrzeuge 13
Schienenlärm 129
Schießplätze 113
Schiffe 13
Schlaf 96, 157, 165
Schmal- und Breitbandrauschen 13, 40
Schmerz 6, 159
Schmerzschwelle 6, 18, 20
Schnelle Anzeigegeschwindigkeit 4, 14, 49,
    56, 83, 112, 121f, 145, 155
schutzbedürftige Zeiten 110
Schwankungsbereiche 84f
Schwebung 55, 145
Schwellenanhebung 39
Schwellenwertseinheit 25
Schwingungslehre 9
Semantik in der Akustik 44
Senderaumpegel 140
SIL (Sprach-Interferenz-Pegel) 45f, 133,
    137f
Sinuston 7, 11f, 26
Sirenen 142, 164
Sondenmikrofon 7

sone-Einheit 20-22, 29, 39f, 48, 50-53, 61,
 63, 65f, 68, 70-74, 77, 101, 112f, 125,
 160f
Sound Pressure Level 20, 39, 139
Spektren einer Propellermaschine 32
Spitzenpegel 99, 102, 104f, 123
Spitzenschallpegel 104
SPL (Sound Pressure Level) 20, 39, 139
Sprach-Interferenz-Pegel 45f, 133, 137f
Sprachanalyse 44
Sprachverständlichkeit 45f, 132-134, 137-
 139, 141
Sprachverständlichkeits-Pegel 131f, 136
Sprachverständlichkeitsforschung 135
Sprechpegel 132
Standardlautstärkepegel 27
Standardreiz 17, 24f, 39, 49
stationärer Schall 14
statistisches Schallfeld 6
stehende Wellen 11
Stille 95-97, 124-126, 131, 163-165
Stimmgabel 12, 142, 149-151
Störschall 136
Strahltriebmaschine 32
Straßenverkehrsgeräusche 65, 117f, 122
subjektives Zeitverständnis 80
Subtraktion von Geräuschpegeln 107f
Summenhäufigkeitspegel 81, 103-105,
 115f, 124
Summenlautheit 51

Tabellenverfahren 85, 88-90
Taktzeit 100
Technical Committee 43 33
Teillautheiten 41, 58, 61
Teiltöne 12
Terz 13, 40, 59f, 68
Tiefflug 102, 113
Tieffluggeräusche 31
tieffrequent ausgeprägte Schallquellen 31
Ton 9f, 12, 18, 21-23, 25, 27, 32, 38f, 55f,
 68, 70, 72, 108, 111f, 117, 146, 149f,
 159-161, 164,
Tonhaltigkeit von Geräuschen 52, 72, 92,
 111f

Tonheit 56
Tonhöhe 9, 11-13
Tonintensität 147
Tonmesser 142, 144f
Tonpsychologie 146
Tonverschmelzung 146
Tonzuschläge 92
Trägheit 82
Triebwerke, Geräusche von 33
Trommelfell 7, 99
TTS 45, 160
Türen-Zuschlagen 14

U-Bewertung 32
Ultraschall 9, 31-33
Umgebungsgeräusch 14, 138, 149
Umwälzpumpe der Zentralheizung 32
Umweltbundesamt (UBA) 66
ungestörte ebene Welle 7
United Nations Environment Programme
 156
untere Flankenlautheit 58f
Unterschiedsempfindlichkeit 16f
Überschreitungspegel 81, 103
überschwellige Isophone 38
Übertragungseigenschaften eines Kopf-
 hörers 8

Vakuumröhrenverstärker 146
Validität von Aussagen 29, 37
VDI 2058 32
veränderlicher oder diskontinuierlicher
 Schall 14
Verdeckung 56, 58, 140
Verdeckungskurven 57
Verein Deutscher Ingenieure (VDI) 97, 100,
 104, 110f, 113f, 141, 155, 157
Vergleichslautheit 40, 71
Verhältnislautheit 71
Verhältnisschätzung 20f
Verkehrsgeräusche 13, 30, 44, 114f
Verständlichkeit von Sprache 131-133, 135,
 138f
Vorschlaghammer 14

wahrgenommene äquivalente Dauerlautheit
    119
Wasserfall 14
Weber'sche Konstante 17
Weißes Rauschen 13
Wellenlänge 8-11
Wirkpegel 81, 101
Wirkungsforschung 16, 28, 161
Wirkzeit 87, 94, 102

Zeit 4, 35, 38f, 54, 64f, 69f, 78-82, 90, 92,
    94, 99, 102, 105, 108f, 118f, 123f, 126,
    133, 142, 148, 150, 157, 160-165

Zeitkonstanten der Einschwingung 83
zeitliche Schwankungen des Schalls 66
Zeitverständnis, subjektives 80
Zeitwahrnehmung 113, 120, 126
zeitweilige Hörschwellenanhebung 45
zeitweiliger Hörverlust 45
Zuggeräusche 14